Python 程式設計

大數據資料分析

序

PREFACE

大數據(Big data)時代的來臨，很多使用者從開放平台擷取資料加以分析，從而挖出模式(pattern)，以成為未來做決策之用。以目前的智慧醫療來說，更利用患者資料和機器學習(machine learning)或深度學習(deep learning)產生的資訊，期使能在醫療上給予有所助益，例如，可以利用深度學習將乳房的篩檢的結果，給專業的醫師進行判讀。以智慧金融而言，可以利用大數據分析如何得知那些客戶有潛在流失的可能。

由於 Python 程式語言簡單易懂，而且套件模組非常的豐富，這正是大家目前為什麼都在學習 Python 的主因。從此原因，因而筆者也撰寫了一些 Python 的教科書與自學書，期使大家能跟上時代，為未來做一準備。

本書分成三部分，一是 Python 基本知識的介紹，二是有關資料的分析和資料的視覺化，三是如何擷取開放平台的資料，這三部分皆有豐富的範例和習題，能讓讀者測驗其了解的狀況。相信你看完本書後，也對 Python 的應用有所認知和應如何加以應用。

由於篇幅的關係，本書著重於大數據的資料分析，而有關機器學習和深度學習末來將以另一本拙著出版。最後，若你對本書有任何建議，歡迎來信批評與指教。

蔡明志

mjtsai168@gmail.com

目錄
CONTENTS

CHAPTER 1　Python 簡介

CHAPTER 2　基本程式設計

CHAPTER 3　選擇你想要的

CHAPTER 4　重複執行某些事

CHAPTER 5　激起更多的火花

CHAPTER 6　分工合作更有效率

CHAPTER 7　字串

CHAPTER 8 儲存資料的好幫手

CHAPTER 9 多維串列

CHAPTER 10　檔案的 I/O 與異常處理

CHAPTER 11　數組、集合與詞典

CHAPTER 12　物件導向程式設計

CHAPTER 13 資料分析能力

CHAPTER 14 資料視覺化

CHAPTER 15 開放平台的資料格式

CHAPTER 16 網頁資料的擷取

APPENDIX A 各章習題參考解答

1 CHAPTER

Python 簡介

1.1 認識 Python

Python 是由荷蘭人 Guido van Rossum 於 1990 年所創造的。此命名是紀念很受歡迎的喜劇樂團 Monty Python's Flying Circus。Van Rossum 開發 Python 是基於喜好所致。由於它簡單、簡潔、直覺式的語法，以及龐大的函式庫，導致它在工業和學術界廣泛地受到喜愛。

Python 是一通用、直譯，以及物件導向的程式語言。通用程式語言表示你可以使用 Python 來撰寫任何工作的程式碼。現在 Python 已用及 Google 搜尋引擎、NASA 的緊急任務系統專案，以及紐約股票交易，及目前的大數據分析，其是機器學習和深度學習上有很多的套件可使用。Python 是直譯器，表示 Python 的程式碼是由直譯器轉譯與執行的，並且一次一條敘述。

Python 是物件導向程式設計(Object Oriented Programming, OOP)語言。在 Python 中，資料是由類別所建立的物件。類別(class)是由一型態(type)或類目(category)，它由屬性和處理物件的函式或稱方法所組成。物件導向程式設計對開發可重複使用軟體元件和開發大型系統是很有用的工具。

Python 現由一群熱心的團隊開發和維護的，而且是免費由 Python 軟體協會(Python Software Foundation)所提供的。目前 Python 的版本是 3.x。在 Python 3.x 所撰寫的程式無法舊版的 Python 下執行。本書的所有範例程式皆是在 Python 3.x 所執行的。

1.2 下載 Python 直譯器

你可以從 Python 官方網站 www.python.org/download 來下載你要的 Python 直譯器。

當你按照提示訊息安裝好之後，只要點選下方的圖示(以下是使用 Windows 的版本)。

就會出現以下視窗：

```
IDLE Shell 3.10.2
File  Edit  Shell  Debug  Options  Window  Help
Python 3.10.2 (tags/v3.10.2:a58ebcc, Jan 17 2022, 14:12:15) [MSC v.1929 64 bit (
AMD64)] on win32
Type "help", "copyright", "credits" or "license()" for more information.
>>>
                                                        Ln: 3   Col: 0
```

接下來就可以在 >>> 鍵入程式，並加以執行。

```
>>> a = 100
>>> a  = a + 100
>>> a
    100
```

鍵入了三行，第一行將 100 指定給 a 變數名稱，第二行將 a 加上 100 後再指定給 a，第三行看看 a 的值為何？在 Python 的 IDLE 的模式下，直接寫出變數名稱 a 即可輸出 a 的值，當然你也可以利用 print 函式加以印出，如下所示：

```
>>> print(a)
    200
```

Python 可以單引號或雙引號來表示字串，如

```
>>> print('Learning Python now!')
    'Learning Python now!'
```

或是

```
>>> print("Learning Python now!")
    'Learning Python now!'
```

輸出結果皆是以單引號表示字串。由於單引號不需要按 Shift 鍵即可輸入，所以我們皆以單引號來處理之。

也使用下一敘述，將 a 變數名稱一起印出，如下所示：

```
>>> print('a =', a)
    a = 200
```

字串與數值之間以逗號隔開。若有多個資料要印出，也是以一樣的方式，將之間的資料隔開，如下所示。

```
>>> a = 10
>>> b = 20
>>> print('a =', a + 2, 'b =', b * 3)
    a = 12 b = 60
```

有關 print 函式的詳細解說，請參閱第 2 章基本程式設計。

1.3 常見程式設計的錯誤

常見程式設計的錯誤可分為三類：語法錯誤(syntax errors)、執行期間的錯誤(runtime errors)，以及邏輯錯誤(logic errors)。

1.3.1 語法錯誤

一般最常見的錯誤是語法錯誤。與其他程式語言一樣，Python 有它自己的語法，因此，撰寫 Python 程式碼時需遵守程式規則。若違反此規則，例如忘了加單引號、或字拼錯了、或將小寫字母寫成大寫字母等等，Python 將會產生錯誤訊息。

語法錯誤是來自於程式碼建構上的錯誤，比方不正確的內縮、遺漏了必要的冒號，或是左、右小括號沒有相互對應。這類的錯誤通常較容易找到，因為 Python 會告訴您錯誤的地方以及造成錯誤的原因。比方說，下列的 print 敘述將會有語法錯誤。

```
>>> Print('Hello')
    Traceback (most recent call last):
      File "<pyshell#7>", line 1, in <module>
        Print('Hello')
    NameError: name 'Print' is not defined
```

表示 Print 是未定義的，只要將 Print 改為 print 即可。

1.3.2 執行期間的錯誤

執行期間的錯誤(Runtime errors)會導致程式不正常結束的錯誤。在程式執行時，如果執行環境偵測到無法進行的動作，便會出現 Runtime Errors 的錯誤訊息。輸入上的錯誤最容易造成執行期間的錯誤。當程式等待使用者輸入資訊，但使用者卻輸入程式無法處理的值，這就是所謂輸入上的錯誤(input error)。比方說，程式預期讀取的輸入資料為數字，然而使用者卻輸入字串，這就會導致程式出現資料型態上的錯誤。

```
>>> a = input()
    100
>>> a
    '100'
>>> a + 200
    Traceback (most recent call last):
      File "<pyshell#9>", line 1, in <module>
        a + 200
    TypeError: must be str, not int
```

這是因為你輸入的資料 100，被預設為字串，而字串與數值 200 是不能相加的。

另一個執行期間錯誤的例子就是除以 0 的情況。這會出現在整數除法運算中，當除數為 0 的時候。比方說，下列程式碼

```
>>> print(1/0)
```

則會產生執行期間的錯誤。

```
>>> print(1/0)
    Traceback (most recent call last):
      File "<pyshell#10>", line 1, in <module>
```

```
    print(1/0)
ZeroDivisionError: division by zero
```

這是因為兩數相除，分母不可以為 0。

上述的敘述分別出現 TypeError 和 ZeroDivisionError，這些都是在執行期產生的錯誤。

1.3.3 邏輯錯誤

邏輯錯誤(logic errors)出現於程式執行的結果與預期的結果不同。這種錯誤發生的原因有很多種。比方說，我們想將華氏 100 度轉換成攝氏，如下程式所示：

```
>>> print(100 - 32 * 5 / 9)
    82.22222222222223
```

計算後的攝氏溫度是錯的，應該是 37.77777777777778 度。為了得到正確的答案，必須使用 (100 - 32) * 5 / 9 ，而不是 100 - 32 * 5 / 9 運算式。請在 100 - 32 加上小括號，使得它在乘、除之前先加以運算。如下所示：

```
>>> print((100 - 32) * 5 / 9)
    37.77777777777778
```

在 Python，語法錯誤與執行期錯誤的處理實際上是相似的。因為這些錯誤皆在程式執行時，由直譯器加以偵測的。一般而言，語法錯誤和執行期錯誤是較容易發現與更正的，因為 Python 可以給予其錯誤的位置與引起錯誤的原因。相對而言，找尋邏輯錯誤是較不容易的。

1.4 範例集錦

1. 試計算以下運算式的結果：

   9.5 * 4.7 - 2.5 *5 / 43.5 - 3.5

   參考解答

   ```
   >>> (9.5 * 4.7 - 2.5 * 5) / (43.5 - 3.5)
       0.80375
   ```

2. 試計算 π 的值。可以利用以下的公式求出近似值。

π = 4 * (1 - 1/3 + 1/ 5 - 1/ 7 + 1/9 - 1/11 + …)

參考解答

```
>>> 4 * (1 - 1/3 + 1/ 5 - 1/ 7 + 1/9 - 1/11 + 1/13 - 1/15 + 1/17)
    3.2523659347188767

>>> 4*(1 - 1/3 + 1/5 - 1/7 + 1/9 - 1/11 + 1/13 - 1/15 + 1/17 - 1/19 + 1/21
          - 1/23 + 1/25)
    3.2184027659273333
```

從輸出結果得知，當後面的式子愈多時，會趨近於 π 的值為 3.141592653589793

3. 試輸出你的英文名字與電話號碼。

參考解答

```
>>> print('My name is Bright.')My name is Bright.
>>> print('Tel: 02-29052717')
    Tel: 02-29052717
```

4. 試計算 1 加到 10 的結果：

參考解答

```
>>> a = 1 + 2 + 3 + 4 + 5 + 6 + 7 + 8 + 9 + 10
>>> print('a =', a)
    a = 55
```

5. 試計算 99 英哩(miles)等於多少公里(km)。

參考解答

```
>>> m = 99 * 1.6
>>> print('99 miles is', 99 * 1.6, 'km')
    99 miles is 158.4 km
```

亦即 99 英哩相當於 158.4 公里。

除了使用官方的 Python 直譯器外，也可以使用很多人選用 Anaconda 的平台。利用此平台下的 Jupyter notebook 和 Spyder 這兩個套件來執行程式。

1.5 Anaconda 安裝說明

1. 使用瀏覽器進入 https://www.anaconda.com/products/individual，會看到以下畫面：

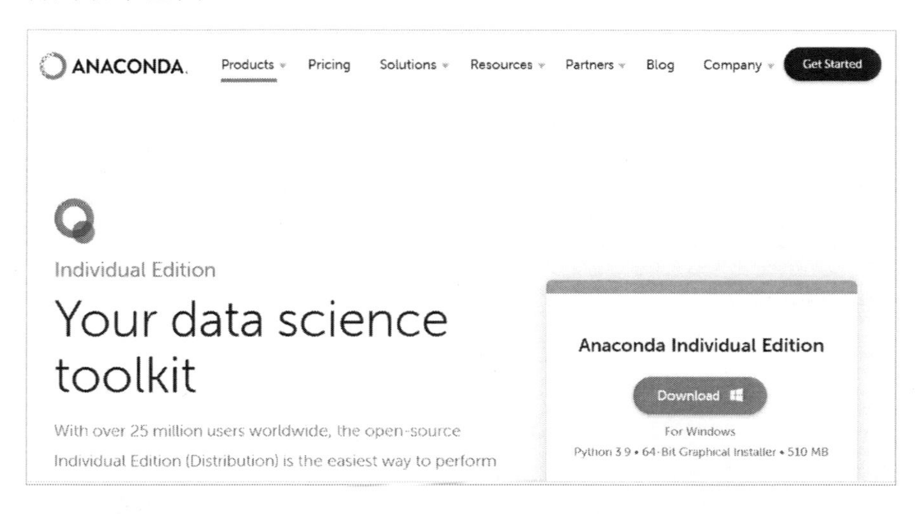

2. 點選上圖中的往下 Download 圖示，你將會看到以下畫面：

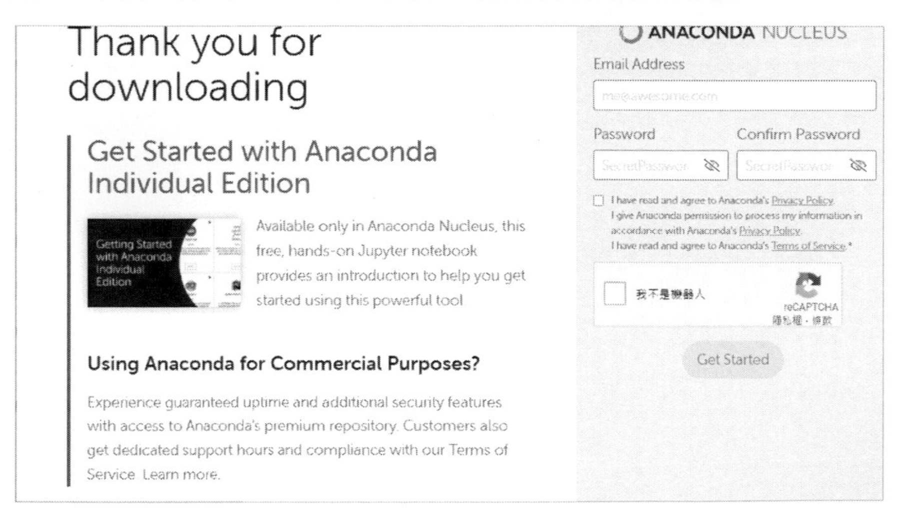

輸入你的 Email Address、Password，以及 Confirm Password。

接下來，按照其指示加以安裝，很容易就可以完成。安裝完成後，點選右方的圖示，你將會看到有許多的套件都在其中如下圖 1-1 所示，其中我們將著重於 jupyter notebook 和 spyder 這兩個套件。(注意，有關版本也許會不一樣。)

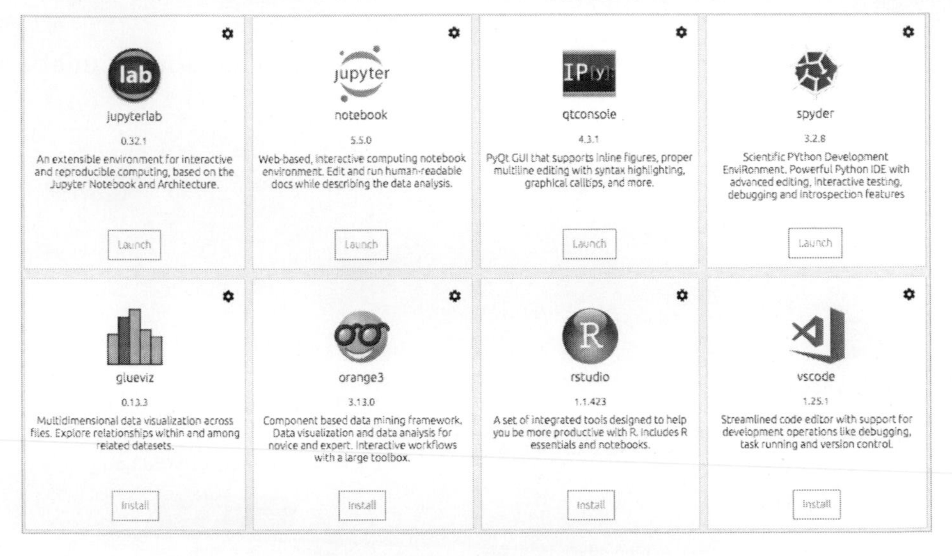

圖 1-1 Anacoda 平台下的套件

1.5.1 Jupyter Notebook 使用說明

1. 選取圖 1-1 的 jupyter notebook，如下圖所示，然後點選 Lanch 的按鈕：

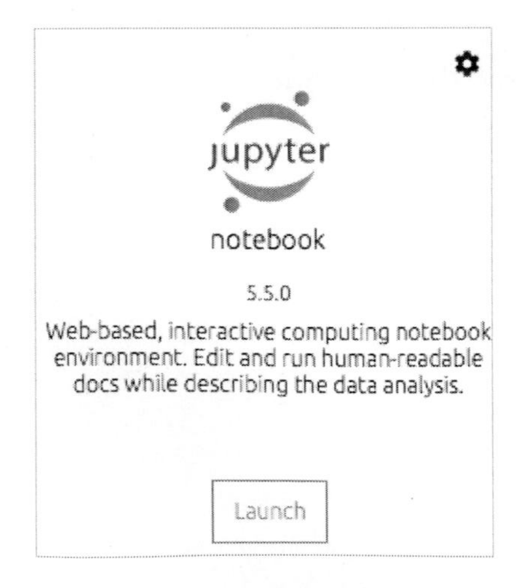

2. 之後，會出現 Jupyter Notebook 首頁畫面：

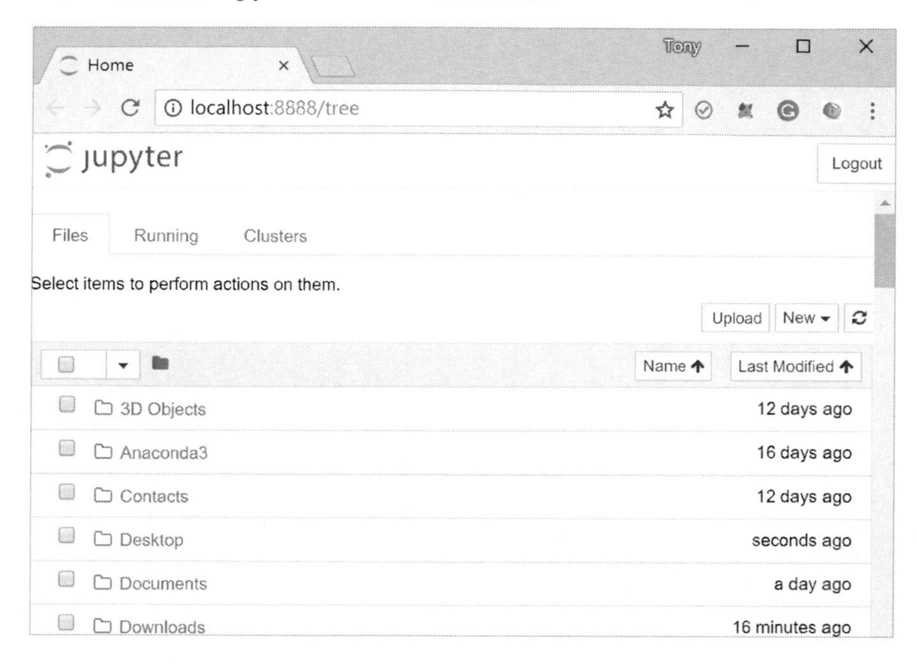

3. 點擊右上方 New → Python 3 以新增 Python 3 檔案：

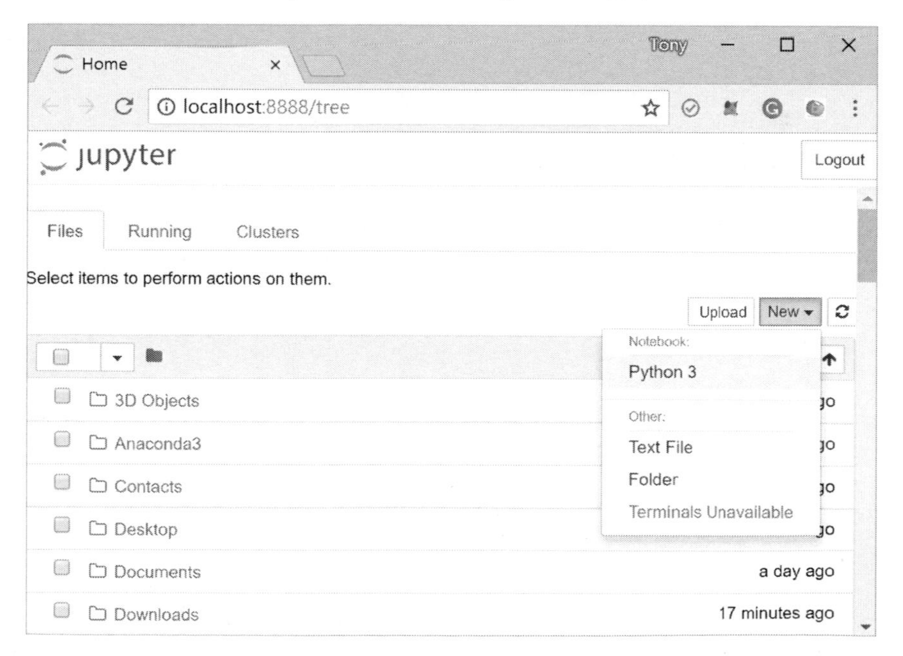

4. 點擊右上方 Upload → 選擇檔案以開啟舊檔：

5. Jupyter Notebook Python 3 檔案畫面如下：

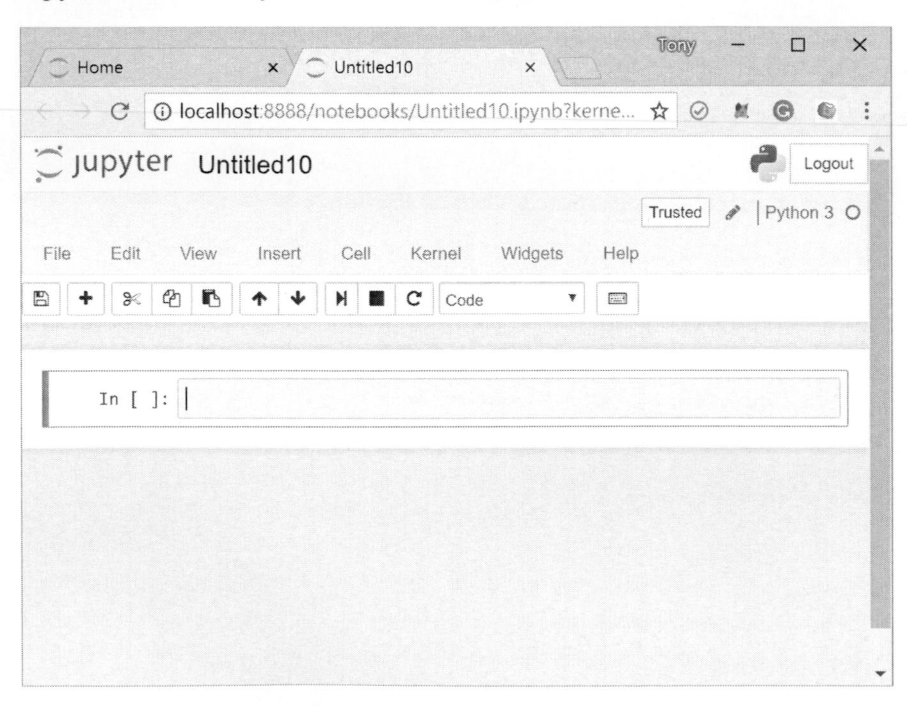

6. 輸入 Python 3 程式碼後，按快捷鍵 Shift + Enter 或點擊按鍵 ⏯ 以執行所選擇區塊的程式碼：

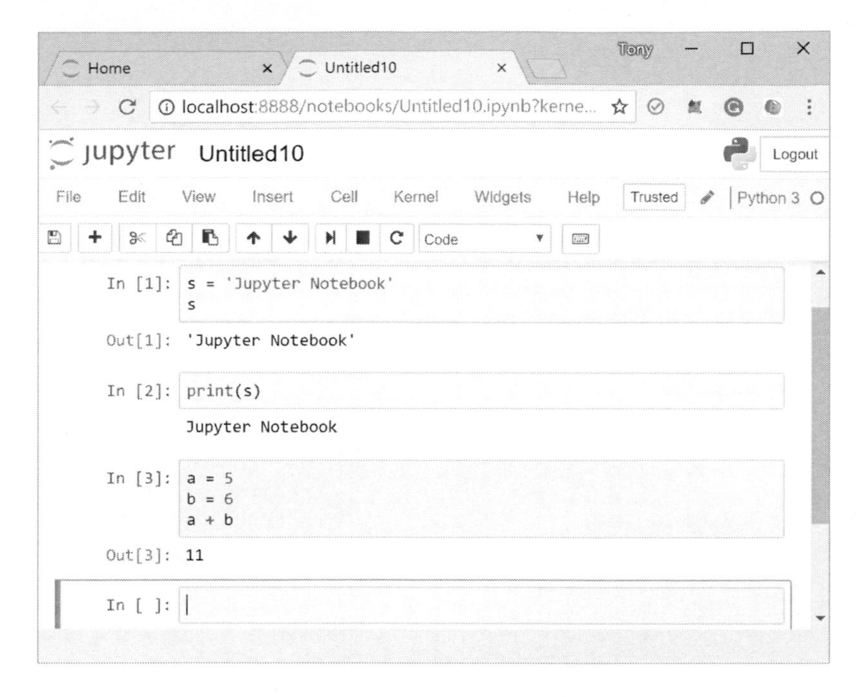

Edit → Split Cell 可將所選擇區塊的特定位置作分隔成兩個區塊：

Edit → Merge Cells Above/Below 可將所選擇區塊與上/下一個區塊合併。

Edit → Delete Cell 可刪除所選擇的區塊。

Edit → Move Cell Up/Down 可將所選擇的區塊往上/下移動。

File → Download as → 選擇檔案格式可下載不同格式的檔案。

1.5.2 Spyder 使用說明

1. 選取圖 1-1 的 Spyder，如右圖所示(目前有更新的版本，請自行 Download)，然後點選 Lanch 的按鈕：

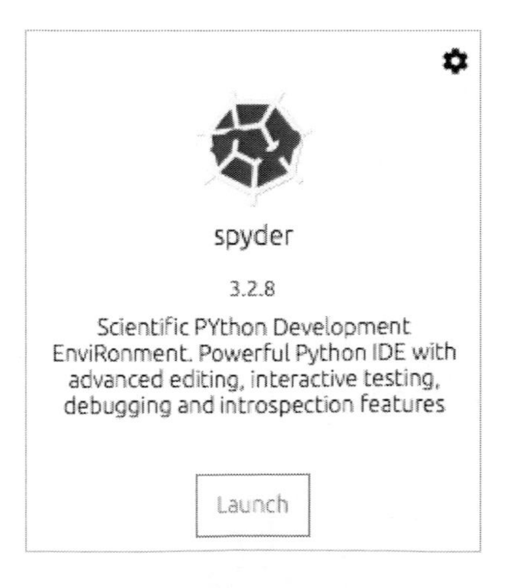

2. 之後出現 Spyder 主畫面：

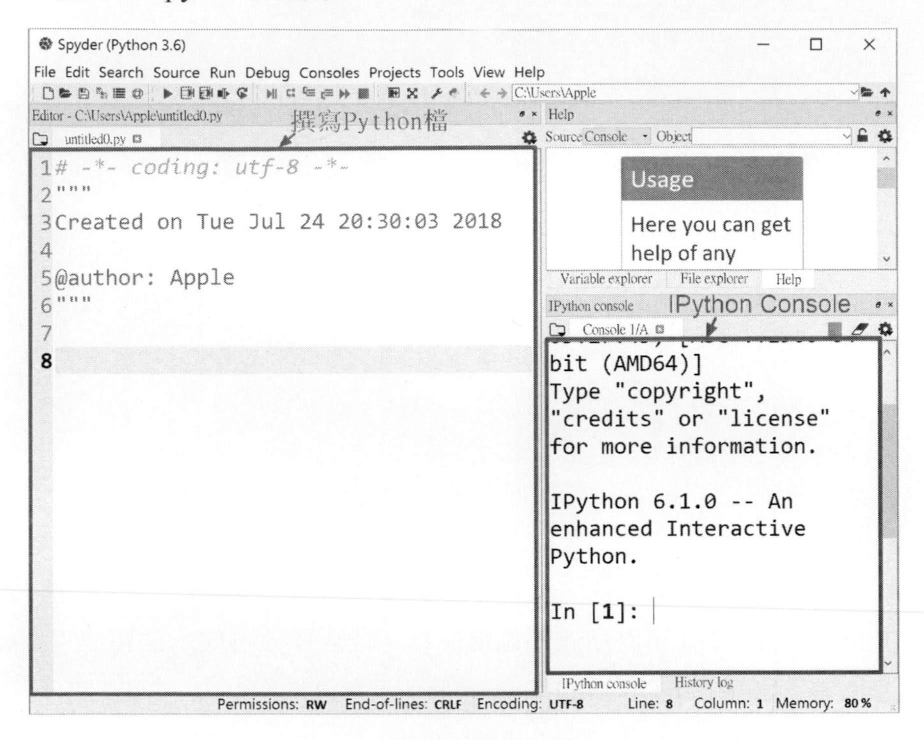

3. 調整字體大小：Tools → Preferences

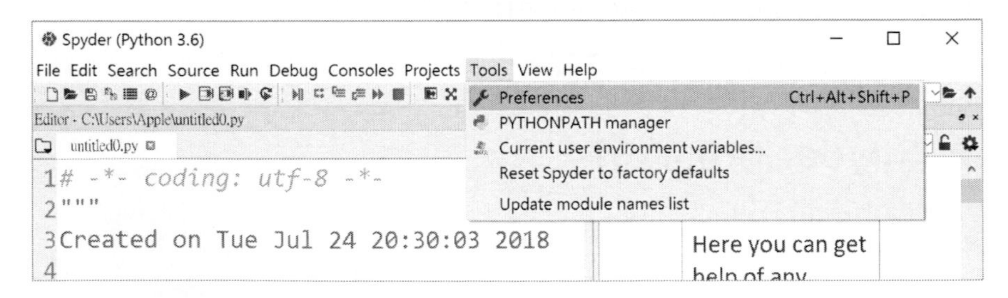

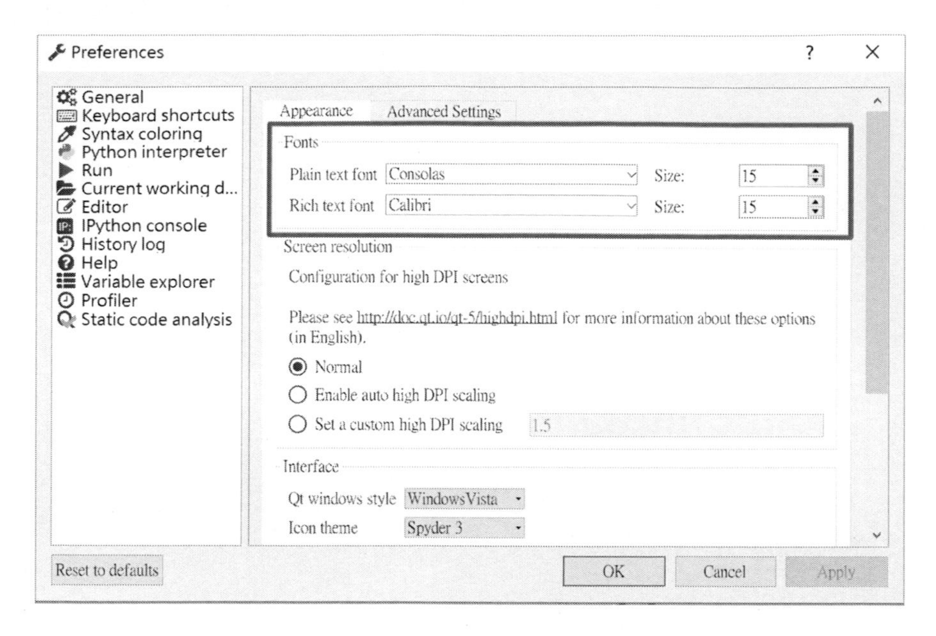

4. 撰寫和執行程式：

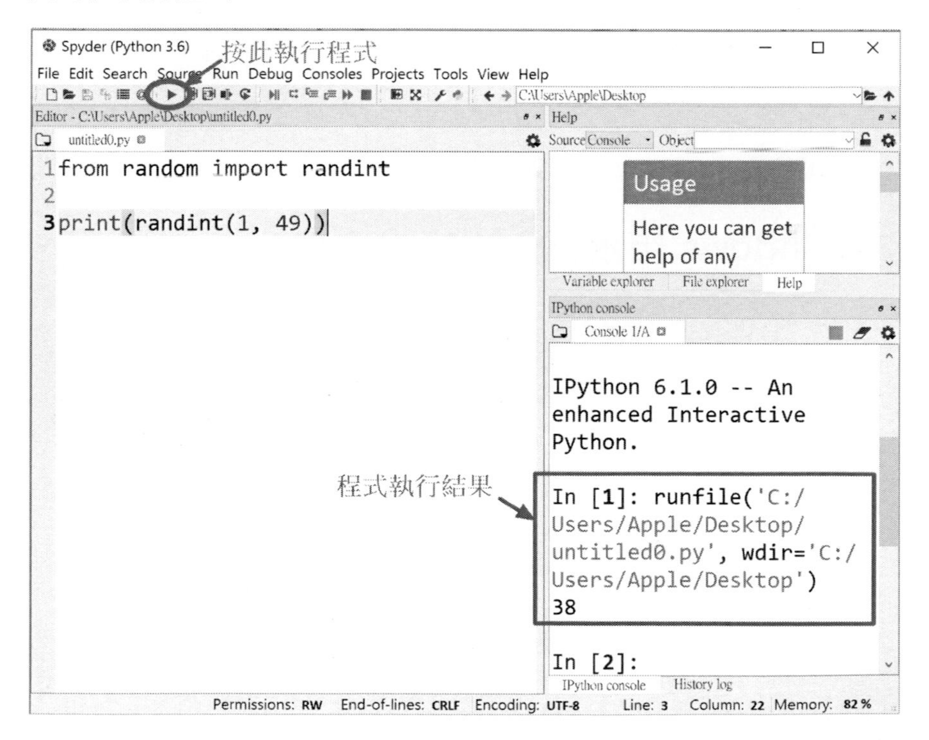

(第一次執行檔案需要先儲存檔案)

5. IPython console：

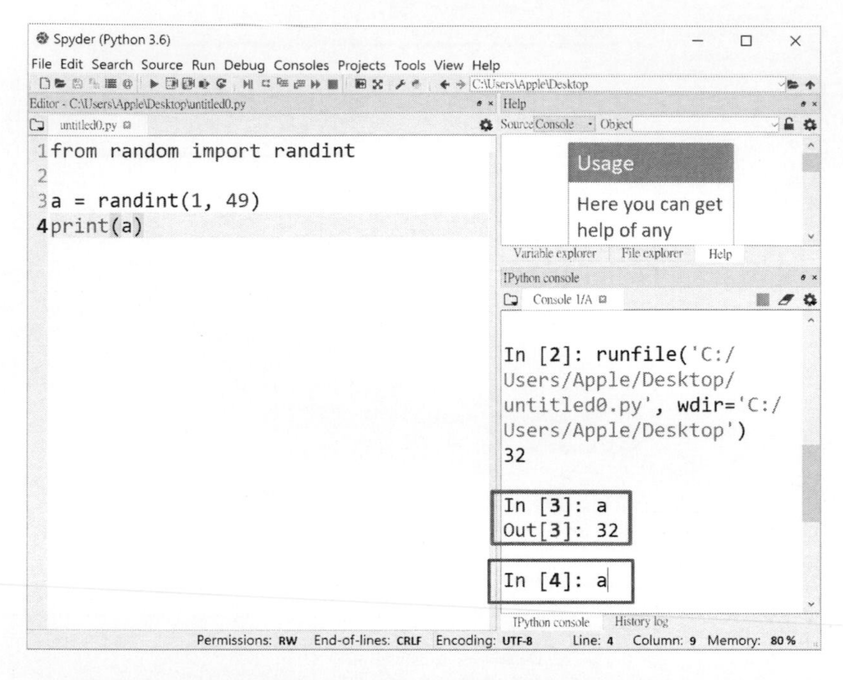

可從執行程式檔案之後在 IPython console 即時查看程式中的變數的值。

在 IPython console 中可使用鍵盤的 "向上" 鍵叫出上一個執行的指令。

1.5.3 Windows 版本

以下是 Windows OS 的安裝版本：

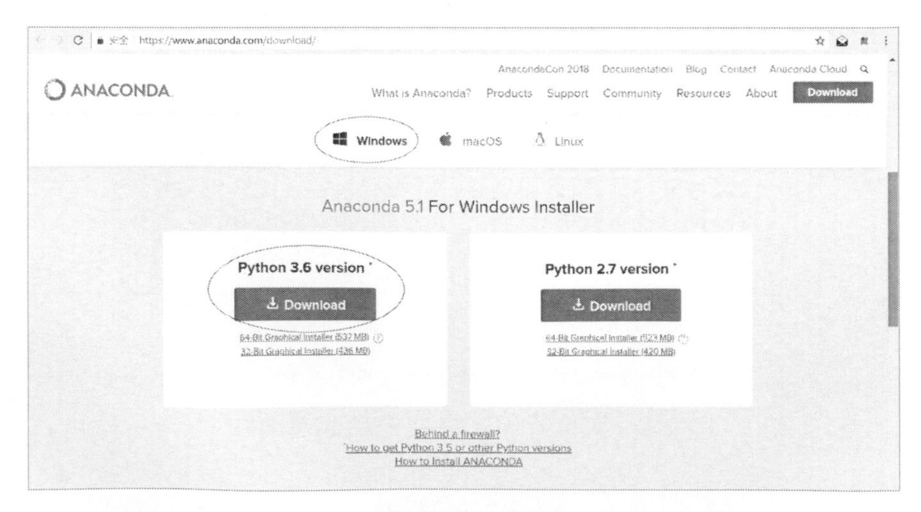

1. 開啟 Anaconda 安裝程式，畫面如下：

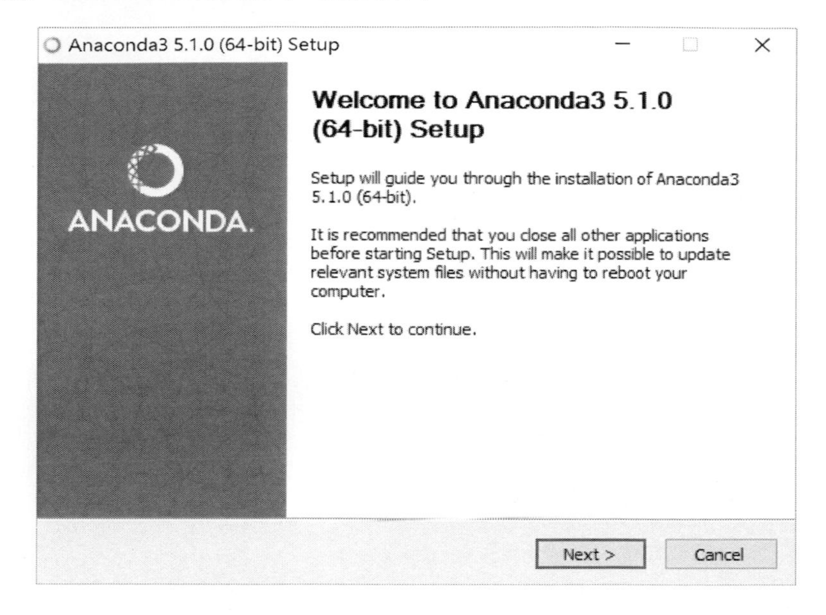

點擊「Next」前往下一步。

2. 閱讀並同意使用條款：

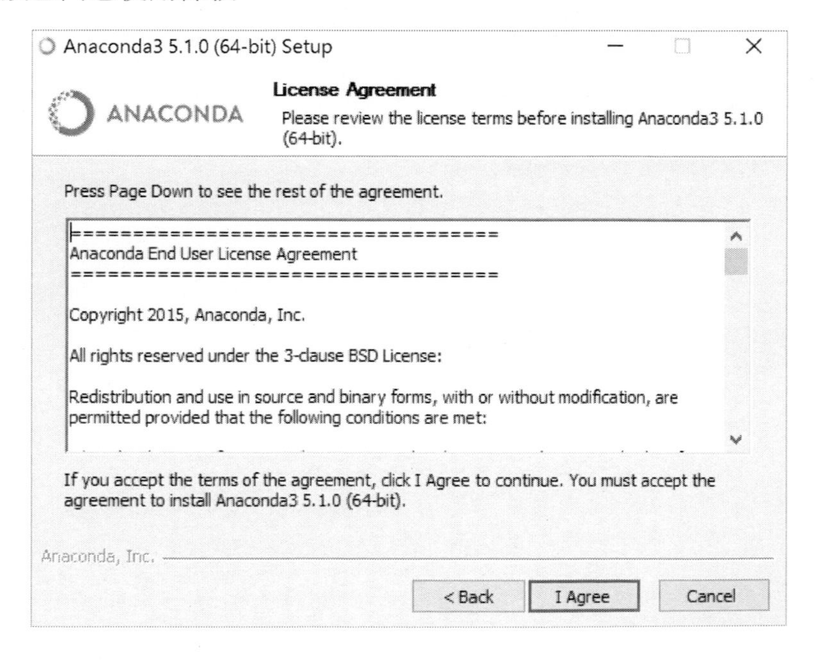

點擊「I Agree」表示同意並前往下一步。

3. 選擇是否給電腦的所有使用者安裝，或僅安裝於當前使用者：

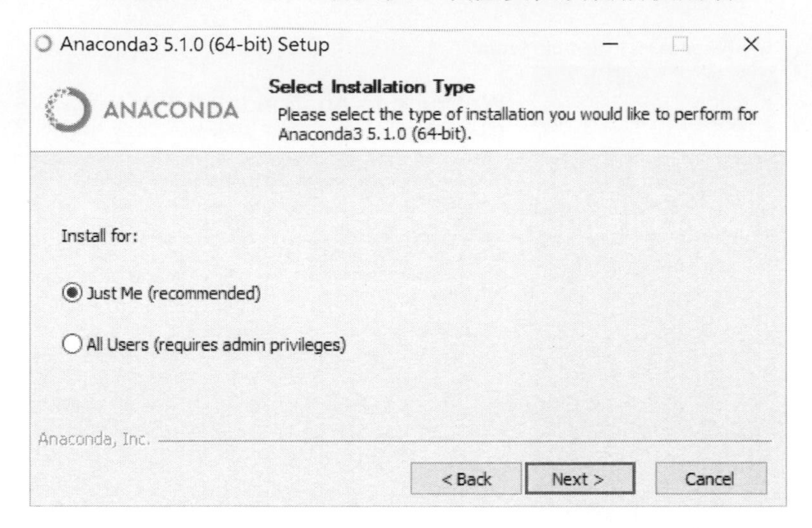

點擊「Next」前往下一步。

4. 選擇安裝路徑：

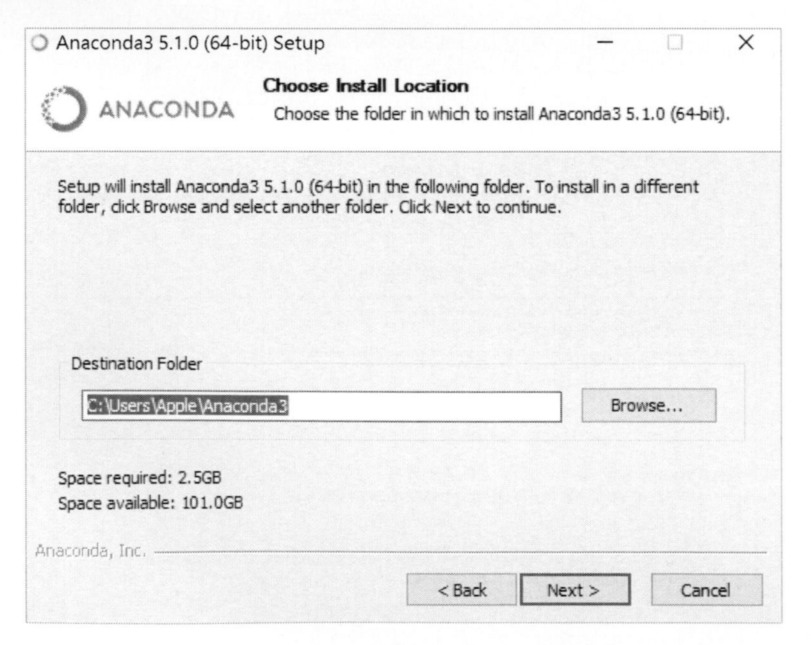

點擊「Next」前往下一步。

5. 打勾此畫面的兩個選項，選項一為自動設定 Python3 的環境變數，選項二為授權 Anaconda 作為其他開發環境以 Anaconda 為預設的 Python 3.6。

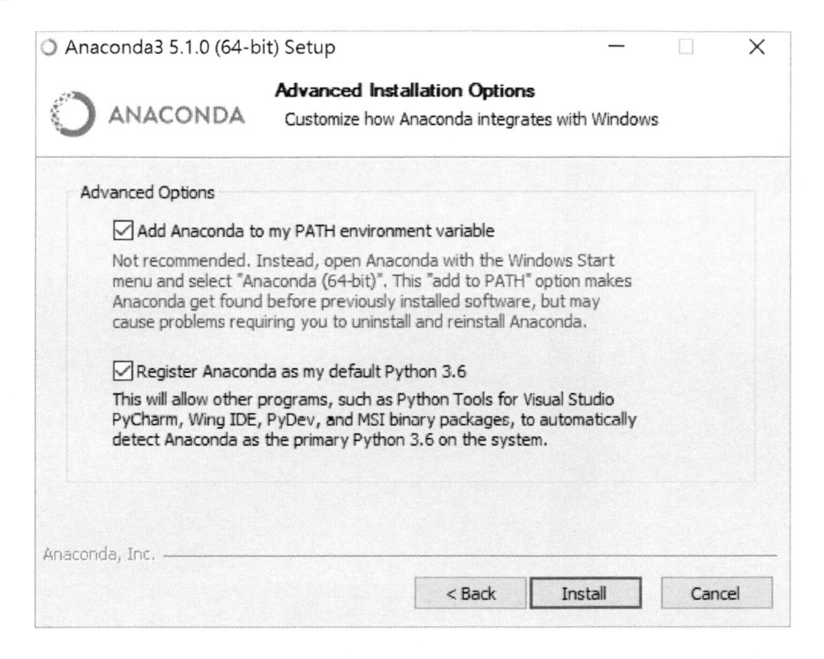

點擊「nstall」進行安裝。

6. 安裝過程：

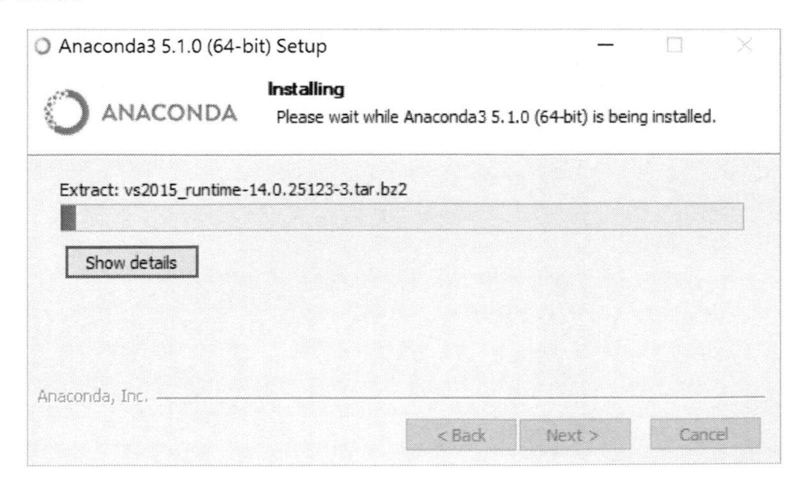

7. 安裝完畢，點擊「Finish」。

之後再開啟你想要的 Jupyter Notebook 和 Spyder 套件，如下所示：

1. 開啟 Jupyter Notebook 套件：

2. 或開啟 Spyder 套件 ：

開啟了套件後，接下來的處理動作請參閱上述的說明。

工欲善其事，必先利其器，熟悉一些好用的工具是有好處的，尤其在應用篇與會用及這兩個套件，建議讀者可以先摸索看看。你可以將本章的範例集錦與本章習題利用這兩個套件來編輯和執行。

學習程式語言沒有什麼秘訣，你花的時間和收穫是成正比的，讓我們相互鼓勵，就從現在開始吧，而且程式設計是很有趣的 (Programming is fun)。

1.6 本章習題

1. 試計算以下運算式的結果：

```
9 * 4.2 - 2.1 * 3 + 6 * 2.2 / 13 - 3.2
```

2 試計算半徑為 5 的圓形面積與周長。

3. 試計算寬為 3，長為 9 的矩形面積和周長。

4. 試計算 10 英呎等於幾公分。(一英吋是 2.54 公分)

5. 試計算攝氏 26 度等於華氏幾度。(華氏 = 攝氏 * (9/5) + 32)

2 CHAPTER

基本程式設計

本章將引導你進入 Python 的基本程式設計，讓我們先從變數(variable)與常數(constant)開始介紹。

2.1 變數與常數

在程式設計中，你會以變數名稱來表示問題的事項，何謂變數？其表示它會隨著程式的執行而改變其值，與其對應的是常數，其表示不會隨著程式的執行而改變其值。

取變數名稱有一些注意事項，變數名稱必須以英文字母或底線為開頭，接下來可為英文字母或數字或底線，其他字元是不可以的。如 abc$，a*…等等。

```
>>> a = 6
>>> b = 5
>>> a / b
    1.2
>>> a // b
    1
>>> a * b
    30
>>> a + b
    11
>>> a - b
    1
```

```
>>> a % b
    1
>>> a ** 2
    36
>>>
```

在處理問題時有時會用到系統提供的函式，表 2-1 列出一些常用的函式，不妨熟悉一下。

表 2-1　一些常用的函式

函式	功能
abs(x)	x 的絕對值
max(a, b, c,…)	取 a, b, c, …的最大值
min(a, b, c,…)	取 a, b, c, …的最小值
pow(x, y)	計算 x^y
round(f)	將 f 浮點數四捨五入，若有兩數與其接近，則取其偶數
round(f, n)	將 f 浮點數四捨五入到小數點 n 位。若有兩數與其接近，則取其偶數
str(num)	將 num 轉換為字串
ord(ch)	將 ch 轉換為其對應的 ASCII 碼
chr(num)	將 num 轉換為其 ASCII 所對應的字元

```
>>> a = 6
>>> b = 5
>>> c = -6
>>> abs(c)
    6
>>> max(a, b, c)
    5
>>> a = 6
>>> b =5
>>> max(a, b, c)
    6
>>> min(a, b, c)
    -6

>>> pow(a, 2)
    36
```

```
>>> round(3.5)
    4

>>> round(4.5)
    4
```

因為 4.5 四捨五入後為 5，但此時 4 和 5 一樣接近 4.5，由於取其偶數的關係，所以答案是 4。

```
>>> round(5.678, 2)
    5.68

>>> round(5.345, 2)
    5.34
```

因為 5.345 四捨五入，取小數點後二位為 5.35，但此時 5.34 和 5.35 一樣接近 5.345，由於取其偶數的關係，所以答案是 5.34。

```
>>> str(123)
    '123'
```

此敘述表示將 123 數值轉換為字串 '123'。值得注意的是，Python 可以使用單引號或雙引號來表示字串。雖然大多數的程式語言，如 C、C++、Java…等等是以單引號表示字元，而以雙引號表示字串。此處我們皆以單引號來表示之，因為雙引號還要按下 Shift 鍵。

```
>>> ord('A')
    65
```

大寫的英文字母 A，對應的 ASCII 碼是 65。

```
>>> ord('a')
    97
```

小寫的英文字母 a，對應的 ASCII 碼是 65。

```
>>> chr(65)
    'A'
```

65 對應的 ASCII 字元是大寫的英文字母 A。

```
>>> chr(97)
    'a'
```

97 對應的 ASCII 字元是小寫的英文字母 a。

除此之外，在 **math** 標組下有一些常用的函式，如表 2-2 所示：

表 2-2　math 模組下一些常用的函式

函式	功能
fabs(x)	x 浮點數的絕對值
ceil(x)	大於 x 浮點數的最小正整數
floor(x)	小於 x 浮點數的最大正整數
exp(x)	計算 e^x
log(x)	計算 $log_e(x)$
log(x, n)	計算以 n 為底的對數 $log_n(x)$
sqrt(x)	計算 x 的開根號，亦即 $x^{1/2}$

只不過要使用這些模組下的函式要注意兩點，一是要載入 math 模組，二是在呼叫時必須在函式前要寫 import math，如下表所示：

```
>>> import math
>>> math.fabs(-1.23)
    1.23

>>> math.ceil(5.6)
    6
>>> math.floor(5.6)
    5

>>> math.exp(1)
    2.718281828459045
```

因為 e^1 為 2.718281828459045

```
>>> math.log(10)
    2.302585092994046
```

計算 log_e10 是 2.302585092994046

```
>>> math.log(2.7182)
    0.9999698965391098
```

因為 $e^{2.7182}$ 接近於 1

```
>>> math.log(10, 10)
    1.0
```

計算 $\log_{10}10$ 是 1

```
>>> math.sqrt(100)
    10.0
```

計算 100 的開根號。此也可以利用 pow(100, 0.5) 加以計算之。

還有一個產生亂數的模組 random，若要產生 1 到 49 的亂數，則可利用以下敘述完成。

```
>>> import random
>>> random.randint(1, 49)
    45
```

2.2 輸入與輸出

Python 的輸入是以 input 函式來完成，不過從此函式輸入的資料型態皆為字串。

```
>>> x = input()
    100
>>> x
    '100'
```

即使輸入的資料是數值 100，但從輸出可以得知是字串，因為它以單引號括起。從下一範例可得到證明：

```
>>> x + 20
    Traceback (most recent call last):
      File "<pyshell#7>", line 1, in <module>
        x + 20
    TypeError: must be str, not int
```

此時會產生錯誤訊息，因為 x 是字串，當然不能加上 20。

但上述的輸入資料是很不友善的，因為有時會無所適從，不知要輸入何種樣式的資料。此時可以在輸入資料之前，加上提示訊息。在 IDLE 的模式下，直接以變數名稱表示的話，代表要印出其值。

若要在輸入資料之前加上提示訊息，則可在 input 函式中加上參數字串，如下所示：

```
>>> y = input('Enter a number: ')
    Enter a number: 100
>>> y
    '100'
```

若要將輸入的字串資料轉為數值型態，則需再以 eval 函式加以處理，

```
>>> z = eval(input('Enter a number: '))
    Enter a number: 100
>>> z
    100

>>> z + 20
    120
```

從上可知 z 是數值資料，所以可加上 20，其輸出結果為 120。

Python 的輸入是以 print 函式來完成，請看以下的範例和說明。

```
>>> print('Learning Python now!')
    Learning Python now!
```

直接將 print 的參數字串加以輸出。

```
>>> print('Learning Python ' + 'now!')
    Learning Python now!
```

字串與字串的連結可以 + 完成。若輸出字串與數值，則可以在其之間以逗號隔開，如下所示：

```
>>> a = 100
>>> print('a =',  a)
    a = 100

>>> print('a = ',  a)
    a =  100
```

你是否有觀察到，上述兩個 print 敘述的差異，在後一個 print 敘述的等號後面多了一個空白，所以在輸出時會多一空格。輸出字串和字串也可以用逗號隔開。如下所示：

```
>>> print('a = ', '100')
    a =  100
```

我們繼續來看輸出的樣式。以下的程式是我們以另一種執行環境來執行會較清楚。

利用在 IDLE 的選單下選取 File → New File 的選項建立一程式檔案，結果如下圖所示：

然後鍵入以下的程式：

```
print('Learning')
print('Python')
print('now')
print('!')

print('--------')
print('Learning', end = ' ')
print('Python', end = ' ')
print('now', end = '')
print('!')

print('--------')
print('Learning', end = '***')
print('Python', end = '###')
```

```
print('now', end = '')
print('!')
```

接著選取 Run → Run Module 的選項來執行，此時系統要你輸入儲存程式檔案，如下圖所示：

請按下 OK 按鈕，之後會出現以下圖形：

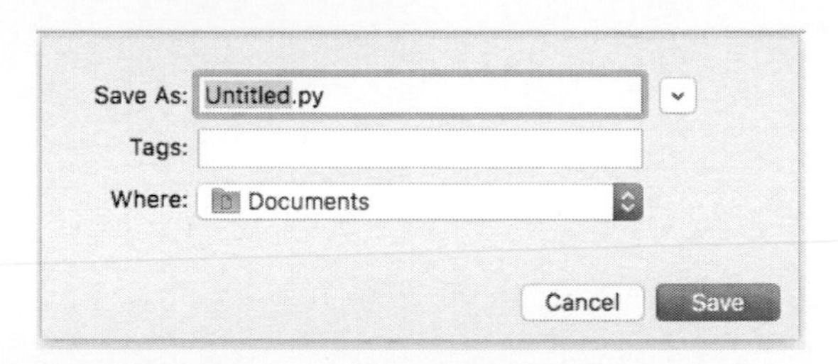

請以適當的名稱取代圖形中的 Untitled。假設我們上述的程式取 print5.py：

輸出結果

```
Learning
Python
now
!
--------
Learning Python now!
--------
Learning***Python###now!
```

print 函式在 Python 中預設印出結果後會跳行。但有時我們不需要跳行，此時可以加上 end 來促使 print 不要跳行，end 後面 = 接的字串中，若沒有空白，就不會有空白出現。除了空白外，也可以使用不同的字元，如程式中使用 '***' 和 '###' 做為字串的連接點。

2.3 格式化的輸出

格式化的輸出顧名思義就是將輸出加以美化。利用在 IDLE 的選單下選取 File → New File 的選項建立一程式檔案，然後鍵入以下的程式：

範例程式：print10.py

```
01  x = 123
02  y = 123.456
03  z = 'Python'
04
05  print(format(x, '5d'))
06  print(format(y, '8.2f'))
07  print(format(z, '10s'))
08
09  print(format(x, '<5d'))
10  print(format(y, '<8.2f'))
11  print(format(z, '>10s'))
```

接著選取 Run → Run Module 的選項來執行，假設我們取 print10.py 的名稱取代預設的 Untitlcd。以下是其輸出結果：

輸出結果

```
  123
  123.46
Python
123
123.46
    Python
```

程式解析

在範例程式 print10.py 中，利用 format 格式化函式將輸出結果更加美觀，增加其可讀性。format 格式化函式第一個是要輸出的參數，第二個是第一個參數所對應的格式化字串。在格式化字串中數字是指定的欄位寬，而字元 d 表示參數是整數，字元 f 表示對應的參數是浮點數，而 s 表示對應的參數是字串。

還有在格式化字串中，< 表示向左靠齊，> 表示向右靠齊。利用 format 輸出字串時，其預設是向左靠齊。因此，若要向右靠齊，則必須利用 > 來完成，如程式中的

```
print(format(z, '>10s'))
```

表示將字串 z 向右靠齊，而數字 10 表示給予的欄位寬。所以其輸出結果的左邊會空四個空白，因為 Python 字串只有六個字。

而利用 format 輸出整數或浮點數時，其預設是向右靠齊。因此我們可以使用 < 來完成向左靠齊的任務。

其實整數除了可利用 d 輸出其十進位的值外，也可以利用 b 輸出其對應的二進位數值，利用 o 輸出其對應的八進位數值，利用 x 輸出其對應的十六進位數值，如範例程式 print15.py 所示：

範例程式：print15.py

```
01  a = 17
02  print(format(a, 'd'))
03  print(format(a, 'b'))
04  print(format(a, 'o'))
05  print(format(a, 'x'))
```

輸出結果

```
17
10001
21
11
```

除了上述的 format 格式化函式外，還有一更方便的 % 格式化函式：

我們以範例程式 print20.py 來說明。

範例程式：print20.py

```
01  x = 123
02  y = 123.456
03  z = 'Python'
04
```

```
05  print('|%d|'%(x))
06  print('|%5d|'%(x))
07  print('|%f|'%(y))
08  print('|%8.2f|'%(y))
09  print('|%s|'%(z))
10  print('|%10s|'%(z))
11  print()
12
13  print('|%-5d|'%(x))
14  print('|%-8.2f|'%(y))
15  print('|%-10s|'%(z))
```

輸出結果

```
|123|
|  123|
|123.46|
|  123.46|
|Python|
|    Python|

|123  |
|123.46  |
|Python    |
```

程式解析

程式第一個敘述

```
print('|%d|'%(x))
```

表示 x 值以 %d 的格式輸出，注意 %d 是對應整數，其中的 | 符號會照常印出。此程式使用 | 符號，主要是讓你知道當欄位寬大於要印出的資料位數時，空白的個數較容易清楚。此敘述輸出結果如下：

```
|123|
```

第二個敘述

```
print('|%5d|'%(x))
```

表示印出 x 給予五個欄位寬加以輸出，所以在輸出結果的左邊會有兩個空白，因為 123 只有三位數。如下所示：

```
|  123|
```

第三個敘述

```
print('|%f|'%(y))
```

由於 y 是浮點數，所以以 %f 的格式加以對應。輸出結果

```
|123.46|
```

第四個敘述

```
print('|%8.2f|'%(y))
```

中的 %82f 表示有八個欄位寬，小數點後面二位，所以輸出結果如下：

```
|  123.46|
```

由於 123.46 共六位，所以左邊會空出兩個空白。

第五個敘述

```
print('|%s|'%(z))
```

由於 z 是字串，所以對應的格式化是 %s，其輸出結果如下：

```
|Python|
```

第六個敘述

```
print('|%10s|'%(z))
```

比第五個敘述多設了欄位寬，所以輸出結果是左邊會空四個空白，因為 Python 只有六個字元，現給予十個欄位寬，如下所示：

```
|    Python|
```

由於 Python 的輸出預設是向右靠齊，但假設我們要將輸出向左靠齊時，應如何處理呢？其實很簡單，只要在欄位寬前加上負號即可。所以

```
print('|%-5d|'%(x))
```

輸出結果為

```
|123  |
```

右邊有兩個空白，下一個敘述

```
print('|%-8.2f|'%(y))
```

輸出結果為

```
|123.46  |
```

右邊有兩個空白。最後的敘述

```
print('|%-10s|'%(z))
```

輸出結果為

```
|Python    |
```

上述三個敘述，由於皆是向左靠齊輸出，所以在右邊會空出四個空白。

在 print 敘述中可以加入轉義序列(escape sequence)的字元。這些字元是以 \ 為開頭，後接一字元，其功能請參閱表 2-3。

表 2-3 轉義序列的字元及其功能

轉義序列的字元	功能
\t	跳八格
\n	跳行
\'	輸出單引號
\"	輸出雙引號
\\	輸出 \

有關表 2-3 所述轉義序列的字元和功能之說明，請參閱範例程式 print30.py。

範例程式：print30.py

```
01  print('Learning\n Python now!')
02  print('\tLearning\n Python now!')
03
04  print('Learning \'Python\' now!')
05  print('Learning \"Python\" now!')
06  print('Learning \\Python\\ now!')
```

輸出結果

```
Learning
 Python now!
        Learning
 Python now!
Learning 'Python' now!
Learning "Python" now!
Learning \Python\ now!
```

好的程式設計風格及適當的註解敘述，讓程式更容易被閱讀，並能幫助程式設計師預防錯誤。程式設計風格(Programming style)指的就是程式的樣式。當您以專業程式設計風格來建立程式，不僅可以正確地執行，而且也可以讓人更易閱讀與理解。若其他程式設計師要存取與修改您的程式，此風格是很重要的。

Python 提供的註解敘述有兩種，一是以 # 為開頭的敘述，它的作用點直到此行結束為止，如

```
# My first program
```

另一個是以 ''' 開始，並以 ''' 做為結尾。這種註解可包含任意多行，如

```
'''
   This program display Python is fun and
    Learning Python now!
'''
```

註解敘述不會被直譯器轉譯，只是對程式敘述做個說明而已，所以不會發生轉譯上的錯誤。你可能會有一疑問，在哪裡要加註解呢？問得好，其實我的經驗是在你認為重要的區段中加上註解即可，如選擇敘述、迴圈敘述、函式等等，而不必為一行敘述都加上註解。

為了節省內容的編幅，這裡不打算在範例程式多加註解敘述，但讀者以後要撰寫專案程式時，註解敘述是很重要的，不妨多多練習。

2.4 範例集錦

1. 試撰寫一程式，提示使用者輸入一圓的半徑，然後計算此圓的面積和周長。

範例程式：prog2-1.py

```
01  import math
02  radius = eval(input('Enter a radius: '))
03  area = math.pi * pow(radius, 2)
04  perimeter = 2 * math.pi * radius
05  print('radius of the circle is %d'%(radius))
06  print('area is %.2f, perimeter is %.2f'%(area, perimeter))
```

輸出結果樣本

```
Enter a radius: 2
radius of the circle is 2
area is 12.57, perimeter is 12.57
```

2. 試撰寫一程式，提示使用者輸入一整數，然後將此整數值以十進位、二進位、八進位，以及十六進位的方式印出其值。

範例程式：prog2-2.py

```
01  num = eval(input('Enter a number: '))
02  print(format(num, '10d'))
03  print(format(num, '10b'))
04  print(format(num, '10o'))
05  print(format(num, '10x'))
```

輸出結果(一)

```
Enter a number: 100
       100
   1100100
       144
        64
```

輸出結果(二)

```
Enter a number: 88
      88
 1011000
     130
      58
```

3. 試撰寫一程式，提示使用者輸入一邊長 s，接著顯示五邊形的面積。計算五邊形面積的公式如下：

   area = $(5 * s^2) / (4 * \tan(\pi / 5))$

範例程式：prog2-3.py

```
01  import math
02  side = eval(input('Enter length of a side: '))
03  area = (5 * side ** 2) / (4 * math.tan(math.pi/5))
04  print('Area of 5-side is %.2f'%(area))
```

輸出結果樣本

```
Enter length of a side: 2.3
Area of 5-side is 9.10
```

4. 試撰寫一程式，提示使用者輸入一 ASCII 碼 (介於 0~127 之間的整數)，然後顯示其所對應的字元，如輸入 65，則顯示 a。

範例程式：prog2-4.py

```
01  ascii = eval(input('Enter a ASCII code: '))
02  print('ASCII code: %d is %c'%(ascii, chr(ascii)))
```

輸出結果樣本(一)

```
Enter a ASCII code: 65
ASCII code: 65 is A
```

輸出結果樣本(二)

```
Enter a ASCII code: 66
ASCII code: 66 is B
```

說明：字元對應的格式化字元是 %c。

5. 試撰寫一程式，提示使用者輸入五位數字，然後以反轉的順序加以輸出。

範例程式：prog2-5.py

```
01  number = eval(input('Enter a 5-digit: '))
02  n1 = number % 10
03  n2 = (number // 10) % 10
04  n3 = (number // 100) % 10
05  n4 = (number // 1000) % 10
06  n5 = number // 10000
07
08  print('%d%d%d%d%d'%(n1, n2, n3, n4, n5))
```

輸出結果樣本(一)

```
Enter a 5-digit: 12345
54321
```

輸出結果樣本(二)

```
Enter a 5-digit: 54321
12345
```

另一種解法如下所示：

範例程式：prog2-5-1.py

```
01  n = eval(input('Enter a 5-digit: '))
02  print(n % 10, end = '')
03  n1 = n // 10
04  print(n1 % 10, end = '')
05  n2 = n1 // 10
```

```
06    print(n2 % 10, end = '')
07    n3 = n2 // 10
08    print(n3 % 10, end = '')
09    n4 = n3 // 10
10    print(n4)
```

說明：此處我們以二種方式解決同一問題。由此可見，相同的問題可以使用不同的方式得到問題所要的答案。

2.5 本章習題

1. 試撰寫一程式，提示使用者輸入一矩形的長和寬，然後計算此矩形的面積和周長。
2. 試撰寫一程式，提示使用者輸入多少邊 n，及其每一邊的邊長，接著顯示正 n 邊形的面積。計算正 n 邊形面積的公式如下：

   ```
   area = (n * s²) / (4 * tan(π / n))
   ```

3. 試撰寫一程式，提示使用者輸入六位數字，然後以反轉的順序加以輸出。
4. 回憶一下高中數學的三角函式，試撰寫一程式，輸出 sin、cos 在 0°、90°、180°、270°，以及 360° 的值各為多少，並畫出其圖形。
5. 試撰寫一程式，提示使用者輸入年利率 (InterestRate)、貸款金額 (amount)，以及貸款年限 (year)，然後計算月支付額 (monthlyPay)，以及最後的總支付額 (totPay)。

   月支付額與總支付額計算公式如下：

$$\text{monthlyPay} = \frac{\text{amount} * \text{monthlyInterestRate}}{1 - \dfrac{1}{(1 + \text{monthlyInterestRate})^{\text{year} * 12}}}$$

$$\text{totalPay} = \text{monthlyPay} * \text{year} * 12$$

3 CHAPTER

選擇你想要的

一般的程式語言是一行接一行的執行，但有時我們想略過不必要的敘述，只選擇想要的。此時就要利用所謂的選擇敘述(selection statement)來幫忙。

3.1 選擇敘述的涵義

「忠孝不能兩全」是最佳的寫照。你只能選一個。在日常生活中也充滿了選擇的狀況。例如你是大四生，接下來要出國深照或是就業、等會兒下課要去機房上機做作業或是去看電影、明天的聚餐要吃上海菜或廣東菜或是台菜。其實我們在日常生活中都充滿了選擇，每件事都會有它的好壞，如何取捨(trade off)那就要考驗你的智慧。

這些選擇敘述在選取執行的敘述時，會先判斷條件運算式(conditional expression)，依照真、假值來執行其對應的敘述。因此本章會使用到所謂的關係運算子(relational operator)，如表 3-1 所示：

表 3-1　關係運算子

關係運算子	功能說明
>	大於
>=	大於等於
<	小於
<=	小於等於
==	等於
!=	不等於

利用關係運算子的敘述，其最後的結果將會產生兩種情形，不是真(True)，便是假(False)。

Python 提供三種不同的選擇敘述，分別是 if、if...else，以及 if...elif...else 三種。以下我們將一一的解釋說明之。

3.2 if 敘述

若只挑選真或假其中一種情形處理 ，則可利用 if 敘述。其語法如下：

```
if  條件運算式:
    主體敘述
```

上述語法所對應的流程圖如圖 3-1 所示：

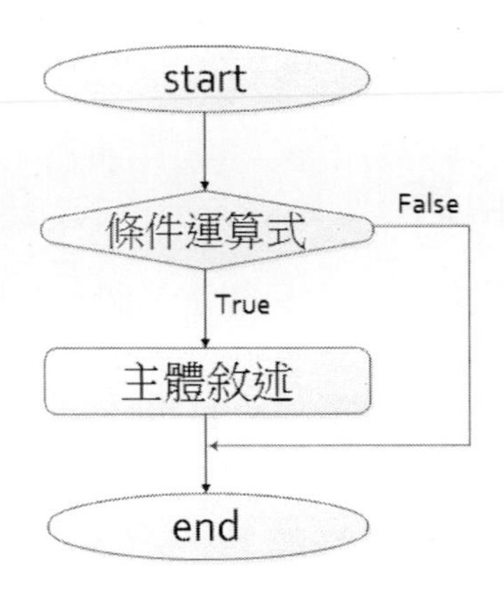

圖 3-1 if 敘述對應的流程圖

注意，在 if 的條件運算式後要加上冒號，而且其所對應的執行主體敘述要加以內縮，一般是內縮 4 格，但這不是絕對的數字。隨你喜歡，但一定要內縮就是了。

例如，if 敘述兩數相除，若分母不為於 0，則印出此兩數相除的結果，若分母為 0，則不加以理會。

範例程式：selectin10.py

```
01  a = eval(input('Enter a number1: '))
02  b = eval(input('Enter a number2: '))
03  if b != 0:
```

```
04        c = a / b
05        print('%.2f/%.2f = %.2f'%(a, b, c))
06    print('Over')
```

輸出結果樣本(一)

```
Enter a number1: 13
Enter a number2: 4
13.00/4.00 = 3.25
Over
```

輸出結果樣本(二)

```
Enter a number1: 12
Enter a number2: 0
Over
```

此處的輸出結果 2 直接印出 Over，以免程式在兩數相除，分母為 0 時會當掉。這有改善的空間，我們可利用 if...else 來改善程式的友善性。

3.3 if ... else 敘述

若要對真或假的條件運算式都要處理的話，則可利用 if...else 敘述。其語法如下：

```
if  條件運算式:
        主體敘述 1
else:
        主體敘述 2
```

上述 if...else 語法所對應的流程圖如圖 3-2 所示：

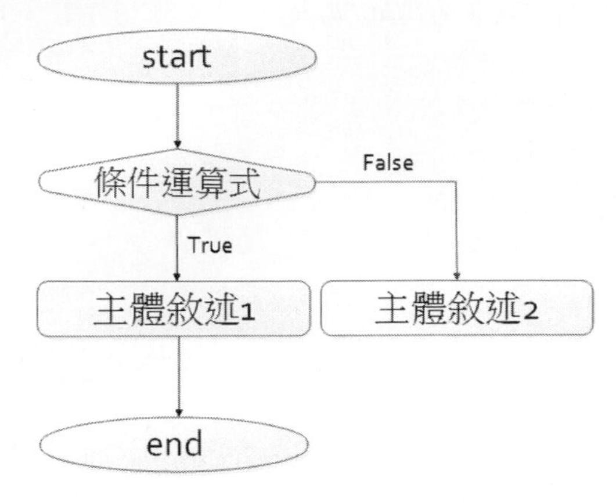

圖 3-2 if ... else 敘述對應的流程圖

當條件運算式為 True，則執行主體敘述 1，否則，執行主體敘述 2。注意，在 else 後面要加上冒號，而且其對應的主體敘述 2 也要內縮。舉一範例程式來說明：

範例程式：selection20.py

```
01  a = eval(input('Enter a number1: '))
02  b = eval(input('Enter a number2: '))
03  if b != 0:
04      c = a / b
05      print('%.2f/%.2f = %.2f'%(a, b, c))
06  else:
07      print('Divisor can\'t be zero')
08  print('Over')
```

輸出結果樣本(一)

```
Enter a number1: 13
Enter a number2: 4
13.00/4.00 = 3.25
Over
```

輸出結果樣本(二)

```
Enter a number1: 12
Enter a number2: 0
Divisor can't be zero
Over
```

此程式在分母為 0 時，輸出一訊息告知使用者除數不可以為 0。你是否覺得此程式比上一程式來得友善呢？

3.4 if … elif… else 敘述

當條件有三種狀況時，則可利用 if...elif...else 來表示。其語法如下：

```
if  條件運算式 1:
    主體敘述 1
elif  條件運算式 2:
    主體敘述 2
else:
    主體敘述 3
```

上述的語法比 if...else 敘述多了 elif 和其對應的主體敘述而已，其所對應的流程圖如圖 3-3 所示：

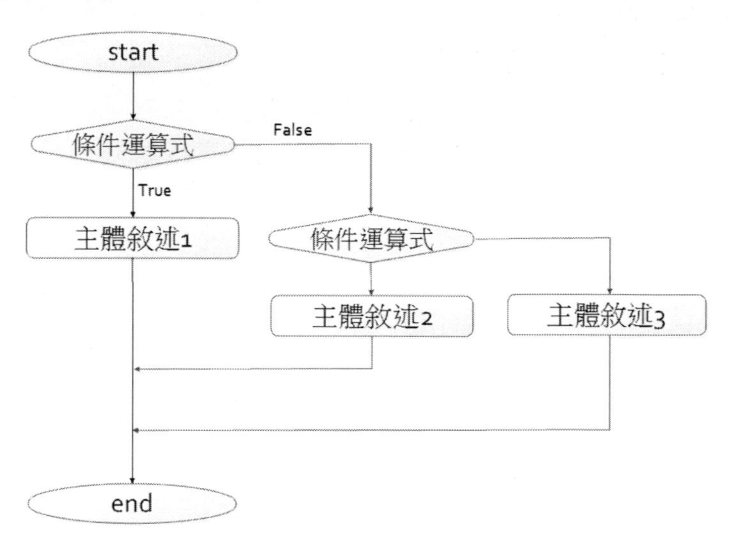

圖 3-3 if …elif…else 敘述對應的流程圖

例如，要檢視你所輸入的數值是大於 0、小於 0、或是等於 0。程式如下所示：

範例程式：selection30.py

```
01  a = eval(input('Enter a number: '))
02  if a > 0:
03      print('%d is greater than 0.'%(a))
04  elif a < 0:
05      print('%d is less than 0.'%(a))
06  else:
07      print('%d is equal to 0.'%(a))
08  print('Over')
```

輸出結果樣本(一)

```
Enter a number: 100
100 is greater than 0.
Over
```

輸出結果樣本(二)

```
Enter a number: -100
-100 is less than 0.
Over
```

輸出結果樣本(三)

```
Enter a number: 0
0 is equal to 0.
Over
```

若是大於三個條件運算式，如有四個條件運算式，則其語法如下：

```
if  條件運算式 1:
    主體敘述 1
elif  條件運算式 2:
    主體敘述 2
elif  條件運算式 3:
    主體敘述 3
else:
    主體敘述 4
```

依此類推。我們舉一範例來說明。一學期的期末考結束了，老師以下表來計算每位學生的 GPA(Grade Point Average) 調整分數的傷腦筋，最後，決定以表 3-2 的方式來調整。

表 3-2　GPA 對應的分數

分數	GPA
80~100	A
70~79	B
60~69	C
50~59	D
49~	F

這是一個大於三個條件運算式的題目，其對應的程式如下所示：

範例程式：selection40.py

```
01  score = eval(input('Enter your score: '))
02  if score >= 80:
03      print('Your GPA is A.')
04  elif score >= 70:
05      print('Your GPA is B.')
06  elif score >= 60:
07      print('Your GPA is C.')
08  elif score >= 50:
09      print('Your GPA is D.')
10  else:
11      print('Your GPA is F.')
```

輸出結果樣本(一)

```
Enter your score: 89
Your GPA is A.
```

輸出結果樣本(二)

```
Enter your score: 67
Your GPA is C.
```

3.5 邏輯運算子

在日常生活中常常會遇到的問題，如我有錢又有閒，就要去環遊世界 100 天；若中大樂透的頭獎，就買一輛我夢昧已久的車。若多個條件運算式要一起判斷時，則此時需要邏輯運算子(logical operator)，如表 3-3 所示：

表 3-3　邏輯運算子

邏輯運算子	功能說明
and	且
or	或
not	反

兩個條件利用 and 一起做判斷時，此時會比較嚴苛，若是以 or 一起做判斷時，則比較寬鬆。而 not 則是將 True 變為 False，反之亦然。

我們以一讓使用者輸入一西元年份，然後判斷其是否為閏年(leap year)。閏年的條件有二，一是 (1)可以被 100 整除、二是 (2)可以被 4 整除但不能被 100 整除。其程式如下所示：

範例程式：selection50.py

```
01  year = eval(input('Enter a year: '))
02  con1 = year % 400 == 0
03  con2 = year % 4 == 0
04  con3 = year % 100 != 0
05  if con1 or (con2 and con3):
06      print('%d is a leap year.'%(year))
07  else:
08      print('%d is a common year.'%(year))
```

輸出結果樣本(一)

```
Enter a year: 2018
2018 is a common year.
```

輸出結果樣本(二)

```
Enter a year: 2000
2000 is a leap year.
```

輸出結果樣本(三)

```
Enter a year: 2012
2012 is a leap year.
```

3.6 範例集錦

1. 以亂數產生 1、2 和 3 的數字，並判斷若是 1，則印出紅燈，若是 2，則印出綠燈，若是 3，則印出黃燈。

範例程式：program3-1.py

```
01  import random
02  light = random.randint(1, 3)
03  if light == 1:
04      print('Red light now!')
05  elif light == 2:
06      print('Green light now!')
07  else:
08      print('Yellow light now!')
```

輸出結果樣本(一)

```
Green light now!
```

輸出結果樣本(二)

```
Red light now!
```

2. 判斷產生的 1 到 1000 的亂數，然後檢視它是否為 3 的倍數、或是 4 的倍數、或是 7 的倍數。

範例程式：program3-2.py

```
01  import random
02  num = random.randint(1, 1000)
03  if num % 3 == 0:
04      print('%d is 3-multiple'%(num))
```

```
05    if num % 4 == 0:
06        print('%d is 4-multiple'%(num))
07    if num % 7 == 0:
08        print('%d is 7-multiple'%(num))
09    if (num % 3 !=0 and  num % 4 != 0 and num % 7 != 0):
10        print('%d is not 3 or 4 or 7 multiple'%(num))
```

輸出結果樣本(一)

```
306 is 3-multiple
```

輸出結果樣本(二)

```
238 is 7-multiple
```

輸出結果樣本(三)

```
739 is not 3 or 4 or 7 multiple
```

輸出結果樣本(四)

```
416 is 4-multiple
```

3. 檢視你的生肖。

   由使用者輸入他的出生年份，來檢視你的生肖。十二生肖是以十二年為一週期，每一年以一動物來表示。其順序分別是猴(monkey)、雞(rooster)、狗(dog)、豬(pig)、鼠(rat)、牛(ox)、虎(tiger)、兔(rabbit)、龍(dragon)、蛇(snake)、馬(horse)、羊(sheep)。

   當輸入的年份除以 12，若其餘數是 0 時，則其生肖是猴，若其餘數是 1 時，則其生肖是雞。若其餘數是 2 時，則其生肖是狗。以此類推。程式如下所示：

範例程式：program3-3.py

```
01    year = eval(input('Enter your birthday year: '))
02    print('Your zodic is ', end = '')
03    zodic = year % 12
04    if zodic == 0:
```

```
05        print('Monkey')
06    elif zodic == 1:
07        print('Rooster')
08    elif zodic == 2:
09        print('Dog')
10    elif zodic == 3:
11        print('Pig')
12    elif zodic == 4:
13        print('Rat')
14    elif zodic == 5:
15        print('Ox')
16    elif zodic == 6:
17        print('Tiger')
18    elif zodic == 7:
19        print('Rabbit')
20    elif zodic == 8:
21        print('Dragon')
22    elif zodic == 9:
23        print('Snake')
24    elif zodic == 10:
25        print('Horse')
26    else:
27        print('Sheep')
```

輸出結果樣本(一)

```
Enter your birthday year: 1983
Your zodic is Pig
```

輸出結果樣本(二)

```
Enter your birthday year: 1994
Your zodic is Dog
```

輸出結果樣本(三)

```
Enter your birthday year: 1956
Your zodic is Monkey
```

輸出結果樣本(四)

```
Enter your birthday year: 1972
Your zodic is Rat
```

程式解析

要注意的是，當年份除以 12 整除時，則其生肖是 monkey。

4. 計算你的 BMI。

身體質量指標(Body Mass Index, BMI)用來量健康狀況，計算公式為體重(公斤) / 身高 ^{2}(公尺)。BMI 大概的衡量標準如下表 3-4 所示：

表 3-4　BMI 衡量標準

BMI	說明
小於 18.5	過輕
18.5 ~ 24.9	正常
25 ~ 29.9	過重
大於 30	肥胖

範例程式：program3-4.py

```
01  weight = eval(input('Enter your weight: '))
02  height = eval(input('Enter your height: '))
03  heightMeter = height / 100
04  bmi = weight / (heightMeter * heightMeter)
05  print('Your bmi is %.2f'%(bmi))
06  if bmi < 18.5:
07      print('Underweight')
08  elif bmi < 25:
09      print('Normal')
10  elif bmi < 30:
11      print('Overweight')
12  else:
13      print('Obses')
```

輸出結果樣本(一)

```
Enter your weight: 68.5
Enter your height: 183
Your bmi is 20.45
Normal
```

輸出結果樣本(二)

```
Enter your weight: 178
Enter your height: 88
Your bmi is 229.86
Obses
```

5. 猜猜 1 到 50 的數字。

   由使用者輸入程式所問的答案後，程式將告訴你，你心中所想的數字(1~50)。假設使用者心中想的數字是 48。以下是其範例程式：

範例程式：program3-5.py

```
01  number = 0
02  set1 = 'Is your number in this set1? \n' + \
03         ' 1,  3,  5,  7\n' + \
04         ' 9, 11, 13, 15\n' + \
05         '17, 19, 21, 23\n' + \
06         '25, 27, 29, 31\n' + \
07         '33, 35, 37, 39\n' + \
08         '41, 43, 45, 47\n' + \
09         '49\n' + \
10         '\nEnter 0 for No and 1 for Yes: '
11  answer = eval(input(set1))
12  if answer == 1:
13      number += 1
14
15  set2 = 'Is your number in this set2? \n' + \
16         ' 2,  3,  6,  7\n' + \
17         '10, 11, 14, 15\n' + \
18         '18, 19, 22, 23\n' + \
19         '26, 27, 30, 31\n' + \
```

```
20          '34, 35, 38, 39\n' + \
21          '42, 43, 46, 47\n' + \
22          '50\n' + \
23          '\nEnter 0 for No and 1 for Yes: '
24  answer = eval(input(set2))
25  if answer == 1:
26      number += 2
27
28  set3 = 'Is your number in this set3? \n' + \
29          ' 4,  5,  6,  7\n' + \
30          '12, 13, 14, 15\n' + \
31          '20, 21, 22, 23\n' + \
32          '28, 29, 30, 31\n' + \
33          '36, 37, 38, 39\n' + \
34          '44, 45, 46, 47\n' + \
35          '\nEnter 0 for No and 1 for Yes: '
36  answer = eval(input(set3))
37  if answer == 1:
38      number += 4
39
40  set4 = 'Is your number in this set4? \n' + \
41          ' 8,  9, 10, 11\n' + \
42          '12, 13, 14, 15\n' + \
43          '24, 25, 26, 27\n' + \
44          '28, 29, 30, 31\n' + \
45          '40, 41, 42, 43\n' + \
46          '44, 45, 47\n' + \
47          '\nEnter 0 for No and 1 for Yes: '
48  answer = eval(input(set4))
49  if answer == 1:
50      number += 8
51
52  set5 = 'Is your number in this set5? \n' + \
53          '16, 17, 18, 19\n' + \
54          '20, 21, 22, 23\n' + \
55          '24, 25, 26, 27\n' + \
56          '28, 29, 30, 31\n' + \
57          '48, 49, 50\n' + \
58          '\nEnter 0 for No and 1 for Yes: '
```

```
59  answer = eval(input(set5))
60  if answer == 1:
61      number += 16
62
63  set6 = 'Is your number in this set6? \n' + \
64         '32, 33, 34, 35\n' + \
65         '36, 37, 38, 39\n' + \
66         '40, 41, 42, 43\n' + \
67         '44, 45, 46, 47\n' + \
68         '48, 49, 50\n' + \
69         '\nEnter 0 for No and 1 for Yes: '
70  answer = eval(input(set6))
71  if answer == 1:
72      number += 32
73
74  print('\nYour number is %d.'%(number))
```

輸出結果

```
Is your number in this set1?
 1,  3,  5,  7
 9, 11, 13, 15
17, 19, 21, 23
25, 27, 29, 31
33, 35, 37, 39
41, 43, 45, 47
49

Enter 0 for No and 1 for Yes: 0
Is your number in this set2?
 2,  3,  6,  7
10, 11, 14, 15
18, 19, 22, 23
26, 27, 30, 31
34, 35, 38, 39
42, 43, 46, 47
50

Enter 0 for No and 1 for Yes: 0
Is your number in this set3?
 4,  5,  6,  7
12, 13, 14, 15
```

```
20, 21, 22, 23
28, 29, 30, 31
36, 37, 38, 39
44, 45, 46, 47

Enter 0 for No and 1 for Yes: 0
Is your number in this set4?
 8,  9, 10, 11
12, 13, 14, 15
24, 25, 26, 27
28, 29, 30, 31
40, 41, 42, 43
44, 45, 47

Enter 0 for No and 1 for Yes: 0
Is your number in this set5?
16, 17, 18, 19
20, 21, 22, 23
24, 25, 26, 27
28, 29, 30, 31
48, 49, 50

Enter 0 for No and 1 for Yes: 1
Is your number in this set6?
32, 33, 34, 35
36, 37, 38, 39
40, 41, 42, 43
44, 45, 46, 47
48, 49, 50

Enter 0 for No and 1 for Yes: 1

Your number is 48.
```

程式解析

此程式根據你輸入的資料猜出你心中所想的數字。程式利用 + 運算子將字串相連，並且以轉義序列的字元 \n 執行跳行的動作。字串是以單引號括起來的，程式敘述的後面 \ 用來連結下一行的敘述。

此程式的做法很簡單，由於 1~50 的數字，以二進位先來表示這些數字，只要六位由 0 或 1 所組集合即可。將數字轉為二進位後，由右到左從 1 開始編號，看看哪一位是 1，即表示在此集合會出現這數字，如 11 的二進位是

$(1011)_2$，表示第一個、第二個和第四個集合會有 11 這數字。48 的二進位是 $(110000)_2$，表示第五個和第六個集合會有 48 這數字其餘的數字，依此類推，你就可以將 1 到 50 的數字擺在適當的集合了。

當你回答是 1 時，就會將出現此數字之集合的第一個數字加總，因為這和將二進位轉為十進位的做法是相同的。

若你覺得 1~50 的數字不過隱，請挑戰本章習題第 5 題。

3.7 本章習題

1. 試撰寫一程式，提示使用者輸入三角形的三個邊，然後檢視這三邊是否可以形成三角形。
2. 試撰寫一程式，輸入一座標點(x, y)，然後檢視該座標點是否在圓心為(0, 0)、半徑為 10 的圓內。
3. 試撰寫一程式，提示使用者輸入 0~15 的數字，然後顯示其所對應的轉為十六進位數值。
4. 試撰寫一程式，求出一元二次方程式的根。假設有一方程式

   $$ax^2 + bx + c = 0$$

   提示使用者輸入 a、b，以及 c。
5. 試撰寫一程式，猜出對方所想的 1~100 的數字。可參閱猜某人生日的做法。

4 CHAPTER

重複執行某些事

學好上一章選擇敘述和本章的迴圈敘述，你就可以撰寫程式來解決日常生活大多數的問題了。

4.1 迴圈敘述的涵義

迴圈(loop)顧名思義是重複執行某些事項。我們生活中充滿著重複做的動作，例如，今年(西元 2018 年)10 月每週星期一下午 2:30 到 4:30，共五週，我要去學民謠吉他。從這例子，學吉他的動作的起始時間是 10 月的第一週星期一下午 2:30 到 4:30，終止時間是 10 月最後一週星期一下午 2:30 到 4:30。而執行的動作是學民謠吉他。

迴圈敘述是由三大部分所組成，一是初值，二是終止值，三是條件運算式。以上述學吉他的例子來說，初值是 10 月 1 日，終止值是 10 月 29 日，條件運算式是條件運算式是判斷是否小於等於終止值(亦即是否已超過 10 月 29 日)，若是，則執行學吉他以及將日期加 7 的迴圈主體敘述。

迴圈最怕的是無窮迴圈，所以終止值是很重要的。其實上述的三大部分都很重要，初值若不對，其結果會錯誤。條件運算式的判斷也是要注意的。

4.2 while 敘述

Python 的提供了二種迴圈敘述，一為 while，二為 for...in range。這兩種迴圈敘述基本上是可以互相轉換的。先從 while 敘述說起。while 的語法如下：

```
初值設定
while  條件運算式:
       迴圈主體敘述
       更新運算式
```

此語法所對應的流程程圖如圖 4-1 所示：

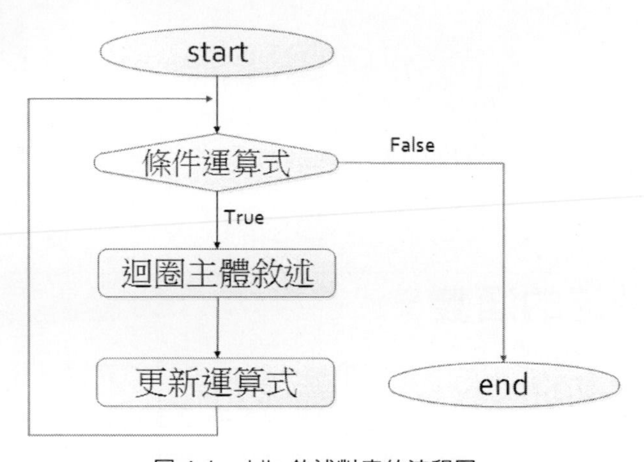

圖 4-1 while 敘述對應的流程圖

注意，while 敘述後面要加上冒號。我們以一個簡單的例子說明，如要印出 26 個大寫的英文字母，由於大寫的英文字母 A 所對應的 ASCII 碼是 65，大寫的 Z 所對應的 ASCII 碼是 90，其程式如下所示：

```
i = 65
while i <= 90:
    print(chr(i), end = ' ')
    i += 1
```

輸出結果

```
A B C D E F G H I J K L M N O P Q R S T U V W X Y Z
```

程式中 i= 65 即為初值設定， i <= 90 是條件運算式，而 print(chr(i), end = ' ') 是迴圈主體敘述，i += 1 是更新運算式。

由於迴圈的初值和終止值是以 ASCII 碼表示，因此，在程式中需利用 chr 函式將 ASCII 碼轉換為英文字母。

4.3 for ... in range 敘述

上述 while 敘述也可以以 for... in range 來表示。其語法如下：

```
for i in range(start, end, step):
        迴圈主體敘述
```

此語法所對應的流程程圖如圖 4-2 所示：

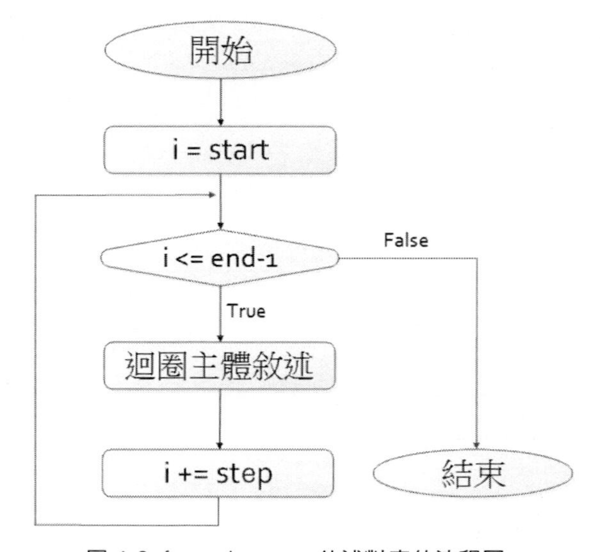

圖 4-2 for ... in range 敘述對應的流程圖

<u>注意，for 敘述後面要加上冒號</u>。其涵義為 i 的初值是 start，然後判斷條件運算式是否小於等於 end-1，若是，則執行迴圈主體敘述與更新敘述 step。step 的預設值是 1，表示 i += 1。若 step 為負值，表示它是遞減的動作，並判斷條件運算式是否大於等於 end+1。

for 敘述看起來就更簡潔了，它將初值初值設定、條件運算式，以及更新運算式置於 range 裡面。若以 while 迴圈敘述表示的話，則為

```
i = start
while i <= end-1:
        迴圈主體敘述
        i += step
```

若將上述印出 26 個大寫英文字，以 for 迴圈表示的話，其程式如下所示：

```
for i in range(65, 91, 1):
    print(chr(i), end = ' ')
```

輸出結果

```
A B C D E F G H I J K L M N O P Q R S T U V W X Y Z
```

由於 step 的預設值是 1，所以通常將其省略。直接以下一敘述表示：

```
for i in range(65, 91):
    print(chr(i), end = ' ')
```

我們再看一範例，輸出 1 到 9，程式如下所示：

```
for i in range(1, 10):
    print(i, end = ' ')
```

輸出結果

```
1 2 3 4 5 6 7 8 9
```

此程式表示由 1 開始，每次遞增 1，直到小於等於 9。

若 while 迴圈撰寫，則程式如下：

```
i = 1
while i <= 9:
    print(i, end = ' ')
    i += 1
print()
```

輸出結果同上。

若將 step 改為 2，則表示每次遞增 2，程式如下：

```
for i in range(1, 10, 2):
    print(i, end = ' ')
```

輸出結果

```
1 3 5 7 9
```

此程式表示由 1 開始，每次遞增 2，直到小於等於 9。

若 while 迴圈撰寫，則程式如下：

```
i = 1
while i <= 9:
    print(i, end = ' ')
    i += 2
print()
```

輸出結果同上。

上述的 step 是正值，但也可以為負值，以下是 step 為負值的程式。

```
for i in range(9, 0, -1):
    print(i, end = ' ')
```

輸出結果

```
9 8 7 6 5 4 3 2 1
```

此程式表示由 10 開始，每次遞減 1，直到大於等於 1。要注意的是，若 step 為負值，則表示它是處理遞減的動作。若以 while 迴圈表示，則為

```
i = 9
while i >= 1:
    print(i, end = ' ')
    i -= 1
print()
```

輸出結果同上。

若將 step 為 -2，則情形如下：

```
for i in range(9, 0, -2):
    print(i, end = ' ')
```

輸出結果

```
9 7 5 3 1
```

此程式表示由 10 開始，每次遞減 2，直到大於等於 1。若以 while 迴圈表示，則為

```
i = 9
while i >= 1:
    print(i, end = ' ')
    i -= 2
```

輸出結果同上。

若要計算 1 到 100 的總和，以 for 迴圈撰寫，則程式如下：

```
total = 0
for i in range(1, 101):
    total += i
print('total = %d'%(total))
```

輸出結果

```
total = 5050
```

而以 while 迴圈表示，則程式如下：

```
total = 0
i = 1
while i <= 100:
    total += i
    i += 1
print('total = %d'%(total))
```

輸出結果同上。

你可以試著修改初值，終止值和更新運算式，輸出結果將會有所不同。可以自已改上述的程式，計算 1 到 100 的偶數和或奇數和，請參閱以下綜合範例。

4.4 大樂透號碼

我有時會去買大樂透或威力彩。不是自己選號，就是讓電腦選號。其實電腦選號就是利用亂數產生器所產生的數字。如今我們也可以自已撰寫程式來執行所謂的電腦選號。

大樂透的玩法是在 1 到 49 中選取 6 個號碼。今以亂數產生器產生 6 個大樂透號碼。我們先以 while 迴圈敘述撰寫之，程式如下所示：

範例程式：lottoNum10.py

```
01  import random
02  i = 1
03  while i <= 6:
04      lottoNum = random.randint(1, 49)
05      print(lottoNum, end = ' ')
06      i += 1
```

輸出結果

```
15 32 43 49 43 46
```

因要大樂透的號碼是 1 到 49，所以利用

```
lottoNum = random.randint(1, 49)
```

表示之。再來以 for 迴圈敘述產生六個號碼，範例程式如下所示：

範例程式：lottoNum20.py

```
01  import random
02  for i in range(1, 7):
03      lottoNum = random.randint(1, 49)
04      print(lottoNum, end = ' ')
```

輸出結果

```
46 29 9 2 1 30
```

記得將 random 模組載入進來。以上產生的大樂透號碼也許會有重複，這問題有二個方式可處理，一是再執行一次，直到沒有重複為止。二是每次產生大樂透號碼時，皆要檢視是否有重複，這留到第 8 章串列時再來探討。

4.5 巢狀迴圈

當迴圈內又有一迴圈時，稱之為巢狀迴圈(nested loop)。在迴圈外部的稱為外迴圈(outer loop)，在迴圈裡面的稱為內迴圈(inner loop)。我們以一範例程式說明之：

範例程式：nestLoop10.py

```
01  for i in range(1, 6):
02      print('i = %d'%(i))
03      for j in range(1, 4):
04          print('    j = %d'%(j))
```

輸出結果

```
i = 1
    j = 1
    j = 2
    j = 3
i = 2
    j = 1
    j = 2
    j = 3
i = 3
    j = 1
    j = 2
    j = 3
i = 4
    j = 1
    j = 2
    j = 3
i = 5
    j = 1
    j = 2
    j = 3
```

從輸出結果得知，當外迴圈 i 為 1 時，內迴圈 j 將從 1 執行到 3，當外迴圈 i 為 2 時，內迴圈 j 也是從 1 執行到 3，... ，直到外迴圈 i 執行完 5 後，整個迴圈才結束。

接下來我們來印一九九乘法表，如下所示：

```
1   2   3   4   5   6   7   8   9
2   4   6   8  10  12  14  16  18
3   6   9  12  15  18  21  24  27
4   8  12  16  20  24  28  32  36
5  10  15  20  25  30  35  40  45
6  12  18  24  30  36  42  48  54
7  14  21  28  35  42  49  56  63
8  16  24  32  40  48  56  64  72
9  18  27  36  45  54  63  72  81
```

範例程式：nestLoop20.py

```
01  for i in range(1, 10):
02      for j in range(1, 10):
03          print('%3d'%(i*j), end = ' ')
04      print()
```

此程式是典型的九九乘法表，可利用巢狀迴圈完成。外迴圈 i 由 1 至 9，當外迴圈 i 是 1 時，內迴圈 j 由 1 執行到 9 之後，外迴圈 i 加 1 變為 2，此時內迴圈 j 再度由 1 執行到 9，依此類推。

4.6 範例集錦

1. 試撰寫一程式，以 for 迴圈計算 1~100 的偶數和。

範例程式：program4-1.py

```
01  total = 0
02  for i in range(2, 101, 2):
03      total += i
04  print('total = %d'%(total))
```

輸出結果

```
total = 2550
```

2. 試撰寫一程式，以亂數產生威力彩號碼。

威力彩分兩區，第一區是從 1~38 選六個號碼，第二區是從 1~8 選一個號碼。

範例程式：program4-2.py

```
01  import random
02  print('Part 1')
03  for i in range(1, 7):
04      lotto = random.randint(1, 38)
05      print('%4d'%(lotto), end = '')
06
07  print('\nPart 2')
08  lotto2 = random.randint(1, 8)
09  print('%4d'%(lotto2))
```

輸出結果

```
Part 1
  30   9  27  22   3   1
Part 2
   6
```

3. 試撰寫一程式，以巢狀迴圈印出以下的九九乘法表：

```
1*1= 1  2*1= 2  3*1= 3  4*1= 4  5*1= 5  6*1= 6  7*1= 7  8*1= 8  9*1= 9
1*2= 2  2*2= 4  3*2= 6  4*2= 8  5*2=10  6*2=12  7*2=14  8*2=16  9*2=18
1*3= 3  2*3= 6  3*3= 9  4*3=12  5*3=15  6*3=18  7*3=21  8*3=24  9*3=27
1*4= 4  2*4= 8  3*4=12  4*4=16  5*4=20  6*4=24  7*4=28  8*4=32  9*4=36
1*5= 5  2*5=10  3*5=15  4*5=20  5*5=25  6*5=30  7*5=35  8*5=40  9*5=45
1*6= 6  2*6=12  3*6=18  4*6=24  5*6=30  6*6=36  7*6=42  8*6=48  9*6=54
1*7= 7  2*7=14  3*7=21  4*7=28  5*7=35  6*7=42  7*7=49  8*7=56  9*7=63
1*8= 8  2*8=16  3*8=24  4*8=32  5*8=40  6*8=48  7*8=56  8*8=64  9*8=72
1*9= 9  2*9=18  3*9=27  4*9=36  5*9=45  6*9=54  7*9=63  8*9=72  9*9=81
```

範例程式：program4-3.py

```
01  for i in range(1, 10):
02      for j in range(1, 10):
03          print('%d*%d=%2d  '%(j, i, i*j), end = '')
04      print()
```

程式解析

這是我們小學的墊板上的九九乘法表。也是上一範例程式加以擴充而來的。此程式不同的地方是

```
print('%d*%d=%2d  '%(j, i, i*j), end = '')
```

中的 (j, i, i*j)，因為每一列的欄位中，是第一個數字會改變，所以是以內迴圈的 j 為其變數。再來是外迴圈 i 的變數，最後是此兩個變數的乘積。

注意，因為不跳行，所以後面要加 end = ''。當內迴圈結束時，要加上 print() 以便跳下一行再下一列。

4. 試撰寫一程式，印出 1 ~ 50 階層的數字。

   1! = 1，2!=2，3!=6 ，4!=24，5! = 120，亦即 n! = n * (n-1)!。計算階層數在其他語言，如 C，C++等程式語言，由於它有資料型態最大值的問題，因此需要使用不同的技術來處理。但在 Python 就簡單多了，程式如下所示：

範例程式：program4-4.py

```
01  for i in range(1, 51):
02      factor = 1
03      print('%2d! = '%(i), end = '')
04      for j in range(1, i+1):
05          factor = factor * j
06      print(factor)
```

輸出結果

```
 1! = 1
 2! = 2
 3! = 6
 4! = 24
 5! = 120
 6! = 720
 7! = 5040
 8! = 40320
 9! = 362880
10! = 3628800
11! = 39916800
12! = 479001600
13! = 6227020800
14! = 87178291200
15! = 1307674368000
16! = 20922789888000
17! = 355687428096000
18! = 6402373705728000
19! = 121645100408832000
20! = 2432902008176640000
21! = 51090942171709440000
22! = 1124000727777607680000
23! = 25852016738884976640000
24! = 620448401733239439360000
25! = 15511210043330985984000000
26! = 403291461126605635584000000
27! = 10888869450418352160768000000
28! = 304888344611713860501504000000
29! = 8841761993739701954543616000000
30! = 265252859812191058636308480000000
31! = 8222838654177922817725562880000000
32! = 263130836933693530167218012160000000
33! = 8683317618811886495518194401280000000
34! = 295232799039604140847618609643520000000
35! = 10333147966386144929666651337523200000000
36! = 371993326789901217467999448150835200000000
37! = 13763753091226345046315979581580902400000000
38! = 523022617466601111760007224100074291200000000
39! = 20397882081197443358640281739902897356800000000
40! = 815915283247897734345611269596115894272000000000
41! = 33452526613163807108170062053440751665152000000000
42! = 1405006117752879898543142606244511569936384000000000
43! = 60415263063373835637355132068513997507264512000000000
44! = 2658271574788448768043625811014615890319638528000000000
45! = 119622220865480194561963161495657715064383733760000000000
46! = 5502622159812088949850305428800254892961651752960000000000
47! = 258623241511168180642964355153611979969197632389120000000000
48! = 12413915592536072670862289047373375038521486354677760000000000
49! = 608281864034267560872252163321295376887552831379210240000000000
50! = 30414093201713378043612608166064768844377641568960512000000000000
```

程式解析

從輸出結果看來是不是很壯觀，程式中的

```
for j in range(1, i+1):
    factor = factor * j
```

是計算階層的核心。當你撰寫 50! 這一程式時，你要覺得很幸福，因為你不需要考慮數值會不會溢位，所以很容易的就可以撰寫出來。哪一天你學了 C、C++、Java 或 C# 時再來挑戰吧？保證你會很刺激。

5. 試撰寫一程式，輸出以下結果：

```
        1
       2 2
      3 3 3
     4 4 4 4
    5 5 5 5 5
   6 6 6 6 6 6
  7 7 7 7 7 7 7
 8 8 8 8 8 8 8 8
9 9 9 9 9 9 9 9 9
```

範例程式：program4-5.py

```
01  for i in range(1, 10):
02      #add spaces
03      for j in range(9, i, -1):
04          print('  ', end = '')
05
06      for k in range(1, i+1):
07          print(i, end = ' ')
08      print()
```

4.7 本章習題

1. 試撰寫一程式，以 while 迴圈計算 1~100 的偶數和。
2. 試撰寫一程式，以 for 迴圈和 while 計算 1~100 中 5 的倍數和。
3. 試撰寫一程式，印出以下的表格：

```
1
2   4
3   6   9
4   8  12  16
5  10  15  20  25
6  12  18  24  30  36
7  14  21  28  35  42  49
8  16  24  32  40  48  56  64
9  18  27  36  45  54  63  72  81
```

4. 試撰寫一程式，印出以下的圖形：

```
******
*****
****
***
**
*
```

5. 試撰寫一程式，印出以下的圖形：

```
        1
       1 2
      1 2 3
     1 2 3 4
    1 2 3 4 5
   1 2 3 4 5 6
  1 2 3 4 5 6 7
 1 2 3 4 5 6 7 8
1 2 3 4 5 6 7 8 9
```

6. 試撰寫一程式，印出 50 個介於 1~49 之間亂數。

5 CHAPTER

激起更多的火花

本章是將第 4 章所論及的迴圈敘述與第 3 章的選擇敘述加以整合，期望程式可以激起更多的火花。

5.1 定數迴圈與不定數迴圈

當重複執行的次數是固定時，則稱此為定數迴圈，若重複執行的次數不固定，表示它隨時可以中斷，此稱為不定數迴圈。我們以一些範例說明之：

範例程式：finiteLoop10.py

```
01  total = 0
02  i = 1
03  while i <= 5:
04      a = eval(input('Enter a number: '))
05      total += a
06      i += 1
07  print('total = %d'%(total))
```

輸出結果

```
Enter a number: 100
Enter a number: 200
Enter a number: 300
Enter a number: 400
```

```
Enter a number: 500
total = 1500
```

此程式為一定數迴圈，因為執行五次才會結束迴圈。多一次或少一次都不行。而以下的程式是不定數迴圈，如下所示：

範例程式：uncertainLoop20.py

```
01  total = 0
02  a = eval(input('Enter a number: '))
03  while a != -999:
04      total += a
05      a = eval(input('Enter a number: '))
06  print('total = %d'%(total))
```

輸出結果樣本(一)

```
Enter a number: 100
Enter a number: 200
Enter a number: 300
Enter a number: 400
Enter a number: 500
Enter a number: 600
Enter a number: -999
total = 2100
```

輸出結果樣本(二)

```
Enter a number: 100
Enter a number: 200
Enter a number: -999
total = 300
```

程式的執行是依據使用者輸入的 a 值而決定的，當輸入的資料是 -999 時，則結束迴圈，這表示我們一開始沒有設定迴圈要執行幾次，而是機動性的，迴圈執行的次數可多可少。如輸出結果所示。

但要注意的是，此程式設定要加總的資料，其中不包括 -999 才可以。

再看一範例，以下是以電腦選號產生大樂透號碼的程式，若你覺得這組號碼不喜歡或有重複的號碼產生時，則可以再來一次，程式如下所示：

範例程式：lottoNum20.py

```
01  import random
02  again = 1
03  while again == 1:
04      for i in range(1, 7):
05          lotto = random.randint(1, 49)
06          print('%3d'%(lotto), end = '')
07      print()
08      again = eval(input('Enter a number, 1 for continue, 0 for stop: '))
```

輸出結果

```
10 21  6 40 31 49
Enter a number, 1 for continue, 0 for stop: 1
 43 48 24 26 30 33
Enter a number, 1 for continue, 0 for stop: 1
 48  3 45 13 12 29
Enter a number, 1 for continue, 0 for stop: 1
  4 39 40 10 37 32
Enter a number, 1 for continue, 0 for stop: 0
```

程式直到使用者輸入 again 的值為 0 時，將結束迴圈的執行。

5.2 break 與 continue

迴圈最怕的是無窮迴圈，表示它無此停止迴圈的執行，大多數的人都會認為電腦當機了，其實是程式在執行一無窮迴圈。如下程式所示：

範例程式：infiniteLoop.py

```
01  total = 0
02  a = eval(input('Enter a number: '))
03  while True:
04      total += a
05      a = eval(input('Enter a number: '))
06  print('total = %d'%(total))
```

此程式中的

```
while True:
```

由於永遠皆是真，導致於它是一無窮迴圈。此時需要有一機制來中止迴圈的執行。break 可用來結束迴圈的執行，例如將 break 應用於上述的不定數迴圈，程式如下所示：

範例程式：break.py

```
01  total = 0
02  a = eval(input('Enter a number: '))
03  while True:
04      if a != -999:
05          total += a
06          a = eval(input('Enter a number: '))
07      else:
08          break
09  print('total = %d'%(total))
```

輸出結果

```
Enter a number: 100
Enter a number: 200
Enter a number: 300
Enter a number: 400
Enter a number: -999
total = 1000
```

continue 表示不執行此敘述下的敘述，而再回到迴圈的條件運算式做判斷。我們舉一例子來說明，撰寫一程式將 1 加到 100，但 9 和 99 不加，因此答案應為 4952 (=5050-9-99)：

範例程式：continue10.py

```
01  total = 0
02  i = 1
03  while i <= 100:
04      if i == 9 or i == 99:
05          i += 1
06          continue
07      else:
08          total += i
```

```
09          i += 1
10  print('total = %d'%(total))
```

輸出結果

```
total = 4942
```

程式遇到 continue 時，會再回到 while 的條件運算式，繼續判斷是否為真，注意，要將 i 加 1。我們來測試一下，你對上一範例程式的了解程式。以下程式是加總 1 到 100，但對 5 的倍數加入總和，小明剛學 Python 程式設計，因此有些許的錯誤，請你來 Debug 一下。

範例程式：continue20.py

```
01  total = 0
02  i = 1
03  while i <= 100:
04      if i % 5 == 0:
05          continue
06      else:
07          i += 1
08          total += i
09  print('total = %d'%(total))
```

訂正之處以底線標示之，你答對了嗎？

範例程式：continue30.py

```
01  total = 0
02  i = 1
03  while i <= 100:
04      if i % 5 == 0:
05          i += 1
06          continue
07      else:
08          total += i
09          i += 1
10  print('total = %d'%(total))
```

5.3 範例集錦

1. 試撰寫一程式，先由電腦產生 1 到 100 其中某一數字，再由使用者猜猜數字。

範例程式：program5-1.py

```
01  import random
02  correct = random.randint(1, 100)
03  guess = eval(input('Guess a number: '))
04  while  True:
05      if guess > correct:
06          print(guess, '> correct')
07      elif guess < correct:
08          print(guess, '< correct')
09      else:
10          print('Correct number is ', correct)
11          print('You got it')
12          break
13      guess = eval(input('Guess a number: '))
```

輸出結果樣本(一)

```
Guess a number: 50
50 < correct
Guess a number: 75
75 < correct
Guess a number: 85
85 < correct
Guess a number: 90
90 < correct
Guess a number: 93
93 < correct
Guess a number: 94
94 < correct
Guess a number: 95
95 < correct
Guess a number: 97
97 < correct
Guess a number: 98
Correct number is 98
You got it
```

輸出結果樣本(二)

```
Guess a number: 50
50 < correct
Guess a number: 75
Correct number is  75
You got it
```

程式解析

輸出結果樣本(二)運氣太好了，猜第二次就中了。你也可以猜猜看。基本上猜數字是以二分法來猜的。

2. 試撰寫一程式，提示使用者輸入一數字，然後判斷它是否為質數。

範例程式：program5-2.py

```
01  data = eval(input('Enter a number: '))
02  isPrime = True
03  divisor = 2
04  while divisor <= data / 2:
05      if data % divisor == 0:
06          isPrime = False
07          break
08      divisor += 1
09  if isPrime:
10      print('%d is a prime number.'%(data))
11  else:
12      print('%d is not a prime number.'%(data))
```

輸出結果樣本(一)

```
Enter a number: 13
13 is a prime number.
```

輸出結果樣本(二)

```
Enter a number: 14
14 is not a prime number.
```

程式解析

質數(prime number)表示某一數字的因數是 1 和自己本身外，若無其他因數，則此數字稱之為質數。迴圈結束點是 divisor <= data / 2，並利用 isPrime 設定為 True 或 False。

3. 試撰寫一程式，輸出 1~100 之間的質數。

範例程式：program5-3.py

```
01  for i in range(2, 101):
02      divisor = 2
03      isPrime = True
04      while divisor <= i / 2:
05          if i % divisor == 0:
06              isPrime = False
07              break
08          divisor += 1
09      if isPrime:
10          print('%3d'%(i), end = ' ')
```

輸出結果

```
  2   3   5   7  11  13  17  19  23  29  31  37  41  43  47  53
 59  61  67  71  73  79  83  89  97
```

4. 承上題，每一列印十個質數。

範例程式：program5-4.py

```
01  count = 0
02  for i in range(2, 101):
03      divisor = 2
04      isPrime = True
05      while divisor <= i / 2:
06          if i % divisor == 0:
07              isPrime = False
08              break
09          divisor += 1
10      if isPrime:
```

```
11          count += 1
12          if count % 10 != 0:
13              print('%3d'%(i), end = ' ')
14          else:
15              print('%3d'%(i))
```

輸出結果

```
  2   3   5   7  11  13  17  19  23  29
 31  37  41  43  47  53  59  61  67  71
 73  79  83  89  97
```

程式解析

你有沒有覺得輸出結果整齊多了。程式比上一題多了利用 count % 10 是否為 0 而已，若是為 0，則印完後要跳行，否則不跳行。這種輸出是很常見的。

5. 試撰寫一程式，輸入兩個整數，然後求出其最大公倍數。

範例程式：program5-5.py

```
01  gcd = 1
02  n = 2
03  a = eval(input('Enter a number: '))
04  b = eval(input('Enter a number: '))
05  while n <= a and n <= b:
06      if a % n == 0 and b % n == 0:
07          gcd = n
08      n += 1
09  print('GCD(%d, %d) = %d'%(a, b, gcd))
```

輸出結果樣本(一)

```
Enter a number: 12
Enter a number: 28
GCD(12, 28) = 4
```

輸出結果樣本(二)

```
Enter a number: 15
Enter a number: 60
GCD(15, 60) = 15
```

程式解析

兩數的最大公因數(Greatest Common Divisor, GCD)表示此數皆可以整除這兩數。如 12, 28 的最大公因數是 4。

5.4 本章習題

1. 請將本章前兩個範例程式由 while 改以 for 敘述執行之。
2. 由亂數產生器產生 1~1000 之間的亂數，然後加以判斷它是否為質數。
3. 以亂數產生器分別產生 1000 個 1~200 之間的亂數，從這些亂數中計算有多少個是偶數，有多少個是奇數，以及有多少個是 5 的倍數。
4. 試撰寫一程式，印出前 100 個質數，而且每一列印出十個質數。
5. 試撰寫一程式，輸入兩個分數 a 和 b，然後求出 a+b 之後的最簡分數。

6 CHAPTER

分工合作更有效率

學完前面幾章已經可以撰寫大部分日常生活中的問題。接下來幾章的主題包含一些讓你在撰寫程式上更有效率，如函式、串列、數組、集合，以及詞典。我們先從函式開始。

6.1 函式的涵義

這一章我們來探討程式模組化(modulize)。其意義就是將程式加以劃分，每一部分稱之為函式(function)或副程式(subprogram)。函式表示解決某一問題的有限步驟。將程式加以模組化有下列好處：

1. 減少重複的程式碼：我們可以將重複的程式碼以一函式表示，若要使用只要加以呼叫即可。
2. 易於開發：因為函式可以當做程式的元件來使用，可以將先前撰寫的函式加以利用，使得撰寫程式好像在推積木一般，易於開發類似的應用系統。
3. 易於維護：程式是由一些函式所組成，每一函式各司其職。只要針對錯誤的部分加以修改即可。不需要動到其他部分。

6.2 如何定義一函式

如何定義一函式，很簡單，其語法如下：

```
def function_name():
    函式主體敘述
```

其中 def 是系統保留字。function_name 是自訂的函式名稱，後面接下括號以及冒號。再來是函式主體敘述，此敘述要內縮。

在前面章節曾論及撰寫一迴圈產生大樂透號碼(6 個介於 1~49 的數字)，程式如下所示：

```
import random
for i in range(1, 7):
    n = random.randint(1, 49)
    print(n, end = ' ')
```

輸出結果

```
21 46 20 11 14 15
```

我們可將產生大樂透號碼的敘述以一 lotto() 函式表示，如下所示：

範例程式：function10.py

```
01  import random
02  def lotto():
03      for i in range(1, 7):
04          n = random.randint(1, 49)
05          print(n, end = ' ')
06
07  def main():
08      lotto()
09
10  main()
```

輸出結果

```
35 15 17 18 37 40
```

此做法是將上述有關產生大樂透號碼的敘述，

```
for i in range(1, 7):
    n = random.randint(1, 49)
    print(n, end = ' ')
```

將它獨立出來，並撰寫一函式 lotto()來執行。如下所示：

```
def lotto():
    for i in range(1, 7):
        n = random.randint(1, 49)
        print(n, end = ' ')
```

往後要產生的大樂透號碼，就可以呼叫 lotto() 函式即可。如下程式所示：

```
def main():
    lotto()
```

此範例程式有二個函式，一為產生大樂透號碼的 lotto() 函式，二為 main() 函式。這些函式名稱皆是使用者自取的。程式的控制放在此函式。最後，要撰寫 main() 敘述來觸發 main() 函式。注意，若沒有此敘述，此程式將不會啟動。

在前面章節曾使用不定數迴圈產生大樂透號碼，因為有時產生的大樂透號碼是重複的情況下，可讓使用者決定是否要繼續產生大樂透號碼，程式如下所示：

範例程式：function20.py

```
01  import random
02  def lotto():
03      for i in range(1, 7):
04          n = random.randint(1, 49)
05          print(n, end = ' ')
06      print('\n')
07
08  def main():
09      again = 1
10      while again == 1 :
11          lotto()
12          again = eval(input('Do you want to continue? 1 to continue, 0 to stop: '))
13  main()
```

輸出結果

```
29  29  36   6   7  45

Do you want to continue? 1 to continue, 0 to stop: 1
 34  25  30  19  48   9

Do you want to continue? 1 to continue, 0 to stop: 1
 25   2  34  22  11  45

Do you want to continue? 1 to continue, 0 to stop: 0
```

6.3 實際參數與形式參數

在呼叫函式時，也可以給予參數，如下一程式是由使用者決定要產生多少個亂數，當呼叫 randNum() 函式時給予一參數，如下程式所示：

範例程式：function30.py

```
01  import random
02  def randNum(k):
03      for i in range(1, k+1):
04          n = random.randint(1, 100)
05          print(n, end = ' ')
06
07  def main():
08      n = eval(input('How many random numbers do you want? '))
09      randNum(n)
10
11  main()
```

輸出結果(一)

```
How many random numbers do you want? 10
92 92 35 29 73 37 15 73 97 42
```

輸出結果(二)

```
How many random numbers do you want? 50
51 83 32 79 38 44 31 62 82 35 36 27 53 57 30 43 97 91 94 9 95 45 60 92 57 9 79 9
42 6 22 5 40 25 35 81 33 73 69 66 32 21 98 94 91 40 56 43 42 76
```

此程式在 main() 函式中的 n 稱之為實際參數(actual parameter)，而在 randNum() 函式中的 k 稱之為形式參數(formal parameter)。k 只要是受 n 的影響。此程式以 n 為 10 和 50 加以測試之。

你可以調整輸出結果，每一列印出十個亂數，如下範例程式所示：

範例程式：function40.py

```
01  import random
02  def randNum(k):
03      for i in range(1, k+1):
04          n = random.randint(1, 100)
05          if i % 10 == 0:
06              print('%3d'%(n))
07          else:
08              print('%3d'%(n), end = ' ')
09  
10  def main():
11      n = eval(input('How many random numbers do you want? '))
12      randNum(n)
13  
14  main()
```

輸出結果樣本(一)

```
How many random numbers do you want? 30
23  77 100  42  82  40  57  19  23  13
34  60  91  45   6  21  33  98  40  27
53  86  65  15  94   7   8  10  69  95
```

輸出結果樣本(二)

```
How many random numbers do you want? 50
28  10  76  25  24  46  59  71  60  37
25  27  38  28  91  89  38  96  30  18
27  89   9  34  26  65  90  74  98  43
 2  36  67  57  78  58  21  30  22  94
54  68  58  21  18  30  16  28  39  47
```

此程式利用下述的片段程式，控制每一列印十個亂數。

```
if i % 10 == 0:
    print('%3d'%(n))
else:
    print('%3d'%(n), end = ' ')
```

當 i 除以 10 的餘數為 0 時，印出亂數時會跳行，否則不跳行。

6.4 函式回傳值

有時呼叫函式後，想要從函式中回傳值。如有函式 sum()，接收兩個參數，計算其平均數後回傳。如以下程式計算正 n 邊形的面積後回傳：

正 n 邊形的面積公式如下：

$$area = (n * s^2) / (4 * \tan(\pi/n))$$

其中 n 是正 n 邊形的邊數，s 為邊長。

範例程式：function50.py

```
01  import math
02  def nArea(n, s):
03      area = (n * s ** 2) / (4 * math.tan(math.pi/n))
04      return area
05
06  def main():
07      num = eval(input('Enter edge numebrs: '))
08      side = eval(input('Enter side length: '))
09      area2 = nArea(num, side)
10      print('Area of %d edges is %.2f'%(num, area2))
```

```
11
12  main()
```

輸出結果

```
Enter edge numebrs: 5
Enter side length: 6.5
Area of 5 edges is 72.69
```

程式中以 return area 表示回傳 area 值給 main() 函式的 area2 變數。

在 Python 中可以回傳多個值，這在其他程式語言，如 C、C++、或是 Java 是不允許的。如下程式計算兩數的總和及平均數，並將其回傳：

範例程式：function60.py

```
01  def average(a, b):
02      total = a + b
03      aver = total / 2
04      return total, aver
05
06  def main():
07      x, y = eval(input('Enter 2 numbers: '))
08      tot2, aver2 = average(x, y)
09      print('total = %d, average = %.2f'%(tot2, aver2))
10
11  main()
```

輸出結果

```
Enter 2 numbers: 11, 12
total = 23, average = 11.50
```

6.5 範例集錦

1. 試撰寫一函式 rand 產生 100 個介於 1~100 的亂數，並接收由 main() 函式指定亂數的個數。輸出亂數時每一列印十個。

範例程式：program6-1.py

```
01  import random
02  def rand(n):
03      for i in range(1, n+1):
04          rn = random.randint(1, 100)
05          if i % 10 == 0:
06              print('%4d'%(rn))
07          else:
08              print('%4d'%(rn), end = ' ')
09
10  def main():
11      num = eval(input('Enter num: '))
12      rand(num)
13
14  main()
```

輸出結果樣本

```
Enter num: 50
 46  21  32  25  61  58  19  98  98  57
 29   3  61  84  75  92  87  69  65  97
 57  60  67  94  39  17  83  62  77   3
100  73  98  18  16  35  56  50  37  59
 23  91  52  31   2  54  21  77  71  90
```

2. 試撰寫一函式 rand，並接收由 main() 函式所指定區間的亂數以及亂數的個數。輸出亂數時每一列印十個。

範例程式：program6-2.py

```
01  import random
02  def rand(a, b, n):
03      for i in range(1, n+1):
04          rn = random.randint(a, b)
```

```
05            if i % 10 == 0:
06                print('%4d'%(rn))
07            else:
08                print('%4d'%(rn), end = ' ')
09
10    def main():
11        x, y, num = eval(input('Enter x, y, num: '))
12        rand(x, y, num)
13
14    main()
```

輸出結果樣本

```
Enter x, y, num: 10, 50, 50
 30  28  19  12  10  10  48  42  28  11
 50  44  27  34  10  46  29  14  16  12
 46  28  38  32  49  14  41  25  18  41
 40  24  16  32  41  46  40  40  26  28
 22  10  39  20  42  17  40  41  23  29
```

3. 試撰寫一函式 rand，並接收由 main() 函式欲產生多少組的大樂透號碼。

範例程式：program6-3.py

```
01    import random
02    def lotto(n):
03        for i in range(1, n+1):
04            for i in range(1, 7):
05                lottoNum = random.randint(1, 49)
06                print('%3d'%(lottoNum), end = ' ')
07            print()
08
09    def main():
10        num = eval(input('How many sets: '))
11        lotto(num)
12
13    main()
```

輸出結果樣本(一)

```
How many sets:  5
 13  45  47  18  36  16
 28  34  49   4  36  12
 39  17  28  14  47  48
  8   8  16   9  46  48
 15  23  19  10  18  49
```

輸出結果樣本(二)

```
How many sets:  10
 28  41   5   9   8   1
 41  34  33   8  47   5
 17  22  29  30  23   8
 22  45   7  29  25  39
 41  18  38  31  11  30
 19  12  18  24   6  36
 41  20  10  28  34  13
 39   4  44  17  42  11
 48  44  47  13  20  19
 35  47  48  14  39  40
```

4. 試撰寫一函式 GPA，並接收由 main() 函式所傳送的分數，然後回傳其對應的 GPA。此程式利用不定數迴圈輸入分數。有關 GPA 的對應表格如下所示：

分數	GPA
80~100	A
70~79	B
60~69	C
50~59	D
49~	E

範例程式：program6-4.py

```
01  def gpa(score):
02      if score >= 80:
03          print('Your GPA is A.')
04      elif score >= 70:
```

```
05            print('Your GPA is B.')
06        elif score >= 60:
07            print('Your GPA is C.')
08        elif score >= 50:
09            print('Your GPA is D.')
10        else:
11            print('Your GPA is E.')
12
13    def main():
14        score = eval(input('Enter your score: '))
15
16        while score >= 0:
17            gpa(score)
18            score = eval(input('Enter your score: '))
19
20    main()
```

輸出結果樣本

```
Enter your score: 90
Your GPA is A.
Enter your score: 78
Your GPA is B.
Enter your score: 67
Your GPA is C.
Enter your score: 50
Your GPA is D.
Enter your score: 33
Your GPA is E.
Enter your score: -1
```

程式解析

此程式當分數為負的時候，程式將結束。

5. 試撰寫一函式 bmi，並接收由 main() 函式所傳送的身高和體重，然後回傳其對應的 BMI。此程式利用不定數迴圈輸入多個身高和體重。有關 BMI 的對應表格如下所示：

BMI	說明
小於 18.5	過輕
18.5 ~ 24.9	正常
25 ~ 29.9	過重
大於 30	肥胖

範例程式：program6-5.py

```
01  def bmi(weight, height):
02      heightMeter = height / 100
03      bmi = weight / (heightMeter * heightMeter)
04      print('Your bmi is %.2f'%(bmi))
05      if bmi < 18.5:
06          print('Underweight')
07      elif bmi < 25:
08          print('Normal')
09      elif bmi < 30:
10          print('Overweight')
11      else:
12          print('Obses')
13
14  def main():
15      weight = eval(input('Enter your weight: '))
16
17      height = eval(input('Enter your height: '))
18      while weight > 0 and weight > 0:
19          bmi(weight, height)
20          weight = eval(input('Enter your weight: '))
21
22          height = eval(input('Enter your height: '))
23
24  main()
```

輸出結果樣本

```
Enter your weight: 68
Enter your height: 185
Your bmi is 19.87
Normal
Enter your weight: 75
Enter your height: 185
Your bmi is 21.91
Normal
Enter your weight: 99
Enter your height: 169
Your bmi is 34.66
Obses
Enter your weight: -1
Enter your height: -1
```

6.6 本章習題

1. 試撰寫一函式，計算以下序列的總和，並加以測試之。

   `S(i) = 1/2 + 2/3 + 3/4 +  … + i/(i+1)`

2. 試撰寫一函式 pi(x)，用以計算 π 值：

   pi(x) = 4 * (1 - 1/3 + 1/5 - 1/7 + 1/9 - 1/11 + … + $(-1)^{i+1}$/(2i - 1))

3. 試以一函式

   ```
   def distance(x1, y1, x2, y2):
   ```

   來計算兩點的距離。

4. 試撰寫一將華氏溫度轉為攝氏溫度的函式，此函式接收要轉換區間的溫度。

5. 試撰寫一程式，模擬 2018 年底的台北市長選舉，首先在 menu 函式中製作選單，如下所示：

   ```
   1、小柯
   2、小丁
   3、小姚
   Enter your choice:
   ```

假設你有十張選票，利用定數迴圈投下你喜歡的候選人，每次投完後，請顯示目前候選人的選票，注意，當你不是投給這三人時，將以廢票計算之。

7 CHAPTER 字串

7.1 字串的基本用法

字串是由字元所組成的集合，建立一空字串可以下列方式表示之。

```
>>> s1 = str()
>>> s1
''
```

字串可以雙引號或單引號來表示，因此，

```
>>> s1 = ''
>>> s1
''
>>> s1 = ""
>>> s1
''
```

皆表示空字串。

要建立一字串可以下列三種方式之一完成，如下所示：

```
>>> s2 = 'string'
>>> s2
'string'

>>> s3 = "Python"
>>> s3
```

```
'Python'

>>> s4 = str('iPhone')
>>> s4
'iPhone'
```

Python 程式語言比較特殊，雙引號和單引號是相同的，因此，我比較喜歡使用單引號，沒有別的原因，同為不需要按 shift 鍵，所以會打快一點。

```
>>> s3
'Python'
>>> s3[0]
'P'
>>> s3[1:4]
'yth'
>>> s3[-1]
'n'
>>> s3[-2]
'o'
```

利用 + 運算子，將字串相連。

```
>>> 'Learning ' + s3 + ' now!'
'Learning Python now!'
```

利用 * 運算子可以複製字串，

```
>>> s3 * 2
'PythonPython'

>>> 2 * s3
'PythonPython'
```

底下還有一些常用的字串函式，如表 7-1。

表 7-1　一些常用的字串函式

函式	說明
len(s)	s 字串長度
max(s)	s 字串的最大值
min(s)	s 字串的最小值

函式	說明
in s	判斷某一字串是否在 s 字串中
not in s	判斷某一字串是否不在 s 字串中

```
>>> len(s3)
6
```

表示 s3 字串的長度為 6

```
>>> max(s3)
'y'
```

表示 s3 字串的最大值為 y

```
>>> min(s3)
'P'
```

表示 s3 字串的最小值為 P

```
>>> 'thon' in s3
True
```

判斷 thon 字串是否在 s3 字串中

```
>>> 'python' not in s3
True
```

判斷 'python' 字串是否不在 s3 字串中

```
>>> 'Python' not in s3
False
>>> 'Python ' in s3
False
```

接下來利用 for 迴圈擷取字串的所有字元

```
>>> for x in s3:
        print(x)


P
y
t
```

```
h
o
n
```

若要連續印出不跳行，可以加 end = '' ，以完成上述任務。

```
>>> for x in s3:
        print(x, end = '')

Python
```

當然也可以利用傳統的 for...in range 的做法。如下所示：

```
>>> for i in range(0, len(s3)):
        print(s3[i], end = '')

Python
```

在字串中也可以使用關係運算子比較兩個字串的大小，如 < 、<=、 >、 >=、==，以及 !=。字串的大小是以字元的 ASCII 決定其大小。

```
>>> str1 = 'iPhone X'
>>> str2 = 'iPhone 8'
>>> str1 == str2
False
>>> str1 > str2
True
>>> str1 < str2
False
>>> str1 != str2
True
>>>
```

7.2 找尋子字串

有時我們會找尋某一字串的子字串，如表 7-2 所示。

表 7-2 找尋子字串的方法

方法	說明
endswith(s)	若字串的尾端是 s 子字串，則回傳 True
startswith(s)	若字串的前端是 s 子字串，則回傳 True
find(s)	由左至右找尋 s 子字串
rfind(s)	由右至左找尋 s 子字串
count(s)	計算 s 子字串出現的次數

請看以下的範例說明

```
>>> s = 'Learning Python now!'
>>> s.endswith('now')
False
>>> s.endswith('now!')
True
>>> s.startswith('Learning')
True
>>> s.find('Python')
9

>>> s.rfind('o')
17
>>> s.find('o')
13
>>> s.count('o')
2
```

7.3 字串的轉換

Python 提供的字串轉換方法，如表 7-3 所示：

表 7-3 字串轉換的方法

方法	說明
capitalize()	將字串的第一個字元轉換為大寫後回傳
title()	將字串每一個單字的第一個字元轉換為大寫後回傳

方法	說明
upper()	將字串每一個字元轉換為大寫後回傳
lower()	將字串每一個字元轉換為小寫後回傳
swapcase()	將字串每一個字元的大、小寫互換後回傳

請看以下範例說明：

```
>>> s8 = 'python is fun'
>>> s8.capitalize()
'Python is fun'

>>> s8.title()
'Python Is Fun'

>>> s8.upper()
'PYTHON IS FUN'

>>> s8.lower()
'python is fun'

>>> s8.swapcase()
'PYTHON IS FUN'

>>> s8
'python is fun'
```

要注意的是，雖然 s8 經過上述的方法轉換後，s8 還是不變的。

7.4 從字串去除空白字元

我們常常會將字串中左邊、右邊或兩邊多出的白色空白(whitespace)字元加以刪除。白色空白字元包括空白、\t、\n，\b 等等的字元。請參閱表 7-4 說明。

表 7-4　字串刪除空白字元的方法

方法	說明
strip()	刪除字串兩邊的白色空白字元
lstrip()	刪除字串左邊的白色空白字元
rstrip()	刪除字串右邊的白色空白字元

```
>>> s20 = ' Learning Python now! \t'
>>> s20.strip()
'Learning Python now!'

>>> s20.lstrip()
'Learning Python now! \t'

>>> s20.rstrip()
' Learning Python now!'
```

7.5 字串格式化

字串格式化不外乎將資料置中、向左靠齊、向右靠齊，這些可以利用 Python 提供的方法 center(w)、ljust(w)、rjust(w)，以及 format()來完成，其中 w 是欄位寬，如表 7-5 所示。

表 7-5 字串格式化的方法

方法	說明
center(w)	給予 w 個欄位寬，將字串置中
ljust(w)	給予 w 個欄位寬，將字串向左靠齊
rjust(w)	給予 w 個欄位寬，將字串向右靠齊
format()	將字串向左或向右對齊加以輸出

請參閱以下範例。

```
>>> s10 = 'Python'
>>> s10.center(12)
'   Python   '
```

上述指令將字串 Python 給予 12 個欄位寬，並加以置中。

```
>>> s10.ljust(12)
'Python      '
```

上述指令將字串 Python 給予 12 個欄位寬，並向左靠齊。

```
>>> s10.rjust(12)
'      Python'
```

上述指令將字串 Python 給予 12 個欄位寬，並向右靠齊。

若要將上述字串向左靠齊或向右靠齊，也可以藉助 format 方法來完成。如下所示：

```
>>> print(format(s10, '12s'))
Python

>>> print(format(s10, '>12s'))
      Python
```

向右靠齊以 '>12s' 完成，其中 s 表示字串的格式，12 表示欄位寬，而 > 表示向右靠齊。

```
>>> print(format(s10, '<12s'))
Python
```

向左靠齊以 '<12s' 完成，其中 s 表示字串的格式，12 表示欄位寬，而 < 表示向 左靠齊。由於 Python 預設字串的輸出是向左靠齊，所以此方式較少用。

7.6 範例集錦

1. 試撰寫一程式，提示使用者輸入一字串，然後判斷此字串是否為迴文 (palindrome)。迴文的定義是字串由左至右讀取，或是由右至左讀取是相同者稱之。

範例程式：program7-1.py

```
01  def isPalindrome(s):
02      low = 0
03      high = len(s) - 1
04      while low < high:
05          if s[low] != s[high]:
06              return False
07          low = low + 1
08          high = high -1
09      return True
10
11  def main():
12      s = input('Enter a string: ')
13
```

```
14        if isPalindrome(s):
15            print('%s is a palindrome'%(s))
16        else:
17            print('%s is not a palindrome'%(s))
18
19    main()
```

輸出結果樣本(一)

```
Enter a string: otto
otto is a palindrome
```

輸出結果樣本(二)

```
Enter a string: natan
natan is a palindrome
```

輸出結果樣本(三)

```
Enter a string: bright
bright is not a palindrome
```

程式解析

程式在 main() 函式中使用 input() 提示使用者輸入一字串，然後呼叫 isPalindrome()函式，此函式接收由使用者輸入的字串。在此函式中 low 設定為 0，high 設定為字串的長度減 1。利用 while 迴圈判斷它是否為迴文。若是，則回傳 True，否則回傳 False。

2. ISBN-10(International Standard Book Number) 包含 10 個數字：$d_1d_2d_3d_4d_5d_6d_7d_8d_9d_{10}$，最後的 d_{10} 是檢查碼，它是由前九個號碼利用下列公式計算得到的：

$$(d_1 + 2d_2 + 3d_3 + 4d_4 + 5d_5 + 6d_6 + 7d_7 + 8d_8 + 9d_9) \% 11$$

根據 ISBN 的轉換，若檢查碼是 10，則最後的數字將以 X 表示。

撰寫一程式提示使用者輸入前九個數字，然後顯示 ISBN 的 10 個數字(包含前導 0)。程式應該以字串的方式讀取。

範例程式：program7-2.py

```
01  def main():
02      number = input("Enter the first 9 digits of an ISBN-10 number as a
03          string: ").strip()
04      # Calculate checksum
05      sum = 0
06      for i in range(9):
07          sum += int(number[i]) * (i + 1)
08
09
10      checksum = sum % 11
11      print("The ISBN number is ", end = "")
12      print(number, end = "")
13      if checksum == 10:
14          print("X")
15      else:
16          print(checksum)
17
18  main()
```

輸出結果(一)

```
Enter the first 9 digits of an ISBN-10 number as a string: 013601267
The ISBN number is 0136012671
```

輸出結果(二)

```
Enter the first 9 digits of an ISBN-10 number as a string: 013031997
The ISBN number is 013031997X
```

程式解析

程式提示使用者輸入字串，並將左、右兩邊的白色空白字元刪除。之後利用

```
for i in range(9):
    sum += int(number[i]) * (i + 1)
```

計算其公式的總和，再以

```
checksum = sum % 11
```

求出最後數字的檢查碼。若是 10，則以 X 的表示。

3. 撰寫一函式將二進位字串轉換為十進位整數。使用以下的函式標頭：

```
def binaryToDecimal(binaryString):
```

例如，二進位字串 10101 為 21 ($1 \times 2^4 + 0 \times 2^3 + 1 \times 2^2 + 0 \times 2^1 + 1$)所以 binaryToDecimal('10101') 將回傳 21。

請撰寫一測試程式，提示使用者輸入二進位字串，然後顯示其相對應的十進位整數。

範例程式：program7-3.py

```
01  def main():
02      s = input("Enter a binary number string: ").strip()
03      v = binaryToDecimal(s)
04      print("The decimal value is", v)
05
06  def binaryToDecimal(binaryString):
07      value = ord(binaryString[0]) - ord('0')
08      for i in range(1, len(binaryString)):
09          value = value * 2 + ord(binaryString[i]) - ord('0')
10      return value
11
12  main()
```

輸出結果樣本(一)

```
Enter a binary number string: 1001
The decimal value is 9
```

輸出結果樣本(二)

```
Enter a binary number string: 1010101
The decimal value is 85
```

輸出結果樣本(三)

```
Enter a binary number string: 10101010
The decimal value is 170
```

程式解析

程式提示使用者輸入字串，並將左、右兩邊的白色空白字元刪除。接著設定 value 為字串的第一個數字，如下敘述所示：

```
value = ord(binaryString[0]) - ord('0')
```

其中的 ord()函式是將字元轉換為數字，之後再利用 for 迴圈計算轉換為十進位的數值，最後將 value 加以回傳。如下片段程式所示：

```
for i in range(1, len(binaryString)):
    value = value * 2 + ord(binaryString[i]) - ord('0')
return value
```

4. 撰寫一程式，提示使用者以格式 ddd-dd-dddd，輸入 SSN (Social Security Number)，此處的 d 表示數字。若是正確的 SSN，則將顯示 Valid SSN，否則顯示 Invalid SSN。

範例程式：program7-4.py

```
01  def main():
02      s = input('Enter a string for SSN: ') .strip()
03      if isValidSSN(s):
04          print('Valid SSN')
05      else:
06          print('Invalid SSN')
07
08  # Check if a string is a valid SSN
09  def isValidSSN(ssn):
10      return len(ssn) == 11 and ssn[0].isdigit() and \
11        ssn[1].isdigit() and ssn[2].isdigit() and \
12        ssn[3] == '-' and ssn[4].isdigit() and \
13        ssn[5].isdigit() and ssn[6] == '-' and \
14        ssn[7].isdigit() and ssn[8].isdigit() and \
15        ssn[9].isdigit() and ssn[10].isdigit()
16
17  main()
```

輸出結果樣本(一)

```
Enter a string for SSN: 123-45-6789
Valid SSN
```

輸出結果樣本(二)

```
Enter a string for SSN: 123-a9-678a
Invalid SSN
```

程式解析

程式提示使用者輸入字串，並將左、右兩邊的白色空白字元刪除。接著呼叫

```
isValidSSN(s):
```

用以判斷它是否為正確的 SSN，在 isValidSSN(ssn)函式中，撰寫合乎 SSN 的條件敘述，並以 and 連結多個條件的敘述。敘述後面的 \ 是連結下一行敘述必備的字元。

5. 一些網站對密碼有強制加入一些規則。撰寫一函式檢查密碼是否有效。假設密碼的規則如下：
   - 必須至少八個字元。
   - 必須包含有一字母和數字。
   - 必須包含至少三個數字

   請撰寫一程式，提示使用者輸入密碼，若密碼符合上述規則，則顯示 Valid password，否則顯示 Invalid password。

範例程式：program7-5.py

```
01  def main():
02      s = input('Enter a string for password: ').strip()
03      if isValidPassword(s):
04          print('Valid password')
05      else:
06          print('Invalid password')
07
08  # Check if a string is a valid password
```

```
09  def isValidPassword(s):
10      # Only letters and digits?
11      if not s.isalnum():
12          return False
13
14      # Check length
15      if len(s) < 8:
16          return False
17
18      # Count the number of digits
19      count = 0
20      for ch in s:
21          if ch.isdigit():
22              count += 1
23      if count >= 3:
24          return True
25      else:
26          return False
27
28  main()
```

輸出結果樣本(一)

```
Enter a string for password: bright123
Valid password
```

輸出結果樣本(二)

```
Enter a string for password: bright21
Invalid password
```

程式解析

程式提示使用者輸入字串，並將左、右兩邊的白色空白字元刪除。接著呼叫

```
isValidPassword(s):
```

在此函式中，以 isalnum() 函式檢視它是否只為數字和英文字母，若不是，則回傳 False 以 len(s)計算 s 字串的長度，若小於 8，則回傳 False。以 isdigit()

函式檢視它是否為數字，並計算出現的次數，若此數字大於或等於 3，則回傳 True。

7.7 本章習題

1. 試撰寫一程式，提示使用者輸入字串和字元，然後顯示在字串中出現此字元的次數。請不要用 Python 提供的 count 函式，自行定義一函式

   ```
   def count(string, ch):
   ```

   例如，輸入 'Python is n'，接著輸入 n，其答案為 2。

2. ISBN-13 是新的書籍識別碼。它使用 13 個數字：$d_1d_2d_3d_4d_5d_6d_7d_8d_9d_{10}d_{11}d_{12}d_{13}$，最後的 d_{13} 是檢查碼，它是由其他 12 個號碼利用下列公式計算得到的：

   $$10-(d_1+3d_2+d_3+3d_4+d_5+3d_6+d_7+3d_8+d_9+3d_{10}+d_{11}+3d_{12})\ \%10$$

   若檢查碼是 10，則最後的數字將以 0 表示。

3. 請撰寫一函式將十進位數值轉換為十六進位數值。使用以下的函式標頭：

   ```
   def decimalToHex(value):
   ```

   撰寫一測試程式，提示使用者輸入十進位數值，然後顯示其相對應的十六進位數值。

4. 請撰寫一函式將十進位數值轉換為二進位數值。使用以下的函式標頭：

   ```
   def decimalToBinary(value):
   ```

   撰寫一測試程式，提示使用者輸入十進位數值，然後顯示其相對應的二進位數值。

5. 請撰寫一函式反轉字串，函式的標頭檔如下：

   ```
   def reverse(string):
   ```

   撰寫一測試程式提示使用者輸入字串，呼叫 reverse 函式並顯示反轉的字串。

8 CHAPTER

儲存資料的好幫手

本章將介紹可讓資料存取更有效率的主題—串列(list)。

8.1 串列的涵義

假設要輸入六個變數值，然後計算其總和與平均數。為了表示這六個變數，你可能以 a, b, c, d, e, f 等六個名稱來表示，如下程式所述：

範例程式

```
01  a = 1
02  b = 2
03  c = 3
04  d = 4
05  e = 5
06  f = 6
07  total = a + b + c + d + e + f
08  average = total / 6
09  print('total = %d, average = %.2f'%(total, average))
```

輸出結果

```
total = 21, average = 3.50
```

若有更多變數的話，其實就不是很有效率了。例如班上有 70 位同學修 Python 程式設計的課，此時要有 70 個變數來表示，這不但不好記，也不太好處理。因此串列(list)也就迎運而生了。串列可說是儲存資料的好幫手，它使得資料更方便存取。

8.2 如何定義串列

串列(list)，其實相當於其他程式語言所稱的陣列(array)。它可由許多資料所組成的集合。注意，Python 的串列所組成的資料，可以為不同的型態，這點和其他程式語言的陣列，是由相同型態的資料所組成的集合不相同。讓我們先從一維串列談起。例如

```
num = []
```

表示空串列，而下一敘述

```
num = [1, 2, 3, 4, 5, 6]
```

表示 num 為一串列，它有六個元素，分別以 num[0]、num[1]、num[2]、num[3] 、num[4] 、num[5] 表示之，而且其值分別為 1、2、3、4、5，以及 6。注意，串列的索引值是從 0 開始的，所以串列的最後一個元素的索引值為串列個數減 1。如圖 8-1 所示：

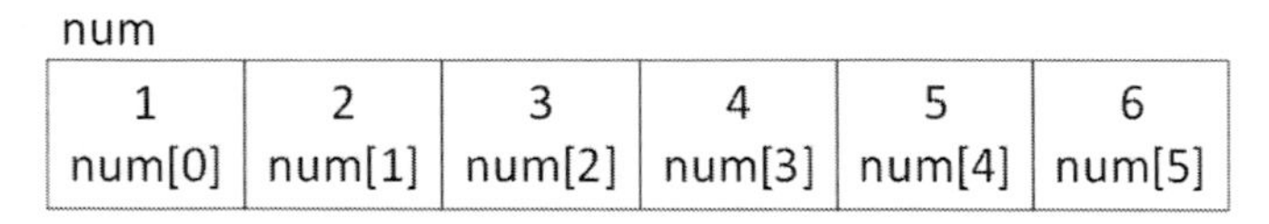

圖 8-1　串列表示法

你可以使用索引運算子 [ ]，加上索引值即可得到串列的某一元素值。如 num[0] 即可得到 1。

8.3 串列一些常用的函式

除了上述使用索引運算子外，還有一些常用的函式，如表 8-1 所示。假設 lst 是一串列

表 8-1　串列常用的函式

函式	功能說明
len(lst)	計算 lst 串列的長度
max(lst)	在串列中最大的元素
min(lst)	在串列中最小的元素
sum(lst)	計算串列的總和
lst[i: j]	得到 lst 串列的 i 到 j-1 的元素
in	檢視某一元素是否存在於串列中
not in	檢視某一元素是否不存在於串列中
+	將兩個串列加以連結
*	複製串列
for x in lst	印出串列 lst 所有元素

請參閱以下範例：

```
>>> lst = [1, 2, 3, 4, 5]
>>> len(lst)
5

>>> max(lst)
5

>>> min(lst)
1

>>> sum(lst)
15

>>> lst[1:4]
[2, 3, 4]

>>> 2 in lst
True

>>> 8 not in lst
True

>>> lst2 = [11, 12]
```

```
>>> lst3 = lst + lst2
>>> lst3
[1, 2, 3, 4, 5, 11, 12]

>>> lst2 * 2
[11, 12, 11, 12]

>>> for x in lst:
    print('%3d'%(x), end = '')


  1  2  3  4  5
```

這是印出串列所有元素較快的方法。

當串列給予的索引是負值的時候，表示將此負值加上串列的長度，如下所示：

```
>>> lst
[1, 2, 3, 4, 5]
>>> lst[-1]
5
```

這表示括擷取 lst[-1+len(lst)]，亦即 lst[-1+5]，就是 lst[4] 的元素。

```
>>> lst[-2]
4
```

這表示括擷取 lst[-2+len(lst)]，亦即 lst[3]。

```
>>> lst[-4: -2]
[2, 3]
```

這表示括擷取 lst[-4+len(lst): -2+len(lst)]，亦即 lst[1: 3]，就是擷取 lst[1] 和 lst[2] 的元素。

其實上述所述的 sum 函式如同以下的範例程式：

範例程式：sumOfList.py

```
01  import random
02  data = []
03  total = 0
```

```
04  for i in range(10):
05      data.append(random.randint(1, 10))
06      total += data[i]
07  print(data)
08  print('total = %d'%(total))
```

輸出結果樣本

```
[4, 7, 7, 8, 7, 2, 7, 2, 10, 9]
total = 63
```

程式以亂數產生器 10 個亂數，然後加入於 data 的串列中，再將此元素累加於 total 變數。其實也可以利用 sum() 函式計算此串列的總和，如下所示：

```
print(sum(data))
```

8.4 串列一些常用的方法

串列常用的方法如表 8-2 所示：

表 8-2 串列常用的方法

方法	功能說明
append(x)	加入 x 元素於一串列尾端
insert(i, x)	將 x 元素加入於串列索引值為 i 的地方
pop()	將串列的最後一個元素刪除
pop(i)	將串列的索引值為 i 的元素刪除
remove(x)	將串列元素值為 x 加以刪除，若有多個 x 值，則只刪除第一個。
count(x)	計算元素值 x 出現在串列有幾個
index(x)	檢視元素值 x 的索引值為何
sort()	將串列的元素值由小至大加以排序
reverse()	將串列的元素值加以反轉
split()	將字串分割為串列

方法與函式不同，當你使用方法時，一定要有串列的名稱，而函式直接使用即可。以下是在 IDLE 下執行的範例：

```
>>> lst = []
```

此時 lst 串列是空的。

```
>>> lst.append(1)
>>> lst
[1]
>>> lst.append(2)
>>> lst
[1, 2]
```

經過兩次的 append 後，串列有兩個元素值，分別為 1 和 2。

```
>>> lst.insert(0, 10)
>>> lst
[10, 1, 2]
```

上述經由 insert 方法，將元素值 10 加入於串列的索引值為 0 的地方。

```
>>> lst.insert(3, 1)
>>> lst
[10, 1, 2, -5]
```

上述經由 insert 方法，將元素值 -5 加入於串列的索引值為 3 的地方。所以最後的串列值為 10，1，2，以及 -5 等四個元素值。

```
>>> lst.pop(0)
10
>>> lst
[1, 2, -5]
>>> lst.remove(1)
>>> lst
[2, -5]
>>> lst.pop()
-5
>>> lst
[2]
```

串列也可以是不同型態的元素所組成的，這與其他程式語言不同，

```
>>> lst2 = [1, 2, 'Banana', 'Orange', 123.456]
>>> lst2
[1, 2, 'Banana', 'Orange', 123.456]
>>> lst2[3]
'Orange'
```

```
>>> lst.pop(0)
1
```

若要將串列的值由大至小排序，則可以利用 sort 搭配 reverse 方法即可。如下所示：

```
>>> lst3 = [12, 4, 6, 13, 8, 23]
>>> lst3
[12, 4, 6, 13, 8, 23]
>>> lst3.sort()
>>> lst3
[4, 6, 8, 12, 13, 23]
>>> lst3.reverse()
>>> lst 3
[23, 13, 12, 8, 6, 4]
```

我們可以利用 split() 將字串加以分割到串列中。如下所示：

```
>>> elements = 'Python is fun'.split()
>>> elements
['Python', 'is', 'fun']
```

上述敘述將字串以空白為分界限，加以分割為串列。

```
>>> birthday = '1976/8/10'.split('/')
>>> birthday
['1976', '8', '10']
```

上述敘述將字串以 '/' 為分界限，加以分割為串列。

8.5 再論大樂透號碼

我們撰寫過的產生六個大樂透號碼，但有時會產生重複的號碼，以下將介紹一些方法來解決重複的問題。

第一種方法將產生的號碼與前面已產生的號碼相比，若已出現，則將此號碼丟棄，然後再產生另一新的號碼，再重複上述的動作，直到產生六個號碼為止。

範例程式：lottoList10.py

```
01  import random
02  
03  lotto = []
04  lotto.append(random.randint(1, 49))
05  
06  for m in range(1, 6):
07      n = 0
08      while n < m :
09          temp = random.randint(1, 49)
10          if(temp == lotto[n]):
11              n = 0
12          else:
13              n += 1
14      lotto.append(temp)
15  
16  print("The lottery numbers are: ")
17  for i in lotto:
18      print('%4d'%(i), end = '  ')
19  print()
```

輸出結果

```
The lottery numbers are:
  36    42     9    27    36    26
```

程式中先產生一樂透號碼置放於 lotto 串列的第一個位置 lotto[0]。m 用以表示目前已產生的樂透號碼。其區間是 1 到 5 用來與 n 做比較，當 n 小於 m，程式會一直檢查置放於串列的樂透號碼，如下片段程式所示：

```
while n < m :
    temp = random.randint(1, 49)
    if(temp == lotto[n]):
        n = 0
    else:
        n += 1
lotto.append(temp)
```

除了上述的防止重複的方法外，我們可以利用另一串列來判斷，假設此串列名為 checkNum。首先將 checkNum 串列的每一元素皆設為 0，當產生一亂數時，如 21，此時檢查 checkNum[21] 是否為 0，若是，則表示此亂數 21 還未產生，因此，將 21 加入到名為 lotto 的串列中，並將 checkNum[21] 設為 1，表示此亂數在 lotto 串列中已出現了。再次產生一亂數，依上述的檢查動作判斷是否要加入於 lotto 串列。程式的執行直到已產生六個亂數為止。如以下程式所示：

範例程式：lottoList20.py

```
01  #using list to solve duplicate number
02  import random
03  lotto = []
04  checkNum = []
05  count = 0
06
07  for i in range(50):
08      checkNum.append(0)
09
10  while count <= 6:
11      randNum = random.randint(1, 49)
12      if checkNum[randNum] == 0:
13          lotto.append(randNum)
14          count += 1
15          checkNum[randNum] = 1
16
17  lotto.sort()
18  for i in lotto:
19      print('%3d'%(i), end = ' ')
20  print()
```

輸出結果

```
10  17  20  31  37  45
```

在判斷某一亂數是否已存在於 lotto 串列，也可使用串列的 not in 來輔助判斷之。如以下程式所示：

範例程式：lottoList30.py

```
01  #using list and not in to solve duplicate number
02  import random
03  lotto = []
04  count = 1
05
06  while count <= 6:
07      randNum = random.randint(1, 49)
08      if randNum not in lotto:
09          lotto.append(randNum)
10          count += 1
11
12  lotto.sort()
13  for i in lotto:
14      print(i, end = '  ')
15  print()
```

輸出結果

```
7  13  34  35  38  48
```

此範例程式和上一範例程式比較似乎有比較簡單一點，因為只要利用 not in 就可以得知此亂數是否已產生，而不需要再設立一額外的串列來輔助檢視亂數是否已產生過。同時也利用 sort 方法由小至大加以排序之，這樣也比較好對獎。

8.6 傳送串列給函式

以隨機亂數產生 10 個介於 1 到 100 的數字，並將其置放於串列，然後將此串列傳送給 modify 函式當做其參數。modify 函式檢視接收的串列之每一元素，若串列的元素值是偶數，則將其加倍。

範例程式：passedByList.py

```
01  import random
02  def modify(lst2):
03      for i in range(len(lst2)):
04          if lst2[i] % 2 == 0:
05              lst2[i] *= 2
06
07  def main():
08      lst = []
09      for i in range(1, 11):
10          num = random.randint(1, 100)
11          lst.append(num)
12
13      print('Origianal list data:')
14      for x in lst:
15           print('%4d'%(x), end = ' ')
16      print()
17
18      #pass list to modify()
19      modify(lst)
20
21      print('After modified list:')
22      for x in lst:
23          print('%4d'%(x), end = ' ')
24
25  main()
```

輸出結果樣本

```
Origianal list data:
  97   62    7   71   81   26    9   33   91    9
After modified list:
  97  124    7   71   81   52    9   33   91    9
```

程式解析

在程式中，main() 函式呼叫 modify(lst) 函式，此時將實際參數 lst 傳送給定義 modify 函式的 lst2 串列，其實這兩個串列雖不同名稱，但為同一個串列。這相當於其他程式語言的傳址呼叫(call by address)。

8.7 排序與搜尋

排序(sorting)與搜尋(searching)是資料結構的一個重要主題。這兩個主題可以利用串列來輕易完成。

在排序的主題上，我們以選擇排序(selection sort)和氣泡排序(bubble sort)來說明。排序有兩種，一為由小至大(ascending)，二為由大至小(decending)。當沒有特別註明排序是由小至大，或由大至小時，其預設為由小至大。

在搜尋的主題上，我們以循序搜尋(sequential search)和二元搜尋(binary search)來加以說明。我們先來討論排序的主題。

8.7.1 選擇排序

選擇排序顧名思義就是，第一次將索引為 0 的串列元素值當做最小值，並指定給 min 變數，同時將其索引指定給 minIndex。然後從索引為 1 到最後一個的串列元素值與 min 相比較，若比 min 小，則將其值指定給 min，同時也將其索引指定給 minIndex。接著判斷是否要與第一個元素對調，若 minIndex 和 i 相同，表示此次的最小值就是一開始所設定的值，所以不必對調。

第二次，第一次將索引為 1 的串列元素值當做最小值，並指定給 min 變數，同時將其索引指定給 minIndex，然後從索引為 2 到最後一個的串列元素值與 min 相比較，若比 min 小，則將其值指定給 min，同時也將其索引指定給 minIndex。接著判斷是否要與第一個元素對調，若 minIndex 和 i 相同，表示此次的最小值就是一開始所設定的值，所以不必對調。依此類推。詳細說明請參閱範例程式 selectionSort.py。

範例程式：selectionSort.py

```
01  import random
02  lst = []
03  for i in range(1, 11):
04      num = random.randint(1, 100)
05      lst.append(num)
06
07  print('Original data:')
08  for x in lst:
09      print('%3d'%(x), end = ' ')
```

```
10  print('\n')
11  
12  # selection sort
13  for i in range(len(lst) - 1):
14      min = lst[i]
15      minIndex = i
16      for j in range(i+1, len(lst)):
17          if lst[j] < min:
18              min = lst[j]
19              minIndex = j
20  
21      if minIndex != i:
22          lst[minIndex] = lst[i]
23          lst[i] = min
24  #-------------------------------
25  
26  print('Sorted data:')
27  for x in lst:
28      print('%3d'%(x), end = ' ')
```

輸出結果樣本

```
Original data:
 28  80  58  66  12  82  35  54  41  59

Sorted data:
 12  28  35  41  54  58  59  66  80  82
```

程式解析

我們在下列片段程式中加入註解，以便你更容易了解選擇排序的過程。

```
# selection sort
for i in range(len(lst) - 1):
    # 先假設 i 索引處是最小值
    min = lst[i]
    minIndex = i

    # 從 i+1 之後與先前假設的最小值相比
    for j in range(i+1, len(lst)):
        if lst[j] < min:
```

```
            min = lst[j]
            minIndex = j

    # 若假設最小值的索引沒有變，就不需要對調
    if minIndex != i:
        lst[minIndex] = lst[i]
        lst[i] = min
```

有關選擇排序的運作過程，請參閱以下說明：

原始資料：　83　62　90　77　55

索引→　(0)　(1)　(2)　(3)　(4)
　　　83　62　90　77　55

step 1：以索引為 0，其值為 83，將它當做最小值 min，索引值為 minIndex。再索引 1 到索引 4 的值與目前的最小值 min 相比，若它比 min 小，則將此值與 min 對調，同時也指定此索引為 minIndex，最後看看此最小值的 minIndex，是否為目前索引值 0，若不是則將 min 與索引 0 的值對調，如下所示：

索引→　(0)　(1)　(2)　(3)　(4)
　　　55　62　90　77　83

step 2：以索引為 1，其值為 62 當做最小值，此時的 min 為 62，minIndex 為 1，再從索引 2 到 4 的值逐一與 min 相比，若它比 min 小，則將此值與 min 對調，同時也指定此索引為 minIndex。最後看看此最小值的 minIndex，是否為目前索引值 1，若不是，則將 min 與索引 1 的值對調。由於此時的 minIndex 與索引 1 相同，亦即它就是最小值，因此不必對調，如下所示：

索引→　(0)　(1)　(2)　(3)　(4)
　　　55　62　90　77　83

step 3：以索引為 2，其值為 90 當做最小值 min，再從索引 3 到索引 4 逐一與 min 相比較，結束時的 min 為 77，minIndex 為 3，故將索引 2 與索引 3 的值對調，如下所示：

索引→　(0)　(1)　(2)　(3)　(4)
　　　55　62　77　90　83

索引→　(0)　(1)　(2)　(3)　(4)

　　　　55　62　77　83　90

結束選擇排序的過程。

8.7.2 氣泡排序

氣泡排泡的做法是將串列中的資料兩兩相比，若前者比後者大，則對調如圖 8-3 所示：

原始資料：　83　62　90　77　55

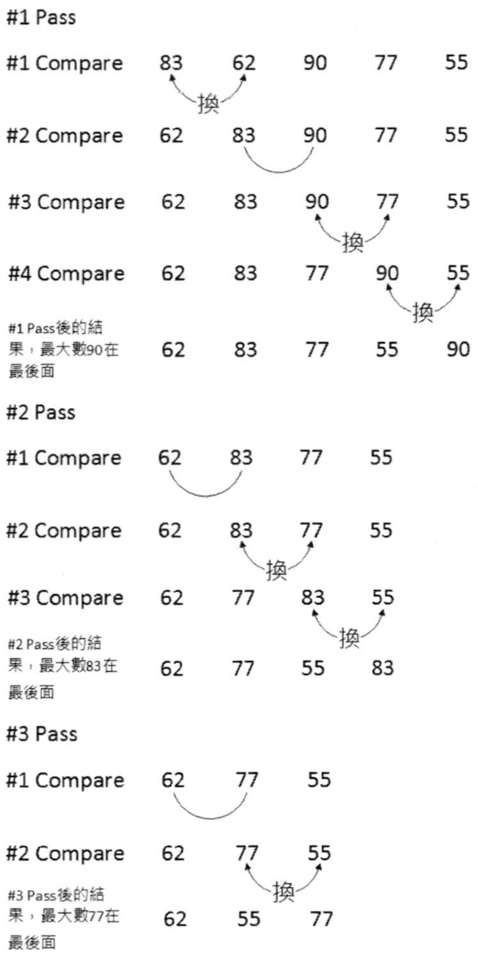

#1 Pass

#1 Compare	83	62	90	77	55
	換				
#2 Compare	62	83	90	77	55
#3 Compare	62	83	90	77	55
			換		
#4 Compare	62	83	77	90	55
				換	
#1 Pass後的結果，最大數90在最後面	62	83	77	55	90

#2 Pass

#1 Compare	62	83	77	55
#2 Compare	62	83	77	55
		換		
#3 Compare	62	77	83	55
			換	
#2 Pass後的結果，最大數83在最後面	62	77	55	83

#3 Pass

#1 Compare	62	77	55
#2 Compare	62	77	55
		換	
#3 Pass後的結果，最大數77在最後面	62	55	77

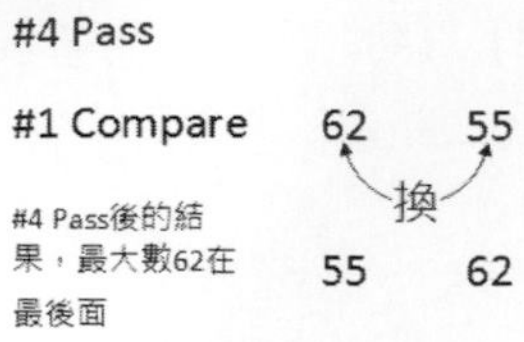

#4 Pass

#1 Compare 62 55

換

#4 Pass後的結果，最大數62在最後面 55 62

圖 8-3 氣泡排列運作過程

有關氣泡排序的程式，請參閱範例程式 bubbleSort.py。

範例程式：bubbleSort.py

```
01  import random
02  lst = []
03  for i in range(1, 11):
04      num = random.randint(1, 100)
05      lst.append(num)
06
07  print('Original data:')
08  for x in lst:
09      print('%3d'%(x), end = ' ')
10  print('\n')
11
12  # bubble sort
13  for i in range(len(lst)-1):
14      flag = 0
15      for j in range(len(lst)-i-1):
16          if lst[j] > lst[j+1]:
17              lst[j], lst[j+1] = lst[j+1], lst[j]
18              flag = 1
19      if flag == 0:
20          break
21  #---------------------------------
22
23  print('Sorted data:')
24  for x in lst:
25      print('%3d'%(x), end = ' ')
```

輸出結果樣本

```
Original data:
 64  33  26  32  76  72   8  71  18  10

Sorted data:
  8  10  18  26  32  33  64  71  72  76
```

談完了排序後，接下來討論搜尋，我們先從循序搜尋說起。

8.7.3 循序搜尋

循序搜尋表示從串列的第一筆資料開始搜尋，檢視是否等於要搜尋的數值，若是，則印出它在串列的位置。如範例程式 sequentialSearch.py 所示：

範例程式：sequentialSearch.py

```
01  import random
02  def randNum():
03      randLst = []
04      count = 1
05      while count <= 6:
06          num = random.randint(1,49)
07          if num not in randLst:
08              randLst.append(num)
09              print('%3d'%(num), end = ' ')
10              count += 1
11      print()
12      return randLst
13  
14  def seqSearch(key, lst2):
15      for i in range(len(lst2)):
16          if key == lst2[i]:
17              print('I got %d at lst2[%d]'%(key, i))
18              return True
19  
20  def main():
21      lst = randNum()
22      sn = eval(input('What number do you search? '))
23  
```

```
24        bool = seqSearch(sn, lst)
25        if bool != True:
26            print('%d is not found.'%(sn))
27
28    main()
```

輸出結果樣本(一)

```
8  20  21  38  42  32
What number do you search? 38
I got 38 at lst2[3]
```

輸出結果樣本(二)

```
44  42  19  47  40  21
What number do you search? 49
49 is not found.
```

程式先呼叫 randNum() 函式，以亂數產生器產生 6 個介於 1~49 的數值，再呼叫程式中以粗體字顯示的循序搜尋函式 seqSearch 函式，並且接收兩個參數，分別是 key 和 lst2。此函式利用簡易的 if 選擇敘述比較 key 和 lst2 串列的哪一個元素是相同，若相同，則印出其在串列的位置，否則，印出找不到。

8.7.4 二元搜尋

利用循序搜尋是較慢的搜尋方法，但比較直接。接下來介紹二元搜尋方法。此方法先決條件是要將串列的資料由小至大先排序好，因為它是先從串列的中間找起，看看要找尋的數值是否大於、等於或是小於此串列的中間數值。以下是其判斷與更新方式。如範例程式 binarySearch.py 所示：

範例程式：binarySearch.py

```
01    import random
02    def randNum():
03        randLst = []
04        count = 1
05        while count <= 6:
06            num = random.randint(1,49)
07            if num not in randLst:
```

```
08                randLst.append(num)
09                count += 1
10        print()
11        randLst.sort()
12        return randLst
13
14    def binSearch(key, lst2):
15        low = 0
16        high = len(lst2) - 1
17        count = 1
18        while high >= low:
19            mid = (low + high) // 2
20            if key < lst2[mid]:
21                high = mid - 1
22            elif key == lst2[mid]:
23                return mid, count
24            else:
25                low = mid + 1
26            count += 1
27        return -999, 99999
28
29    def main():
30        lst = randNum()
31        for x in lst:
32            print('%3d'%(x), end = ' ')
33        print()
34
35        key = eval(input('What number do you search? '))
36        n, c = binSearch(key, lst)
37        if n == -999:
38            print('%d is not found.'%(key))
39        else:
40            print('I got %d at lst2[%d]'%(key, n))
41            print('Numbers of compare: %d'%(c))
42
43    main()
```

輸出結果樣本(一)

```
17  26  28  33  40  48
What number do you search? 33
I got 33 at lst2[3]
Numbers of compare: 3
```

輸出結果樣本(二)

```
 3  13  23  28  35  36
What number do you search? 23
I got 23 at lst2[2]
Numbers of compare: 1
```

輸出結果樣本(三)

```
7  12  28  30  39  48
What number do you search? 49
49 is not found.
```

程式解析

假設要找尋的數值以 key 表示，low 是串列的最小索引，high 是串列的最大索引，mid 是串列的中間索引。因此，mid = (low + high) // 2。為什麼使用 // 乃是因為要取兩數相除的整數。

二元搜尋的核心如下：

```
mid = (low + high) // 2
if key < lst2[mid]:
    high = mid - 1
elif key == lst2[mid]:
    return mid, count
else:
    low = mid + 1
```

1. 當 key 小於串列中間的數值是(lst2[mid])，表示 key 落在 lst2[mid]的左邊，此時我們就可以捨棄右邊，將 high 以 mid – 1 取 代，而 low 不變。

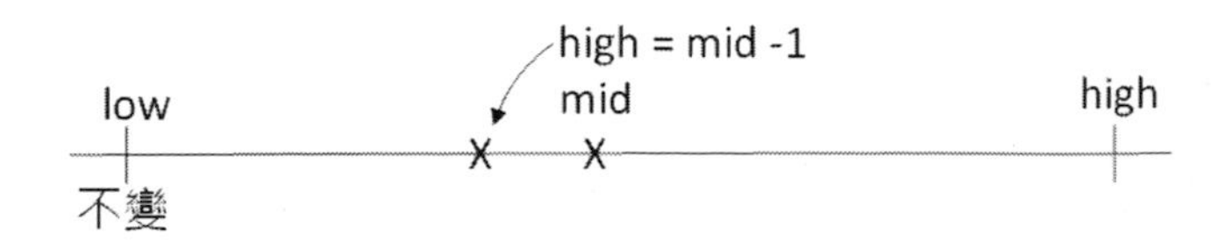

2. 反之，若 key 大於串列中間的數值是(lst2[mid])，表示 key 落在 lst2[mid]的右邊，此時我們就可以捨棄左邊，將 low 以 mid + 1 取代，而 high 不變。

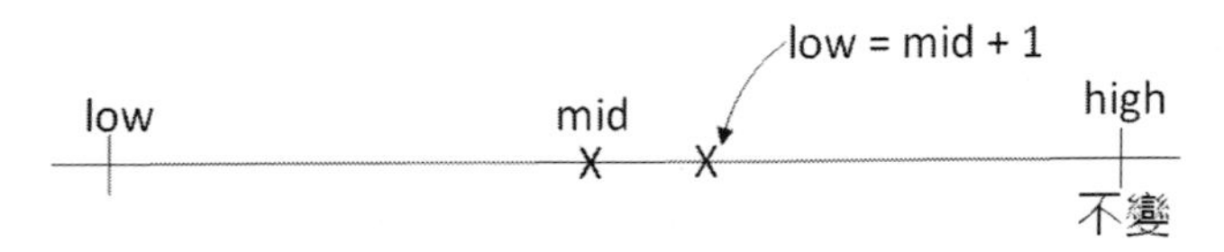

3. 當然若 key 等於串列中間的數值是(lst2[mid])，表示 key 就在 lst2[mid]。

上述的運作過程都是在一迴圈中執行的，直到 high < low 時才結束迴圈。

其實要搜尋某一數值是否在串列中，倒是可以使用 in 或 not in 來完成。雖然可以很快的完成，但你無法了解其過程，當然多懂一些運作的原理是有益的，不是嗎？

8.8 範例集錦

1. 以隨機亂數產生十個亂數，將其置放於串列，然後計算串列元素的總和。

範例程式：program8-1.py

```
01  import random
02  data = []
03  total = 0
04  for i in range(10):
05      data.append(random.randint(1, 10))
06      total += data[i]
07  print(data)
08  print('total = %d'%(total))
```

輸出結果樣本

```
[4, 7, 7, 8, 7, 2, 7, 2, 10, 9]
total = 63
```

程式解析

其實也可以利用 sum() 函式計算此串列的總和，如下所示：

```
print(sum(data))
```

2. 將內文所論及的選擇排序，改以傳送串列的方式給排序函式撰寫之。

範例程式：program8-2.py

```
01  import random
02  # selection sort
03  def selectionSort(lst2):
04      for i in range(len(lst2) - 1):
05          min = lst2[i]
06          minIndex = i
07          for j in range(i+1, len(lst2)):
08              if lst2[j] < min:
09                  min = lst2[j]
10                  minIndex = j
11
12          if minIndex != i:
13              lst2[minIndex] = lst2[i]
14              lst2[i] = min
15  #--------------------------------
16
17  def main():
18      lst = []
19      for i in range(1, 11):
20          num = random.randint(1, 100)
21          lst.append(num)
22
23      print('Original data:')
24      for x in lst:
25          print('%3d'%(x), end = ' ')
26      print('\n')
27
28      selectionSort(lst)
29      print('Sorted data:')
30      for x in lst:
```

```
31          print('%3d'%(x), end = ' ')
32
33  main()
```

程式在 main 函式中，呼叫 selectionSort 函式，並將串列 lst 傳送給 lst2，此時 lst2 只是 lst 串列的別名罷了。

輸出結果樣本

```
Original data:
 65  97   4  64  17  76  53   2  39  17

Sorted data:
  2   4  17  17  39  53  64  65  76  97
```

3. 將內文所論及的氣泡排序，改以傳送串列的方式給排序函式撰寫之。

範例程式：program8-3.py

```
01  import random
02  # bubble sort
03  def bubbleSort(lst2):
04      for i in range(len(lst2)-1):
05          flag = 0
06          for j in range(len(lst2)-i-1):
07              if lst2[j] > lst2[j+1]:
08                  lst2[j], lst2[j+1] = lst2[j+1], lst2[j]
09                  flag = 1
10          if flag == 0:
11              break
12  #-----------------------------------
13
14  def main():
15      lst = []
16      for i in range(1, 11):
17          num = random.randint(1, 100)
18          lst.append(num)
19
20      print('Original data:')
21      for x in lst:
```

```
22            print('%3d'%(x), end = ' ')
23        print('\n')
24
25        bubbleSort(lst)
26        print('Sorted data:')
27        for x in lst:
28            print('%3d'%(x), end = ' ')
29
30    main()
```

輸出結果樣本

```
Original data:
  3  30  26  49  22  99  97  17  88  57

Sorted data:
  3  17  22  26  30  49  57  88  97  99
```

程式解析

題外話，其實我們大可不必撰寫排序的函式，因為 Python 有提供 sort 函式將資料由小至大加以排序之。不過此處要讓讀者了解資料的排序是如何運作的，了解其運作原理對往後寫程式很有幫助。

以上述的選擇排序或氣泡排泡的範例程式而言，皆可以改以下一範例程式替代之。

範例程式：program8-3-1.py

```
01    import random
02    def main():
03        lst = []
04        for i in range(1, 11):
05            num = random.randint(1, 100)
06            lst.append(num)
07
08        print('Original data:')
09        for x in lst:
10            print('%3d'%(x), end = ' ')
11        print('\n')
```

```
12
13         lst.sort()
14         print('Sorted data:')
15         for x in lst:
16             print('%3d'%(x), end = ' ')
17
18     main()
```

輸出結果樣本

```
Original data:
 68  86  71  80  11  36  11  20  52  85

Sorted data:
 11  11  20  36  52  68  71  80  85  86
```

由於程式是以亂數產生器產生的數字，所以每一程式所執行出來的結果都不一樣，但不變的是皆可以完成由小至大的排序功能。

4. 以隨機亂數產生十個亂數，將其置放於串列，最後以由大至小加以輸出。

範例程式：program8-4.py

```
01     import random
02     def main():
03         lst = []
04         for i in range(1, 11):
05             num = random.randint(1, 100)
06             lst.append(num)
07
08         print('Original data:')
09         for x in lst:
10             print('%3d'%(x), end = ' ')
11         print('\n')
12
13         lst.sort()
14         lst.reverse()
15         print('Decending sorting...:')
```

```
16        print('Sorted data:')
17        for x in lst:
18            print('%3d'%(x), end = ' ')
19
20    main()
```

輸出結果樣本

```
Original data:
 56  12  90  59  53  85  13  29   8   8

Decending sorting...:
Sorted data:
 90  85  59  56  53  29  13  12   8   8
```

程式解析

此程式利用 Python 的串列所提供的 sort()函式將串列資料由小至大排序後，再以 reverse()函式將其反轉為由大至小排序。

5. 試擴充範例集錦第 3 題的氣泡排序，將每一步驟的每一次比較加以輸出，使用更易了解氣泡排序的過程。

範例程式：program8-5.py

```
01    import random
02    # bubble sort
03    def bubbleSort(lst2):
04        for i in range(len(lst2)-1):
05            flag = 0
06            #print pass
07            print('#%d pass: '%(i+1))
08            for j in range(len(lst2)-i-1):
09                if lst2[j] > lst2[j+1]:
10                    lst2[j], lst2[j+1] = lst2[j+1], lst2[j]
11                    flag = 1
12                #print compare
13                print('#%d compare: '%(j+1), end = '')
14                for k in range(len(lst2)-i):
15                    print('%3d '%(lst2[k]), end = '')
```

```
16                print()
17            print()
18            if flag == 0:
19                break
20    #-----------------------------------
21
22    def main():
23        lst = []
24        for i in range(1, 11):
25            num = random.randint(1, 100)
26            lst.append(num)
27
28        print('Original data:')
29        for x in lst:
30            print('%3d'%(x), end = ' ')
31        print('\n')
32
33        bubbleSort(lst)
34        print('Sorted data:')
35        for x in lst:
36            print('%3d'%(x), end = ' ')
37
38    main()
```

輸出結果樣本

```
Original data:
 95  55  79  40  62  76  25  19  96  38

#1 pass:
#1 compare:  55  95  79  40  62  76  25  19  96  38
#2 compare:  55  79  95  40  62  76  25  19  96  38
#3 compare:  55  79  40  95  62  76  25  19  96  38
#4 compare:  55  79  40  62  95  76  25  19  96  38
#5 compare:  55  79  40  62  76  95  25  19  96  38
#6 compare:  55  79  40  62  76  25  95  19  96  38
#7 compare:  55  79  40  62  76  25  19  95  96  38
#8 compare:  55  79  40  62  76  25  19  95  96  38
#9 compare:  55  79  40  62  76  25  19  95  38  96
```

```
#2 pass:
#1 compare:  55  79  40  62  76  25  19  95  38
#2 compare:  55  40  79  62  76  25  19  95  38
#3 compare:  55  40  62  79  76  25  19  95  38
#4 compare:  55  40  62  76  79  25  19  95  38
#5 compare:  55  40  62  76  25  79  19  95  38
#6 compare:  55  40  62  76  25  19  79  95  38
#7 compare:  55  40  62  76  25  19  79  95  38
#8 compare:  55  40  62  76  25  19  79  38  95

#3 pass:
#1 compare:  40  55  62  76  25  19  79  38
#2 compare:  40  55  62  76  25  19  79  38
#3 compare:  40  55  62  76  25  19  79  38
#4 compare:  40  55  62  25  76  19  79  38
#5 compare:  40  55  62  25  19  76  79  38
#6 compare:  40  55  62  25  19  76  79  38
#7 compare:  40  55  62  25  19  76  38  79

#4 pass:
#1 compare:  40  55  62  25  19  76  38
#2 compare:  40  55  62  25  19  76  38
#3 compare:  40  55  25  62  19  76  38
#4 compare:  40  55  25  19  62  76  38
#5 compare:  40  55  25  19  62  76  38
#6 compare:  40  55  25  19  62  38  76

#5 pass:
#1 compare:  40  55  25  19  62  38
#2 compare:  40  25  55  19  62  38
#3 compare:  40  25  19  55  62  38
#4 compare:  40  25  19  55  62  38
#5 compare:  40  25  19  55  38  62

#6 pass:
#1 compare:  25  40  19  55  38
#2 compare:  25  19  40  55  38
#3 compare:  25  19  40  55  38
#4 compare:  25  19  40  38  55

#7 pass:
#1 compare:  19  25  40  38
#2 compare:  19  25  40  38
#3 compare:  19  25  38  40
```

```
#8 pass:
#1 compare:  19  25  38
#2 compare:  19  25  38

Sorted data:
 19  25  38  40  55  62  76  79  95  96
```

程式解析

將程式碼與第 3 題比較，程式中的粗體字是新增的，主要是印出每一 Pass 的比較過程，這有助於了解氣泡排序的原理。

8.9 本章習題

1. 試撰寫一程式，以隨機亂數產生器產生大樂透號碼(1~49)，然後提示使用者簽選 6 個大樂透號碼，最後顯示電腦產生的大樂透號碼、你簽選的號碼，以及你簽對了幾個號碼。
2. 試撰寫一程式、在 randomNum 函式中以亂數產生器產生 100 個介於 1~100 個亂數，並置放於名為 numList 串列，在 biggest 函式中找出最大值的元素及其索引，最大值若有多個，則印出最小的索引值即可。
3. 試撰寫一程式，以不定數迴圈讀取學生的分數於串列，接著以下列的方式給予其成績。

   (1) 若成績大於等於 best-5，則其等級是 A

   (2) 若成績大於等於 best-15，則其等級是 B

   (3) 若成績大於等於 best-25，則其等級是 C

   (4) 若成績大於等於 best-35，則其等級是 D

   (5) 其他等級則是 F
4. 試撰寫一程式，以亂數產生器產生 100 個介於 1 到 49 的亂數，並計算每個數出現的個數。
5. 試撰寫一程式，在 createNum 函式以隨機亂數產生器產生 100 個 1 至 50 的數字，然後將其置放於 numbers 串列，之後再將此串列分別傳給 mean 函式以計算其平均值，傳給 deviation 函式以計算其標準差。

6. 請將 8.7.1 節中的選擇排序，仿照 8.8 節範例集錦的第 5 題氣泡排序的做法，印出選擇排序的運作過程。

9

CHAPTER

多維串列

看完前一章的一維串列後，本章將進一步探討多維串列。本章只論及二維串列和三維串列，這些就可應付平時的問題。其餘的多維串列你可以觸類旁通。

9.1 二維串列

我們在前一章得知，一維串列就是許多資料組成的一個集合體，這有助於組織資料的好幫手。而二維串列(two dimension list)其實就是由一維串列所組成的集合體。

9.1.1 一些二維串列的運作

首先來建立一個空的二維串列，如下所示：

```
>>> lst2 = []
>>> lst2
[]
```

這是建立一個空的一維串列。接下來，利用 append 加入一維串列。

```
>>> lst2.append([])
>>> lst2
[[]]
```

此時即為建立一個空的二維串列。

也可以一開始指定元素給具有三列四行的二維串列，如下所示：

```
>>> lst34 = [
    [1,  2,  3,  4],
    [5,  6,  7,  8],
    [9, 10, 11, 12]]

>>> lst34
[[1, 2, 3, 4], [5, 6, 7, 8], [9, 10, 11, 12]]
```

利用 len 函式來得知大小。

```
>>> len(lst34)
3
```

表示 lst34 的二維串列有三列。

```
>>> lst34[0]
[1, 2, 3, 4]
```

lst34[0] 表示 lst34 的二維串列的第一列的元素，若想知道第二列有多少元素，則以 lst34[1] 表示，將會得到 [5, 6, 7, 8]，依此類推。

```
>>> len(lst34[0])
4
```

表示 lst34 的二維串列中第一列有 4 個元素。在撰寫二維串列的相關程式時，常常會利用 len(lst34) 得到 lst34 串列有多少列，接下來再利用 len(lst34[i]) 得知第 i 列有多少個元素。

以下程式是利用亂數產生器產生三列四行共 12 個和四列六行共 24 個 1 到 49 之間的數值，之後將它加入於 lst 的二維串列中。程式提示使用者輸入二維串列有多少列，有多少行。

範例程式：lst2Dim.py

```
01  import random
02  lst = []
03  rows = eval(input('How many rows: '))
04  columns = eval(input('How many columns: '))
05  for i in range(rows):
06      lst.append([])
```

```
07        for j in range(columns):
08            num = random.randint(1, 49)
09            lst[i].append(num)
10
11    for x in range(rows):
12        for y in range(columns):
13            print('%3d'%(lst[x][y]), end = ' ')
14        print()
```

輸出結果樣本(一)

```
How many rows: 3
How many columns: 4
 10  45  40  46
 35  12  21  15
 32  34  20  28
>>>
```

輸出結果樣本(二)

```
How many rows: 4
How many columns: 6
 25  36  12  38  11  39
 36  17  23  16  32  25
  6   7   2  27  32  38
 24   8  49  19  47  20
```

程式解析

最後印出串列的每一元素也可以下列片段程式表示：

```
for row in lst:
    for value in row:
        print('%3d'%(value), end = ' ')
    print()
```

9.1.2 加總二維串列所有的元素

範例程式：totalOflst2Dim.py

```
01  lst34 = [
02      [1, 2, 3, 4],
03      [5, 6, 7, 8],
04      [9, 10, 11, 12]]
05
06  total = 0
07  for i in range(len(lst34)):
08      for j in range(len(lst34[i])):
09          total += lst34[i][j]
10
11  print('Total = %d'%(total))
```

輸出結果樣本

```
Total = 78
```

也可用更簡潔的方式執行之，如下所示：

```
total = 0
for row in lst34:
    for value in row:
        total += value
print('Total = %d'%(total))
```

9.1.3 計算二維串列每一列的總和

範例程式：totalOfEachRow.py

```
01  lst34 = [
02      [1,  2,  3,  4],
03      [5,  6,  7,  8],
04      [9, 10, 11, 12]]
05
06  for row in range(len(lst34)):
07      total = 0
08      for col in range(len(lst34[0])):
```

```
09            total += lst34[row][col]
10        print('Total of %d rows = %d'%(row, total))
```

輸出結果樣本

```
Total of 0 rows = 10
Total of 1 rows = 26
Total of 2 rows = 42
```

另一種做法可以使用 Python 提供的 sum 函式加以完成，如下所示：

```
lst34 = [
    [1,  2,  3,  4],
    [5,  6,  7,  8],
    [9, 10, 11, 12]]

for row in range(len(lst34)):
    total = sum(lst34[row])
    print('Total of %d rows = %d'%(row, total))
```

9.1.4 計算二維串列每一行的總和

計算二維串列每一行的和，做法是先固定行，再將此行的每一列之元素加總，撰寫的方式是以行做為外迴圈，而以列做為內迴圈。

範例程式：totalOfEachCol.py

```
01  lst34 = [
02      [1,    2    3,    4],
03      [5,    6    7,    8],
04      [9, 10, 11, 12]]
05
06  for col in range(len(lst34[0])):
07      total = 0
08      for row in range(len(lst34)):
09          total += lst34[row][col]
10      print('Total of %d columns = %d'%(col, total))
```

輸出結果樣本

```
Total of 0 columns = 15
Total of 1 columns = 18
Total of 2 columns = 21
Total of 3 columns = 24
```

9.1.5 兩個二維串列相加

二維串列相加表示將兩個串列對應的行、列彼此加總，如範例程式 listAdd.py 所示：

範例程式：listAdd.py

```
01  lst1 = [
02      [1, 2, 3],
03      [4, 5, 6],
04      [7, 8, 9]]
05
06  lst2 = [
07      [2, 4, 6],
08      [8, 10, 12],
09      [14, 16, 18]]
10
11  lst3 = []
12  for i in range(len(lst1)):
13      lst3.append([])
14      for j in range(len(lst2)):
15          num = lst1[i][j] + lst2[i][j]
16          lst3[i].append(num)
17
18  for row in lst3:
19      for value in row:
20          print('%3d'%(value), end = '')
21      print()
```

輸出結果樣本

```
    3    6    9
   12   15   18
   21   24   27
```

9.2 以二維串列當做參數傳送給函式

如同一維串列一樣，二維串列也可以當做參數，將它傳送給函式。請參閱以下範例程式。

範例程式：listAdd2.py

```
01  def listAdd(lst11, lst22):
02      lst33 = []
03      for i in range(len(lst11)):
04          lst33.append([])
05          for j in range(len(lst22)):
06              num = lst11[i][j] + lst22[i][j]
07              lst33[i].append(num)
08      return lst33
09
10  def displayList(lst):
11      for row in lst:
12          for value in row:
13              print('%5d'%(value), end = '')
14          print()
15
16  def main():
17      lst1 = [
18          [1, 2, 3],
19          [4, 5, 6],
20          [7, 8, 9]]
21
22      lst2 = [
23          [2, 4, 6],
24          [8, 10, 12],
25          [14, 16, 18]]
```

```
26
27          lst3 = listAdd(lst1, lst2)
28          displayList(lst3)
29
30      main()
```

輸出結果樣本

```
  3    6    9
 12   15   18
 21   24   27
```

9.3 三維串列

三維串列可視為二維串列的集合。例如要表示五位學生的微積分、會計學和程式設計概論的平時考、期中考、期末考，則可使用三維串列方式來處置，如下 scores3Dim 串列所示：

```
scores3Dim= [
    [[80, 88, 90],
     [78, 76, 88],
     [90, 91, 90]],
    [[70, 68, 89],
     [88, 86, 82],
     [80, 86, 92]],
    [[77, 78, 83],
     [75, 78, 79],
     [89, 91, 90]],
    [[72, 87, 92],
     [74, 86, 88],
     [90, 94, 95]],
    [[82, 68, 90],
     [67, 66, 68],
     [70, 71, 82]]]
```

具體地說，此處的 scores3Dim 三維串列是由五個二維串列所組成的集合，在此表示五位同學。而每個二維陣列又是由三個一維串列所組成的，在此表示微積分、會計學，以及程式設計概論等三個科目。而一維串列是由三個元素所組成的，在此表示每個科目的平時考、期中考，以及期末考的成績。

上述的 scores3Dim 三維車列，我們可以利用 len(scores3Dim) 計算出共有五個二維陣列，利用 len(scores3Dim[0]) 可計算出第一個二維陣列中有三列，利用 len(scores3Dim[0][0]) 計算出第一個二維串列中的第一列有三行。

所以可以使用下列片段程式印出三維串列所有元素

```
for i in range(len(scores3Dim)):
    for j in range(len(scores3Dim[i])):
        for k in range(len(scores3Dim[i][j])):
            print(scores3Dim[i][j][k], end = '  ')
        print()
    print()
```

接下來，我們要計算每一位學生的每一科目的平均分數，假設每一科目佔的比重是一樣的。

範例程式：scoresUsing3D.py

```
01  scores3Dim = [
02      [[80, 88, 90], [78, 76, 88], [90, 91, 90]],
03      [[70, 68, 89], [88, 86, 82], [80, 86, 92]],
04      [[77, 78, 83], [75, 78, 79], [89, 91, 90]],
05      [[72, 87, 92], [74, 86, 88], [90, 94, 95]],
06      [[82, 68, 90], [67, 66, 68], [70, 71, 82]]]
07
08  print('%13s %8s %8s'%('Calcu', 'Accou', 'Prog'))
09  print('%13s %8s %8s'%('-----', '-----', '----'))
10
11  for i in range(len(scores3Dim)):
12      print('#%d: '%(i+1), end = '')
13      for j in range(len(scores3Dim[i])):
14          total = 0
15          for k in range(len(scores3Dim[i][j])):
16              total += scores3Dim[i][j][k]
17          average = total / 3
18          print('%9.2f'%(average), end = '')
19      print()
```

輸出結果樣本

```
        Calcu    Accou     Prog
        -----    -----     ----
#1:     86.00    80.67    90.33
#2:     75.67    85.33    86.00
#3:     79.33    77.33    90.00
#4:     83.67    82.67    93.00
#5:     80.00    67.00    74.33
```

程式解析

程式中先印出標頭，以利於閱讀。len(scores3Dim) 得到三維串列有多少個二維串列，len(scores3Dim[i]) 表示在二維串列中，第 i 個二維串列中有多少列，len(scores3Dim[i][j]) 表示在第 i 個二維串列的第 j 列有多少行，亦即這一列有多少個元素。

9.4 範例集錦

1. 試撰寫一程式，計算二維串列中哪一行的和最小。

範例程式：program9-1.py

```
01  lst44 = [
02      [11,  2,  3, 14],
03      [5,  16,  7,  8],
04      [9,  10, 11, 12],
05      [3,   2,  5,  1]]
06
07  smallest = 999999
08  indexOfCol = -1
09  for col in range(0, len(lst44[0])):
10      total = 0
11      for row in range(len(lst44)):
12          total += lst44[row][col]
13      print('Total of %d columns = %d'%(col, total))
14
15      if total < smallest:
16          smallest = total
```

```
17            indexOfCol = col
18
19    print('The smallest value is %d, at column is %d'%(smallest, indexOfCol))
```

輸出結果樣本

```
Total of 0 columns = 28
Total of 1 columns = 30
Total of 2 columns = 26
Total of 3 columns = 35
The smallest value is 26, at column is 2
```

2. 試撰寫一程式，用以模擬電腦閱卷。假設有六位同學寫填答有十題具有五個選項的選擇題。

範例程式：program9-2.py

```
01    ans = [
02           [1, 2, 3, 2, 2, 1, 4, 5, 2, 4],
03           [2, 2, 4, 3, 4, 1, 4, 1, 3, 4],
04           [1, 2, 3, 3, 3, 1, 2, 5, 2, 3],
05           [1, 2, 3, 3, 2, 1, 3, 5, 2, 4],
06           [1, 2, 3, 3, 2, 1, 5, 4, 2, 4],
07           [3, 2, 2, 3, 2, 1, 4, 5, 1, 4]]
08
09    standAns =  [1, 2, 3, 3, 2, 1, 4, 5, 2, 4]
10
11    for i in range(len(ans)):
12        correctNum = 0
13        for j in range(len(ans[i])):
14            if (ans[i][j] == standAns[j]):
15                correctNum += 1
16        print('#%d: %d'%(i+1, correctNum))
```

程式解析

電腦閱卷可利用二維串列來完成。今以名為 ans 的二維串列記錄這六位學生的填答，然後再以一名為 standAns 的一維串列指定這十題選擇題的標準答案。接著再以多重迴圈和 if 敘述判斷 ans[i][j] 是否等於 standAns[j]，若是，則將 correctNum 加 1。最後再加以印出每位學生答對的題數。

3. 試撰寫一程式，找尋二維串列中最大的元素。

範例程式：program9-3.py

```
01  import random
02  lst = []
03  rows = eval(input('How many rows: '))
04  columns = eval(input('How many columns: '))
05  for i in range(rows):
06      lst.append([])
07      for j in range(columns):
08          num = random.randint(1, 100)
09          lst[i].append(num)
10
11  biggest = lst[0][0]
12  indexOfRow = 0
13  indexOfColumn = 0
14  for i in range(len(lst)):
15      for j in range(len(lst[I])):
16          if lst[i][j] > biggest:
17              biggest = lst[i][j]
18              indexOfRow = i
19              indexOfColumn = j
20
21  for x in range(rows):
22      for y in range(columns):
23          print('%5d'%(lst[x][y]), end = ' ')
24      print()
25
26  print('The largest value %d at lst[%d][%d]'%(biggest, indexOfRow,
27                                indexOfColumn))
```

輸出結果樣本(一)

```
How many rows:  5
How many columns:  5
   27     1    17    96    40
   57    14    15    42    58
   34    38    19    39    33
   56     4    25   100    46
```

```
   45    93    13    90    58
The largest value is 100 at lst[3][3]
```

輸出結果樣本(二)

```
How many rows:  8
How many columns:  8
   44    82    65    62    18     6    72    46
   52    24    10    34    38    67    48    23
   19    65     4    90    62    21    71    12
   60    50    20    53    54    13     9    24
   95    63    23    34     9    40    32    81
   90    20    13    21    17    37    39    67
   92    24    30    42    67    56    48    75
   25    55    94    74    15    86    15    48
The largest value is 95 at lst[4][0]
```

程式解析

此做法很簡單，先假設第一列、第一行的元素最大，並指定給 biggest，然後逐一與每一列、每一行進行比較，若是比 biggest 大，則將此元素指定給 biggest，直到每二維串列每一個元素皆比較完為止。

4. 試撰寫一函式以檢測某一矩陣是否為正的馬可夫矩陣(positive Markov matrix)。

   def isMarkovMatrix(m):

   提示：在一個 N*N 的矩陣，若各個元素皆為正數，而且每一行的總和為 1。則該矩陣為正的馬可夫矩陣。以一個 3*3 的數值矩陣，來測試它是否為正的馬可夫矩陣。

範例程式：program9-4.py

```
01  def isMarkovMatrix(m):
02      # Check positive
03      for i in range(len(m)):
04          for j in range(len(m[0])):
05              if m[i][j] < 0:
06                  return False
```

```
07
08            # Check the sum of each column
09            for j in range(len(m[0])):
10                sum = 0;
11                for i in range(len(m)):
12                    sum += m[i][j];
13
14                if sum != 1:
15                    return False
16
17        return True
18
19    def main():
20        SIZE = 3
21        print("Enter a 3 by 3 matrix row by row: ")
22        m = []
23
24        for i in range(SIZE):
25            line = input().split()
26            m.append([eval(x) for x in line])
27
28        if isMarkovMatrix(m):
29            print("It is a Markov matrix")
30        else:
31            print("It is not a Markov matrix")
32
33    main()
```

輸出結果樣本(一)

```
0.15 0.875 0.375
0.55 0.005 0.225
0.30 0.12 0.4
It is a Markov matrix
```

輸出結果樣本(二)

```
0.95 -0.875 0.375
0.65 0.005 0.225
```

```
0.30 0.226 0.565
It is not a Markov matrix
```

5. 試撰寫一程式，將第 3 章的猜猜 1~50 的數字之範例程式，以三維串列表示之。假設我們心中猜想的數字是 46，其程式如下所示：

範例程式：program9-5.py

```
01  #Using 3D list
02  guessNum = 0
03
04  numbers = [
05      [[ 1,  3,  5,  7],
06       [ 9, 11, 13, 15],
07       [17, 19, 21, 23],
08       [25, 27, 29, 31],
09       [33, 35, 37, 39],
10       [41, 43, 45, 47],
11       [49]],
12
13      [[ 2,  3,  6,  7],
14       [10, 11, 14, 15],
15       [18, 19, 22, 23],
16       [26, 27, 30, 31],
17        [34, 35, 38, 39],
18        [42, 43, 46, 47],
19        [50]],
20
21       [[4,  5,  6,  7],
22         [12, 13, 14, 15],
23         [20, 21, 22, 23],
24         [28, 29, 30, 31],
25         [36, 37, 38, 39],
26         [44, 45, 46, 47]],
27
28       [[ 8,  9, 10, 11],
29        [12, 13, 14, 15],
30        [24, 25, 26, 27],
31        [28, 29, 30, 31],
```

```
32          [40, 41, 42, 43],
33          [44, 45, 46, 47]],
34
35        [[16, 17, 18, 19],
36          [20, 21, 22, 23],
37          [24, 25, 26, 27],
38          [28, 29, 30, 31],
39          [48, 49, 50]],
40
41        [[32, 33, 34, 35],
42          [36, 37, 38, 39],
43          [40, 41, 42, 43],
44          [44, 45, 46, 47],
45          [48, 49, 50]]]
46
47  for i in range(6):
48      print('Is your number in Set %d ? '%(i+1))
49      for j in range(len(numbers[i])):
50          for k in range(len(numbers[i][j])):
51              print('%4d'%(numbers[i][j][k]), end = '')
52          print()
53
54      answer = eval(input('Enter 0 for No and 1 for Yes: '))
55      print()
56      if answer == 1:
57          guessNum += numbers[i][0][0]
58
59  print('Your number is %d'%(guessNum))
```

輸出結果樣本

```
Is your number in Set 1 ?
   1   3   5   7
   9  11  13  15
  17  19  21  23
  25  27  29  31
  33  35  37  39
  41  43  45  47
  49
```

```
Enter 0 for No and 1 for Yes: 0

Is your number in Set 2 ?
   2   3   6   7
  10  11  14  15
  18  19  22  23
  26  27  30  31
  34  35  38  39
  42  43  46  47
  50
Enter 0 for No and 1 for Yes: 1

Is your number in Set 3 ?
   4   5   6   7
  12  13  14  15
  20  21  22  23
  28  29  30  31
  36  37  38  39
  44  45  46  47
Enter 0 for No and 1 for Yes: 1

Is your number in Set 4 ?
   8   9  10  11
  12  13  14  15
  24  25  26  27
  28  29  30  31
  40  41  42  43
  44  45  46  47
Enter 0 for No and 1 for Yes: 1

Is your number in Set 5 ?
  16  17  18  19
  20  21  22  23
  24  25  26  27
  28  29  30  31
  48  49  50
Enter 0 for No and 1 for Yes: 0

Is your number in Set 6 ?
  32  33  34  35
  36  37  38  39
  40  41  42  43
  44  45  46  47
  48  49  50
```

```
Enter 0 for No and 1 for Yes: 1

Your number is 46
```

程式解析

要存取三維串列的元素，利用三個 for 巢狀迴圈執行之。首先顯示每一串列的數字，讓使用者看看其想的數字有無在此串列中，若有，則將此串列的左上角的數字加總。你可以將輸出結果中，輸入 1 的串列中的左上角數字將它加總，以驗證答案。

9.5 本章習題

1. 試撰寫一程式，提示使用者輸入二維串列的列數與行數，然後以亂數產生器產生數字並指定給串列，最後印出每一行的總和及哪一行的總和最大。
2. 試撰寫一程式，提示使用者輸入二維串列的列數與行數，然後以亂數產生器產生數字並指定給串列，最後將串列中若是偶數，則將其數字加倍。
3. 試撰寫一程式，仿照內文的電腦閱卷，但學生的答案和標準答案皆是由亂數產生器產生。
4. 試撰寫一程式，產生一 6*6 的二維串列，其元素不是 0，就是 1。然後檢視每一列和每一行是否有偶數的 1。
5. 撰寫一程式，計算二個 3*3 二維串列的乘積。

10 CHAPTER

檔案的 I/O 與異常處理

標準的輸入與輸出表示從鍵盤輸入資料，由螢幕加以輸出資料。而檔案的輸入與輸出則皆從檔案。為什麼要檔案的輸入與輸出呢？

舉個例子，假設我們輸入一篇有 1000 個字元的文章，然後要計算此文章有多少個英文字元、有多少個單字，有多少行等等。這時若使用標準的輸入，則每次皆要輸入資料，若中間有錯誤，則又要重新輸入，這是多麻煩的事呀，若先將此文章以編輯器先建立於一檔案，要使用它時，再將它打開，使用完畢再將其關閉即可。

基本上檔案的輸入與輸出之驟是，一、開啟檔案，二、呼叫寫入或讀取的函式，三、關閉檔案。以下程式皆是從寫入資料於檔案，之後再將檔案的資料加以讀取之。請參閱以下的範例程式。

10.1 將資料寫入檔案

範例程式：write10.py

```
01  def main():
02      outfile = open('fruits.dat', 'w')
03      outfile.write('Apple\n')
04      outfile.write('Orange\n')
05      outfile.write('Banana\n')
06      outfile.close()
```

```
07
08  main()
```

從程式得知，利用 open 函式開啟檔案，然後利用 write 將資料 Apple\n、Orange\n，以及 Banana\n 寫入 fruits.dat 的檔案，由於這些資料是寫入於檔案，所以我們是看不到的。最後再利用 close 函式關閉檔案。

open 函式有兩個參數，第一個為檔案名稱，第二個是存取模式。這兩個參數皆是以單引號或雙引號括起來的字串。其中存取模式可參閱表 10-1。

表 10-1 檔案的存取模式

存取模式	說明
r	讀取
w	寫入
a	附加

為了要驗證資料是否確實的寫入於指定的 fruits.dat 檔案，我們可以利用另一程式呼叫從檔案讀取資料的函式來完成。

10.2 從檔案讀取資料

從檔案讀取資料的函式，請參閱表 10-2 所列的函式，並請參閱以下範例程式。

表 10-2 讀取檔案資料的函式

存取模式	說明
read(num)	讀取指定數目 num 的字元，若參數 num 省略，則讀取檔案的所有資料
readline()	讀取檔案一行的資料
readlines()	讀取檔案所有的資料

10.2.1 利用 read 函式讀取檔案資料

範例程式：read10.py

```
01  def main():
02      infile = open('fruits.dat', 'r')
```

```
03        print('Using read(): ')
04        print(infile.read())
05        infile.close()
06
07        infile = open('fruits.dat', 'r')
08        print('Using read(number): ')
09        data = infile.read(12)
10        print(data)
11        print(repr(data))
12        infile.close()
13
14    main()
```

輸出結果

```
Using read():
Apple
Orange
Banana

Using read(number):
Apple
Orange
'Apple\nOrange'
```

程式解析

程式中的 repr 函式表示回傳原始的字串，其表示若轉義序列字元，如 \n，它是不會被轉義為跳行的。

10.2.2 利用 readlines 函式讀取檔案資料

範例程式：read20.py

```
01    def main():
02        infile = open('fruits.dat', 'r')
03        print('Using readlines(): ')
04        print(infile.readlines())
05        infile.close()
06
07    main()
```

輸出結果

```
Using readlines():
['Apple\n', 'Orange\n', 'Banana\n']
```

若以 readlines 函式讀取檔案的資料，則其資料會以串列的方式顯示之。

10.2.3 利用 readline 函式讀取檔案資料

範例程式：read30.py

```
01  def main():
02      infile = open('fruits.dat', 'r')
03      print('Using readline(): ')
04      line1 = infile.readline()
05      print(line1)
06      print(repr(line1))
07      infile.close()
08
09  main()
```

輸出結果

```
Using readline():
Apple

'Apple\n'
```

若以 readline 函式讀取檔案，則只會讀取一行而已，因此你可以利用一迴圈和 readline 讀取檔案所有資料，請參閱下一範例

範例程式：read40.py

```
01  def main():
02      infile = open('fruits.dat', 'r')
03      print('Using readline(): ')
04      line = infile.readline()
05      while line != '':
06          print(repr(line))
07          line = infile.readline()
```

```
08         infile.close()
09 
10         print()
11         infile = open('fruits.dat', 'r')
12         for line in infile:
13             print(repr(line))
14         infile.close()
15 
16     main()
```

輸出結果

```
Using readline():
'Apple\n'
'Orange\n'
'Banana\n'

'Apple\n'
'Orange\n'
'Banana\n'
>>>
```

while 迴圈的終止條件是

```
while line != '':
```

表示檔案已到尾端，若不是到檔案，則將其讀取並以原始的字串顯示之。同樣地也可以使用 for 迴圈來讀取，如下所示：

```
for line in infile:
    print(repr(line))
```

這個比 while 迴圈更簡易了。

10.3 檢視檔案是否存在

其實我們在開啟一檔案要寫入資料於檔案或從檔案讀取資料時，通常要先檢視檔案是否存在，此時可利用 isfile() 函式來完成，它是 os.path 模組下的一個函式，因此要將它載入進來。範例程式 read10.py 改為 read50.py 將會更好。

範例程式：read50.py

```
01  import os.path
02  def main():
03      infile = open('fruits.dat', 'r')
04      if os.path.isfile('fruits.dat'):
05          print('Using read(): ')
06          print(infile.read())
07      infile.close()
08
09  main()
```

輸出結果如同 read10.py 的輸出結果。當然將 write.py 加上檢視開啟的檔案是否存在也是必要的。最後你也可以開啟存取的模式是 a，表示將資料附加於檔案的尾端。如下範例所示：

範例程式：append.py

```
01  import os.path
02  def main():
03      outfile = open('fruits.dat', 'a')
04      if os.path.isfile('fruits.dat'):
05          outfile.write('Kiwi\n')
06      outfile.close()
07
08      infile = open('fruits.dat', 'r')
09      if os.path.isfile('fruits.dat'):
10          print(infile.read())
11      infile.close()
12
13  main()
```

輸出結果

```
Apple
Orange
Banana
Kiwi

>>>
```

10.4 將數值資料寫入檔案

範例程式：write20.py

```
01  import random
02  def main():
03      lottos = []
04      outfile = open('lottoNumbers.dat', 'w')
05      for i in range(6):
06          num = random.randint(1, 49)
07          if num not in lottos:
08              lottos.append(num)
09              outfile.write(str(num) + ' ')
10      outfile.close()
11  
12      infile = open('lottoNumbers.dat', 'r')
13      s = infile.read()
14      lottoNums = [eval(x) for x in s.split()]
15      for num in lottoNums:
16          print(num, end = ' ')
17      infile.close()
18  
19  main()
```

輸出結果

```
15 24 28 44 31 20
```

10.5 二進位檔案的寫入與讀取

二進位的檔案寫入與讀取，必須使用 pickle 模組下的 dump 函式將資料寫入檔案，以及 load() 函式從檔案讀取資料。由於使用 pickle 模組，所以必須將此模組加以下載。同時也必須以 wb 來開啟二進位的檔案。

除了可以寫入字串、數值外，也可以寫入串列、數組、詞典或其他型式的資料。

範例程式

```
01  import pickle
02  def main():
03      outfile = open('binary.dat', 'wb')
04      pickle.dump('John', outfile)
05      pickle.dump(92, outfile)
06      pickle.dump('Mary', outfile)
07      pickle.dump(88, outfile)
08      pickle.dump([10, 20, 30, 40, 50], outfile)
09      outfile.close()
10
11      infile = open('binary.dat', 'rb')
12      print(pickle.load(infile))
13      print(pickle.load(infile))
14      print(pickle.load(infile))
15      print(pickle.load(infile))
16      print(pickle.load(infile))
17
18      infile.close()
19
20  main()
```

輸出結果

```
John
92
Mary
88
[10, 20, 30, 40, 50]
```

10.6 異常處理

一位優良的程式設計師，當有異常(exception)的情況發生時，必須要採取某些因應異常處理(exception handle)的動作，而不要讓程式當掉，造成使用者的恐懼。如計算兩個整數相除，當分母為 0 時，應提示使用者重新輸入，並告訴他分母不為 0。

異常處理的語法如下：

```
    try:
  <body>

    except <ExceptionType1>:
        <handler1>

    except <ExceptionType2>:
        <handler2>
…
    except <ExceptionTypeN>:
        <handlerN>

    except:
        <process_except>

    else:
        <process_else>

    finally:
        <process_finally>
```

在上述語法中，以 try 開端，之後一連串的 exception 的異常狀況，如 exceptionType1, exceptionType2, ..., exceptionTypeN 等等，接下來是 except、else，以及 finally。當都沒有異常狀況時，else 將會被執行。不管有無異常，最後的 finally 都會被執行。

我們來看一個範例程式，此程式提示使用者輸入兩個整數，然後計算兩數相除，若你是一位優良的程式設計師，則必須掌握各種的異常狀況，並採取因應的敘述。當輸入分母為 0 時，則執行對應的 except ZeroDivisionError:，當輸入的資料之間沒有逗號時，則執行對應的 except SyntaxError:，當輸入的資料不是整數時，則執行對應的 except:，當輸入的資料是正確時，則執行 else:。不管產生哪種情形，都會執行 finally: 對應的敘述。

範例程式：exception5.py

```
01  def main():
02      try:
03          n1, n2 = eval(input('Enter two numbers, separated by a comma: '))
04          ans = n1 / n2
05          print('%d/%d = %.2f'%(n1, n2, ans))
06      except ZeroDivisionError:
07          print('denominator can\'t be zero')
08      except SyntaxError:
09          print('A comma may be missing in the input')
10      except:
11          print('Something wrong in the input')
12      else:
13          print('No exception')
14      finally:
15          print('The finally clause is executed')
16
17  main()
```

輸出結果樣本(一)

```
Enter two numbers, separated by a comma: 8, 0
denominator can't be zero
The finally clause is executed
```

輸出結果樣本(二)

```
Enter two numbers, separated by a comma: 8 6
A comma may be missing in the input
The finally clause is executed
```

輸出結果樣本(三)

```
Enter two numbers, separated by a comma: a, 6
Something wrong in the input
The finally clause is executed
```

輸出結果樣本(四)

```
Enter two numbers, separated by a comma: 8, 6
8/6 = 1.33
No exception
The finally clause is executed
```

我們故意在輸入資料時，以不正確的方式輸入，因而產生不同的異常處理情形，請參閱輸出結果。

範例程式：exception15.py

```
01  import math
02  def circle():
03      radius = eval(input('Enter a radius: '))
04      if radius <= 0:
05          raise RuntimeError('Negative radius')
06      else:
07          area = radius * radius * math.pi
08          perimeter = 2 * math.pi * radius
09          print('Perimeter: %.2f, area: %.2f'%(perimeter, area))
10
11  def main():
12      try:
13          circle()
14      except RuntimeError:
15          print('Invalid radius')
16
17  main()
```

輸出結果樣本(一)

```
Enter a radius: -10
Invalid radius
```

輸出結果樣本(二)

```
Enter a radius: 5
Perimeter: 31.42, area: 78.54
```

10.7 範例集錦

1. 提示使用者輸入一檔名，然後計算此檔案中英文字母的字數。

範例程式：program10-1.py

```
01  import os.path
02  def main():
03      filename = input('Enter a filename: ').strip()
04      infile = open(filename, 'r')
05      if os.path.isfile(filename):
06          counts = 26 * [0]
07          for line in infile:
08              countLetters(line.lower(), counts)
09
10          for i in range(len(counts)):
11              if counts[i] != 0:
12                  print(chr(ord('a') + i) + ' appears ' + str(counts[i])
13                      + (' time' if counts[i] == 1 else ' times'))
14          infile.close()
15
16  def countLetters(line, counts):
17      for ch in line:
18          if ch.isalpha():
19              counts[ord(ch) - ord('a')] += 1
20
21  main()
```

輸出結果樣本

```
Enter a filename: write.py
a appears 8 times
b appears 1 time
c appears 1 time
d appears 2 times
e appears 13 times
f appears 7 times
g appears 1 time
i appears 11 times
l appears 7 times
```

```
m appears 2 times
n appears 9 times
o appears 8 times
p appears 3 times
r appears 5 times
s appears 2 times
t appears 10 times
u appears 6 times
w appears 4 times
```

上述的輸出結果是 write.py 檔案中英文字母出現的個數，你可以驗證一下答案是否正確。

2. 若我們將上述計算檔案中英文字母字元出現的次數之程式，加上異常處理的區段，如 exception10.py 的粗體字所示：

範例程式：program10-2.py

```
01  import os.path
02  def main():
03      while True:
04          try:
05              filename = input('Enter a filename: ').strip()
06              infile = open(filename, 'r')
07              break
08          except IOError:
09              print('File: %s does not exist. Try again'%(filename))
10
11      counts = 26 * [0]
12      for line in infile:
13          countLetters(line.lower(), counts)
14
15      for i in range(len(counts)):
16          if counts[i] != 0:
17              print(chr(ord('a') + i) + ' appears ' + str(counts[i])
18                      + (' time' if counts[i] == 1 else ' times'))
19      infile.close()
20
21  def countLetters(line, counts):
```

```
22        for ch in line:
23            if ch.isalpha():
24                counts[ord(ch) - ord('a')] += 1
25
26    main()
```

輸出結果樣本

```
Enter a filename: yyy.dat
File: yyy.dat does not exist. Try again
Enter a filename: eee.dat
File: eee.dat does not exist. Try again
Enter a filename: read20.py
a appears 5 times
c appears 1 time
d appears 4 times
e appears 10 times
f appears 5 times
g appears 1 time
i appears 14 times
l appears 6 times
m appears 2 times
n appears 11 times
o appears 2 times
p appears 3 times
r appears 6 times
s appears 5 times
t appears 4 times
u appears 2 times
```

3. 試撰寫一程式，提示使用者輸入檔名，以及欲被刪除的字串。

範例程式：program10-3.py

```
01    def main():
02        # Prompt the user to enter filenames
03        f1 = input('Enter a filename: ').strip()
04
05        # Open files for input
06        infile = open(f1, 'r')
07
08        s = infile.read() # Read all from the file
```

```
09        print(s)
10
11        deletedString = input('Enter a string to be deleted: ').strip()
12
13        newString = s.replace(deletedString, '')
14        print(newString)
15
16        infile.close()  # Close the input file
17        outfile = open(f1, 'w')
18
19        outfile.write(newString)
20        outfile.close() # Close the output file
21
22    main()
```

輸出結果樣本

```
Enter a filename: test20.txt
Hello Python, Welcome to Python, Learning Python now!

Enter a string to be deleted: Python
Hello , Welcome to , Learning  now!
```

4. 試撰寫一程式，將一檔案的每一字元加 2 予以加密。提示使用者輸入兩個檔名，一為輸入檔名，二為輸出檔名。將輸入檔名利用上述的加密方法給予加密，然後將其寫入輸出檔名。

範例程式：program10-4.py

```
01    def main():
02        f1 = input('Enter a source filename: ').strip()
03        f2 = input('Enter a target filename: ').strip()
04
05        # Open files for input
06        infile = open(f1, 'r')
07
08        s = infile.read() # Read all from the file
09        print('Original text is \'%s\''%(s))
10
11        newString = ''
```

```
12
13        for i in range(len(s)):
14            newString += chr(ord(s[i]) + 2)
15        print('After Encrypted text is \'%s\''%(newString))
16
17        infile.close()  # Close the input file
18        outfile = open(f2, 'w')
19        outfile.write(newString)
20        outfile.close() # Close the output file
21
22    main()
```

輸出結果樣本

```
Enter a source filename: test100.txt
Enter a target filename: test200.txt
Original text is 'Welcome to Python.'
After Encrypted text is 'Ygneqog"vq"R{vjqp0'
```

5. 試撰寫一程式，提示使用者輸入三角形的三個邊，若給予的三邊無法組成三角形，則擲出 RuntimeError 的異常。

範例程式：program10-5.py

```
01    def main():
02        try:
03            number = eval(input('Enter a number: '))
04            print('You enterde number is %d'%(number))
05        except NameError as ex:
06            print('Exception : %s'%(ex))
07
08    main()
```

輸出結果樣本(一)

```
Enter a number: 100
You enterde number is 100
```

輸出結果樣本(二)

```
Enter a number: two
Exception : name 'two' is not defined
```

程式解析

此範例旨在輸入一數值，當輸入不是數值時，則將產生異常。此類型的異常處理方式在內文中未提及。值得一提的是，將 NameError 的異常當作一物件，也就是將錯誤的訊息先存放於 ex，最後當有錯誤發生時，將其印出。

注意，NameError 是系統提供的 ExceptionType，其語法如下：

```
try
        <主體敘述>
except ExceptionType as ex:
        <處理方式>
```

10.8 本章習題

1. 試撰寫一程式，將 1 到 100 的串列資料寫入於檔案，然後再將此檔案開啟，以讀取資料。
2. 試撰寫一程式，提示使用者輸入檔名、欲被取代的字串，以及取代的字串，並印出最後的檔案內容。
3. 試撰寫一程式，提示使用者輸入檔名，讀取檔案內的分數，然後計算其總和與平均數。
4. 試撰寫一程式，將範例集錦第 4 題的內容予以解密。提示使用者輸入兩個檔名，一為輸入檔名，二為輸出檔名。將輸入檔名利用上述的加密方法給予加密，然後將其寫入輸出檔名。
5. 試撰寫一程式，輸入三角形的三個邊，若此三邊無法組成一三角形，將產生 RumtimeError 的異常。

數組、集合與詞典

本章將討論三種有用的資料結構，分別是數組(tuple)、集合(set) 以及詞典(dictionary)。

11.1 數組

數組類似串列，但是數組的元素一經固定後就不可以加入、刪除或修改。在 Python 的實作中，數組的效率比串列來得好。

數組是以小括號來建立的，元素之間以逗號隔開。

你可以透過以下的方式建立一空的數組

```
>>> t = ()
>>> t
( )
```

也可以指定元素給數組，如下所示：

```
>>> t1 = (1, 2, 3)
>>> t1
(1, 2, 3)
```

或是以 tuple 關鍵字，將串列的元素加入於數組

```
>>> t2 = tuple([x for x in range(10, 16)])
>>> t2
(10, 11, 12, 13, 14, 15)
```

以 tuple 將字串的成員加入於數組

```
>>> t3 = tuple('iPhone')
>>> t3
('i', 'P', 'h', 'o', 'n', 'e')
>>>
```

11.1.1 一些常用的數組函式

Python 提供了一些常用的數組函式，如表 11-1 所示：

表 11-1 一些常用的數組函式

函式	說明
len(t1)	計算 t1 數組的有多少個元素
max(t1)	計算 t1 數組的最大元素值
min(t1)	計算 t1 數組的最小元素值
sum(t1)	加總 t1 數組的元素值
in	檢視某一元素是否存在於數組中
not in	檢視某一元素是否不存在於數組中
*	複製某一數組
+	結合兩個數組
[ ]	擷取索引相對應的數組元素
for	印出數組中所有的元素

如同第 8 章的串列，你也可以使用 len()、max()、min()，以及 sum() ，分別用來計算數組的長度、最大值、最小值，以及總和。如下範例所示：

```
>>> t1
(1, 2, 3)

>>> t2
(10, 11, 12, 13, 14, 15)

>>> len(t2)
6

>>> max(t2)
15
```

```
>>> min(t2)
10
>>> sum(t1)
6
```

利用 + 將兩個數組連結起來

```
>>> t1 + t2
(1, 2, 3, 10, 11, 12, 13, 14, 15)
```

利用 * 將一數組複製

```
>>> t1 * 2
(1, 2, 3, 1, 2, 3)
```

同時也可以使用 for 迴圈印出數組中所有的元素，如下所示：

```
>>> for x in t1:
        print(x)

1
2
3
```

11.2 集合

集合也類似串列，但集合的元素沒有用任何的順序來存放。在 Python 的實作中，集合的運作效率比串列來得好。

集合是以大括號來建立的，元素之間以逗號隔開。

你可以透過以下的方式建立一空的集合

```
>>> s1 = set()
>>> s1
set()
```

此時表示 s1 是一空集合。注意，不是以

```
>>> s1 = { }
>>> s1
{}
```

此時是建立一空的詞典，不是建立空集合。要建立空的集合，只能使用上述的 set()。這在下一節將加以探討。

建立含有三個元素的集合

```
>>> s2 = {2, 4, 6}
>>> s2
{2, 4, 6}
```

將數組的元素轉為集合

```
>>> s3 = set((1, 3, 5))
>>> s3
{1, 3, 5}
```

將串列的元素轉為集合

```
>>> s4 = set([x for x in range(1, 50, 10)])
>>> s4
{1, 41, 11, 21, 31}
```

將字串的元素轉為集合

```
>>> s5 = set('epoch')
>>> s5
{'h', 'e', 'p', 'c', 'o'}
```

經由轉換後的集合元素，則是隨機出現的。同時，集合中的元素可以為相同型態或混合的型態，如下所示：

```
>>> s6 = {2, 4, 6, 'c', 'o'}
```

值得注意的是，集合沒有提供類似串列利用索引來存取其值。例如，s6[0]是錯誤的。

11.2.1 加入和刪除的集合運算

將上述的 s3 集合做加入和刪除的動作。利用 add () 函式，加入 10 於 s3 集合，如下所示：

```
>>> s3.add(10)
>>> s3
{1, 10, 3, 5}
```

然後，利用 remove() 函式，刪除 s3 集合中的 3，如下所示：

```
>>> s3.remove(3)
>>> s3
{1, 10, 5}
```

除此之外，也可以使用 len()、max()、min()，以及 sum()，分別用來計算集合的長度、最大值、最小值，以及總和。

也可以利用 in 和 not in 來檢視元素是否存在於集合中，若元素存在於集合中，則回傳 True，否則，回傳 False。如下所示：

```
>>> s3
{1, 10, 5}
>>> 10 in s3
True

>>> 8 not in s3
True
```

若將產生大樂透號碼儲存於集合，可利用上述所論及的一些函式加以完成，則如下所示：

範例程式：lottoUsingSet.py

```
01  #Generating lotto number using set
02  import random
03  set10 = set()
04  count = 1
05  while count <= 6:
06      randNum = random.randint(1, 49)
07      if randNum not in set10:
08          set10.add(randNum)
09          count += 1
10
11  print(set10)
```

輸出結果樣本

```
{3, 42, 12, 15, 17, 27}
```

程式解析

程式所執行的結果是以集合表示。和以串列的方式，只是集合是以 add() 加入元素，而串列則是以 append() 完成。

11.2.2 檢視兩個集合的關係

我們可以利用 issubset()函式，來檢視某一集合是否為另一集合的子集合。而 issuperset()函式，則是檢視某一集合是否為另一集合的超集合。

```
>>> s10 = {1, 3, 5}
>>> s20 = {1, 3, 5, 7}
>>> s10.issubset(s20)
True

>>> s20.issuperset(s10)
True
```

從上一範例得知，若 s10 集合是 s20 集合的子集合，則 s20 集合將是 s10 集合超集合。

```
>>> s15 = {1, 3, 8}
>>> s10.issubset(s15)
False
```

由於 s15 有元素 8，而 s10 集合沒有元素 8，故 s10 不是 s15 的子集合。

在集合的運作中，常會有兩個集合做聯集、交集、差集，以及對稱差集。聯集的結果，將包括兩個集合的所有元素，交集表示兩個集合中共有的元素。如下所示：

```
>>> s30 = {1, 3, 5}
>>> s40 = {1, 2, 3, 4, 5}

>>> s30.union(s40)
{1, 2, 3, 4, 5}

>>> s30.intersection(s40)
{1, 3, 5}
```

兩個集合的差集，如

```
>>> s40.difference(s30)
{2, 4}
```

表示存在於 s40 的集合，但不存在於 s30 集合，而

```
>>> s30.difference(s40)
set()
```

這表示是一空集合。s30 集合裡的元素在 s40 皆有。最後，對稱差集表示彼此沒有的元素。如下所示：

```
>>> s30.symmetric_difference(s40)
{2, 4}

>>> s40.symmetric_difference(s30)
{2, 4}
```

我們也可以使用 | 運算子處理兩集合的聯集、& 運算子處理兩集合的交集、- 運算子處理兩集合的差集、^ 運算子處理兩集合的對稱差集。如以下範例所示：

```
>>> s30 | s40
{1, 2, 3, 4, 5}

>>> s30 & s40
{1, 3, 5}

>>> s40- s30
{2, 4}

>>> s30 - s40
set()

>>> s30 ^ s40
{2, 4}

>>> s40 ^ s30
{2, 4}
```

同時也可以使用 for 迴圈印出集合中所有的元素，如下所示：

```
>>> s = {1, 2, 3}
>>> for x in s:
    print(x)


1
2
3
```

一些常用的集合所提供的函式或方法，摘錄於表 11-2 和表 11-3。

表 11-2　一些常用集合的函式

函式	說明
len(s1)	計算 s1 集合的有多少個元素
max(s1)	計算 s1 集合的最大元素值
min(s1)	計算 s1 集合的最小元素值
sum(s1)	加總 s1 集合的元素值
in	檢視某一元素是否存在於集合中
not in	檢視某一元素是否不存在於集合中
s1 | s2	回傳 s1 與 s2 的聯集
s1 & s2	回傳 s1 與 s2 的交集
s1 - s2	回傳 s1 與 s2 的差集
s1 ^ s2	回傳 s1 與 s2 的對稱差集
for	顯示集合中所有的項目

表 11-3　一些常用集合的方法

方法	說明
s1.add(x)	將元素 x 加入於 s1 集合中
s1.remove(x)	從 s1 集合刪除 x 元素
s1.issuperset(s2)	檢視 s1 集合是否為 s2 的超集合
s1.union(s2)	回傳 s1 與 s2 的聯集
s1.intersection(s2)	回傳 s1 與 s2 的交集
s1.difference(s2)	回傳 s1 與 s2 的差集
s1.symmetric_difference(s2)	回傳 s1 與 s2 的對稱差集

注意，集合沒有提供排序的功能。

11.3 詞典

詞典(dictionary)是鍵值(key)與其對應的數值(value)組成一項目。建立一詞典其實很簡單，你可以經由一對大括號來建立一詞典，如下所示：

```
capital = { }
```

表示建立一空的詞典。

詞典中的每一項目包含鍵值，接著是冒號，最後是數值，並以大括號括起來。如下所示：

```
>>> capital = {'America':'Washington DC', 'England': 'London', 'France': 'Paris'}
```

表示以三個項目建立一詞典，項目的格式是鍵值:數值。第一項目是 'America':'Washington DC'，第二個項目是 'England': 'London'，第三個項目是 'France': 'Paris'。若要擷取詞典中的某一鍵值的數值，則如下所示：

```
 >>> capital['America']
'Washington DC'
```

11.3.1 加入、刪除與修改詞典項目

```
>>> capital = {'America':'Washington DC', 'England': 'London', 'France': 'Paris'}
```

加入某一項目於詞典，則如下所示：

```
>>> capital['Taiwan'] = 'Taipei'
```

若鍵值已存在於詞典中，則數值將會被修改取代。而刪除某一項目，則利用 del 完成。如下所示：

```
>>> capital
{'America': 'Washington DC', 'England': 'London', 'France': 'Paris', 'Taiwan':
'Taipei'}

>>> del capital['America']

>>> capital
{'England': 'London', 'France': 'Paris', 'Taiwan': 'Taipei'}

>>>
```

11.3.2 顯示詞典中的項目

要顯示詞典中的每一項目，可使用 for...in 來完成之，如下所示：

```
>>> for key in capital:
    print(key + ':' + capital[key])


England:London
France:Paris
Taiwan:Yaipei
```

若要計算詞典中的項目個數，則可以使用 len 函式，如下所示：

```
>>> len(capital)
3
```

你可以使用 in 和 not in 判斷鍵值是否存於詞典中。若鍵值存在於詞典中，則回傳 True，否則回傳 False。如下所示：

```
>>> capital
{'England': 'London', 'France': 'Paris', 'Taiwan': 'Yaipei'}

>>> 'France' in capital
True

>>> 'Washington DC' in capital
False
```

除了上述的函式外，還提供一些常用的方法，如表 11-4 所述。

表 11-4　詞典一些常用的方法

方法	功能
keys()	回傳詞典中的所有鍵值
values()	回傳詞典中的所有數值
items()	回傳詞典中的所有鍵值/數值
get(key)	回傳鍵值所對應的數值
pop(key)	刪除鍵值/數值的項目
popitem()	隨機刪除鍵值/數值的項目
for	顯示詞典中所有的項目

有關表 11-4 所闡述的方法，請看以下 的範例：

```
>>> capital = {'America':'Washington DC', 'England': 'London', 'France': 'Paris'}

>>> capital.items()
dict_items([('America', 'Washington DC'), ('England', 'London'), ('France',
'Paris')])

>>> tuple(capital.items())
(('America', 'Washington DC'), ('England', 'London'), ('France', 'Paris'))

>>> tuple(capital.keys())
('America', 'England', 'France')

>>> tuple(capital.values())
('Washington DC', 'London', 'Paris')

>>> capital.get('France')
'Paris'

>>> capital.pop('England')
'London'

>>> tuple(capital.items())
(('America', 'Washington DC'), ('France', 'Paris'))

>>> capital.popitem()
('France', 'Paris')

>>> tuple(capital.items())
(('America', 'Washington DC'),)

>>> tuple(capital.items())
( )
```

還有你可以使用 == 和 != 運算子判斷兩個詞典是否包含相同的項目，但沒有提供 >、>=、<、<= 來比較詞典，因為詞典沒有提供排序的功能。

你可以使用 for 迴圈印出所有在詞典中的項目

```
>>> capital = {'America':'Washington DC', 'England': 'London', 'France': 'Paris'}
>>> for key in capital:
    print(key + ':' + capital[key])


America:Washington DC
England:London
France:Paris
```

11.4 範例集錦

1. 試撰寫一程式，提示使用者輸入一檔名，然後計算程式中集合所給予的關鍵字出現的次數。

範例程式：program11-1.py

```
01  def main():
02      keywords = {'and', 'del', 'or', 'not', 'while',
03                  'for', 'with', 'break', 'True', 'False'
04                  'elif', 'else', 'if', 'break', 'except',
05                  'import', 'print', 'class', 'in'
06                  'continue', 'finally', 'is', 'return',
07                  'def', 'try'}
08
09      f1 = input('Enter a Python source code filename: ').strip()
10
11      # Open files for input
12      infile = open(f1, 'r')
13
14      text = infile.read().split()
15
16      for word in text:
17          if word in keywords:
18              count += 1
19
20      print('There are %d keywords in %s'%(count, f1))
```

```
21
22   main()
```

輸出結果樣本

```
Enter a Python source code filename: gpa.py
There are 9 keywords in gpa.py
```

2. 試撰寫一程式，先以隨機亂數產生 100 個介於 1 到 49 的數字，然後將它置放於數組，並統計 1 到 49 出現的個數。

範例程式：program11-2.py

```
01   import random
02   s2 = tuple([random.randint(1, 49) for i in range(1,100)])
03   print(s2)
04   LottoNums = 50*[0]
05   for i in range(len(s2)):
06       k = s2[i]
07       LottoNums[k] += 1
08
09   for j in range(1, len(LottoNums)):
10       print('%d: %d'%(j, LottoNums[j]))
```

輸出結果樣本

```
(16, 28, 18, 24, 8, 27, 26, 3, 16, 44, 20, 24, 2, 48, 15, 13, 33, 38, 28, 38,
38, 4, 17, 2, 23, 2, 15, 2, 23, 35, 33, 47, 22, 35, 5, 34, 42, 39, 28, 48, 13,
26, 18, 9, 20, 22, 1, 16, 18, 18, 24, 7, 43, 37, 25, 44, 48, 34, 30, 47, 21, 1,
14, 22, 4, 2, 39, 45, 29, 23, 27, 19, 28, 19, 27, 5, 29, 23, 22, 36, 38, 11, 23,
3, 15, 10, 43, 33, 40, 41, 40, 43, 8, 8, 30, 27, 5, 11, 30)
1: 2
2: 5
3: 2
4: 2
5: 3
6: 0
7: 1
8: 3
9: 1
10: 1
```

```
11: 2
12: 0
13: 2
14: 1
15: 3
16: 3
17: 1
18: 4
19: 2
20: 2
21: 1
22: 4
23: 5
24: 3
25: 1
26: 2
27: 4
28: 4
29: 2
30: 3
31: 0
32: 0
33: 3
34: 2
35: 2
36: 1
37: 1
38: 4
39: 2
40: 2
41: 1
42: 1
43: 3
44: 2
45: 1
46: 0
47: 2
48: 3
49: 0
```

3. 建立一集合選單，它有加入、刪除、顯示，以及結束的選項，然後讓使用者輸入選項後加以執行其相對應的動作。其中加入的元素是以亂數產生的。

範例程式：program11-3.py

```
01  import random
02  def menu():
03      print()
04      print('Set menu:')
05      print('1. insert')
06      print('2. delete')
07      print('3. display')
08      print('4. exit')
09      n = eval(input('Enter your choice: '))
10      return n
11
12  def add(s2):
13      x = random.randint(1, 49)
14      print('generating ... %d'%(x))
15      s2.add(x)
16
17  def delete(s2):
18      x = eval(input('Enter a number: '))
19      if x in s2:
20          s2.remove(x)
21      else:
22          print('There is not invalid number.')
23
24  def display(s2):
25      print(s2)
26
27  def main():
28      s = set()
29      while True:
30          choice = menu()
31
32          if choice == 1:
33              add(s)
```

```
34            elif choice == 2:
35                delete(s)
36            elif choice == 3:
37                display(s)
38            elif choice == 4:
39                break
40            else:
41                print('Invalid choice')
42
43    main()
```

輸出結果樣本

```
Set menu:
1. insert
2. delete
3. display
4. exit
Enter your choice: 1
generating ... 17

Set menu:
1. insert
2. delete
3. display
4. exit
Enter your choice: 1
generating ... 29

Set menu:
1. insert
2. delete
3. display
4. exit
Enter your choice: 1
generating ... 14

Set menu:
1. insert
2. delete
3. display
4. exit
```

```
Enter your choice: 3
{17, 29, 14}

Set menu:
1. insert
2. delete
3. display
4. exit
Enter your choice: 2
Enter a number: 11
There is not invalid number.

Set menu:
1. insert
2. delete
3. display
4. exit
Enter your choice: 2
Enter a number: 14

Set menu:
1. insert
2. delete
3. display
4. exit
Enter your choice: 3
{17, 29}

Set menu:
1. insert
2. delete
3. display
4. exit
Enter your choice: 4
```

4. 建立一詞典選單，它有加入、刪除、顯示，以及結束的選項，然後讓使用者輸入選項後加以執行其相對應的動作。

範例程式：program11-4.py

```
01  import random
02  def menu():
03      print()
04      print('Dictionary menu:')
05      print('1. insert')
06      print('2. delete')
07      print('3. display')
08      print('4. exit')
09      n = eval(input('Enter your choice: '))
10      return n
11
12  def add(d2):
13      key = eval(input('Enter a key: '))
14      value = input('Enter a value: ')
15      print('generating ... {%d: %s}'%(key, value))
16      d2[key] = value
17
18  def delete(d2):
19      key = eval(input('Enter a key: '))
20      if key in d2:
21          del d2[key]
22      else:
23          print('There is not invalid key.')
24
25  def display(d2):
26      print(d2)
27
28  def main():
29      d = {}
30      while True:
31          choice = menu()
32
33          if choice == 1:
34              add(d)
```

```
35          elif choice == 2:
36              delete(d)
37          elif choice == 3:
38              display(d)
39          elif choice == 4:
40              break
41          else:
42              print('Invalid choice')
43
44  main()
```

輸出結果樣本

```
Dictionary menu:
1. insert
2. delete
3. display
4. exit
Enter your choice: 1
Enter a key: 101
Enter a value: Mary
generating ... {101: Mary}

Dictionary menu:
1. insert
2. delete
3. display
4. exit
Enter your choice: 1
Enter a key: 102
Enter a value: John
generating ... {102: John}

Dictionary menu:
1. insert
2. delete
3. display
4. exit
Enter your choice: 1
Enter a key: 103
Enter a value: Bright
generating ... {103: Bright}

Dictionary menu:
```

```
1. insert
2. delete
3. display
4. exit
Enter your choice: 3
{101: 'Mary', 102: 'John', 103: 'Bright'}

Dictionary menu:
1. insert
2. delete
3. display
4. exit
Enter your choice: 2
Enter a key: 102

Dictionary menu:
1. insert
2. delete
3. display
4. exit
Enter your choice: 3
{101: 'Mary', 103: 'Bright'}

Dictionary menu:
1. insert
2. delete
3. display
4. exit
Enter your choice: 2
Enter a key: 101

Dictionary menu:
1. insert
2. delete
3. display
4. exit
Enter your choice: 3
{103: 'Bright'}

Dictionary menu:
1. insert
2. delete
3. display
4. exit
Enter your choice: 4
```

5. 試撰寫一程式，修改範例集錦第 4 題範例，以詞典類別所提供的方法，如 pop 方法刪除詞典的項目。以及 items 方法執行印出詞典所有項目的動作。

範例程式：program11-5.py

```
01  import random
02  def menu():
03      print()
04      print('Dictionary menu:')
05      print('1. insert')
06      print('2. delete')
07      print('3. display')
08      print('4. exit')
09      n = eval(input('Enter your choice: '))
10      return n
11
12  def add(d2):
13      key = eval(input('Enter a key: '))
14      value = input('Enter a value: ')
15      print('generating ... {%d: \'%s\'}'%(key, value))
16      d2[key] = value
17
18  def delete(d2):
19      key = eval(input('Enter a key: '))
20      if key in d2:
21          print('{%d: \'%s\'} has been deleted'%(key, d2.get(key)))
22          d2.pop(key)
23      else:
24          print('There is not invalid key.')
25
26  def display(d2):
27      print(d2.items())
28
29  def main():
30      d = {}
31      while True:
32          choice = menu()
33
```

```
34            if choice == 1:
35                add(d)
36            elif choice == 2:
37                delete(d)
38            elif choice == 3:
39                display(d)
40            elif choice == 4:
41                break
42            else:
43                print('Invalid choice')
44
45    main()
```

輸出結果樣本

```
Dictionary menu:
1. insert
2. delete
3. display
4. exit
Enter your choice: 1
Enter a key: 101
Enter a value: Bright
generating ... {101: 'Bright'}

Dictionary menu:
1. insert
2. delete
3. display
4. exit
Enter your choice: 1
Enter a key: 102
Enter a value: Jennifer
generating ... {102: 'Jennifer'}

Dictionary menu:
1. insert
2. delete
3. display
4. exit
Enter your choice: 3
dict_items([(101, 'Bright'), (102, 'Jennifer')])
```

```
Dictionary menu:
1. insert
2. delete
3. display
4. exit
Enter your choice: 2
Enter a key: 102
{102: 'Jennifer'} has been deleted

Dictionary menu:
1. insert
2. delete
3. display
4. exit
Enter your choice: 1
Enter a key: 103
Enter a value: Linda
generating ... {103: 'Linda'}

Dictionary menu:
1. insert
2. delete
3. display
4. exit
Enter your choice: 3
dict_items([(101, 'Bright'), (103, 'Linda')])

Dictionary menu:
1. insert
2. delete
3. display
4. exit
Enter your choice: 4
```

11.5 本章習題

1. 試撰寫一程式，修改範例集錦第 1 題。提示使用者輸入一檔名，然後計算程式中集合中所給予的關鍵字所出現的次數，最後將這些關鍵字與次數置放於一詞典並加以印出。

2. 試撰寫一程式，提示使用者輸入一含有文字檔的檔名，然後從中讀取單字，最後由小至大顯示沒有重複的單字。

3. 試撰寫一程式，讀取任意個數的整數，數字之間以空白隔開。然後找出出現最多次數的整數。若出現最多次數的整數不止一個時，則要一併印出。請參閱輸出結果樣本。

4. 試撰寫一程式，修改本章習題第 1 題，將詞典中的鍵值/數值，以數值/鍵值的順序印出。請參閱範例程式的輸出結果樣本。

5. 擴充範例集錦第 4 題的詞典選單，使它具有加入、刪除、修改、顯示、以及結束的選項，然後讓使用者輸入選項後加以執行其相對應的動作。

12 CHAPTER

物件導向程式設計

物件導向程式設計的特色包括封裝(encapsulation)、繼承(inheritance)，以及多型(polymorphism)。由於有這些特色，因此物件導向程式設計適用於開發大系統。以下我們將一一的解析這些特色。

12.1 類別與物件

我們可以將資料成員 (data member) 和運作這些資料成員的成員函式(member function) 包裝於一類別 (class)，此方式稱為封裝。它是物件導向程式設計的特色之一。而屬於類別的實例 (instance) 稱為物件 (object)。即使屬於相同類別的不同物件，它們各具有類別所定義的資料成員和成員函式。

封裝改變了程序性程式設計(procedure programming)的觀點，因此程序性語言著重在函式，對資料不太重視，所以只要把函式撰寫好，系統就大功告成。但不知資料是何等的重要，所謂的垃圾進垃圾出(Garbage in garbage out)，表示錯誤的資料，經過處理後，出來的答案還是不對的。經過一段的時間，物件導向程式設計終於將資料和函式並為同等的重要。同時也將資料加以保護，不受外界的干擾。

範例程式：class10.py

```
01  import math
02  class Circle:
03      def __init__(self, radius = 1):
```

```
04            self.radius = radius
05
06        def setRadius(self, radius):
07            self.radius = radius
08
09        def getPerimeter(self):
10            perimeter = 2 * self.radius * math.pi
11            return perimeter
12
13        def getArea(self):
14            area = self.radius * self.radius * math.pi
15            return area
16
17    def main():
18        circle1 = Circle()
19        print('circle1: radius is %d, perimeter is %.2f'%(circle1.radius,
20                                 circle1.getPerimeter()))
21        print('circle1: radius is %d, area is %.2f'%(circle1.radius, circle1.getArea()))
22
23        print()
24        circle2 = Circle(5)
25        print('circle2: radius is %d, perimeter is %.2f'%(circle2.radius,
26                                 circle2.getPerimeter()))
27        print('circle2: radius is %d, area is %.2f'%(circle2.radius, circle2.getArea()))
28
29        print('\nAfter set radius to 10')
30        circle2.setRadius(10)
31        print('circle2: radius is %d, perimeter is %.2f'%(circle2.radius,
32                                 circle2.getPerimeter()))
33        print('circle2: radius is %d, area is %.2f'%(circle2.radius, circle2.getArea()))
34
35    main()
```

輸出結果樣本

```
circle1: radius is 1, perimeter is 6.28
circle1: radius is 1, area is 3.14

circle2: radius is 5, perimeter is 31.42
circle2: radius is 5, area is 78.54
```

```
After set radius to 10
circle2: radius is 10, perimeter is 62.83
circle2: radius is 10, area is 314.16
```

在此程式中，以 class 關鍵字定義一類別，其名為 Circle。一般類別的名稱皆以第一個字母為大寫的方式表示之。此類別有一 radius 資料成員和三個成員函式，分別為 setRadius() 用以設定半徑，二為 getPerimeter() 用以回傳周長，三為 getArea() 用以回傳面積。

程式中的 def __init__() 函數會自動地在定義一物件時，執行所謂的建構函式 (constructor)。其中的 self 參數不可省略，其表示本身的意思。

接下來的範例程式是將第三章的 3.4 節所討論的 GPA，以類別的方式加以撰寫的，如下程式所示：

範例程式：class20.py

```
01  class Gpa:
02      def __init__(self, name = 'Nancy', score = 60):
03          self.name = name
04          self.score = score
05
06      def setName(self, name):
07          self.name = name
08
09      def setScore(self, score):
10          self.score = score
11
12      def getGpa(self):
13          if self.score >= 80:
14              print('%s\'s GPA is A.'%(self.name))
15          elif self.score >= 70:
16              print('%s\'s GPA is B.'%(self.name))
17          elif self.score >= 60:
18              print('%s\'s GPA is C.'%(self.name))
19          elif self.score >= 50:
20              print('%s\'s GPA is D.'%(self.name))
21          else:
```

```
22                self.print('%s\'sGPA is F.'%(self.name))
23
24    def main():
25        gpa0 = Gpa()
26        gpa0.getGpa()
27        gpa1 = Gpa('John', 82)
28        gpa1.getGpa()
29        print()
30        gpa2 = Gpa('mary', 74)
31        gpa2.getGpa()
32        gpa3 = Gpa()
33        gpa3.setName('Jennifer')
34        gpa3.setScore(99)
35        gpa3.getGpa()
36
37    main()
```

輸出結果樣本

```
Nancy's GPA is C.
John's GPA is A.
mary's GPA is B.
Jennifer's GPA is A.
```

將上述的程式以模組化方式表示的話，亦即若以兩個檔案來表示，則範例程式 class10.py 可以下列兩個程式 circle.py 和 testCircle.py 加以表示之，如下所示：

範例程式：circle.py

```
01    import math
02    class Circle:
03        def __init__(self, radius = 1):
04            self.radius = radius
05
06        def setRadius(self, radius):
07            self.radius = radius
08
09        def getPerimeter(self):
10            perimeter = 2 * self.radius * math.pi
```

```
11            return perimeter
12
13        def getArea(self):
14            area = self.radius * self.radius * math.pi
15            return area
```

範例程式：testCircle.py

```
01  from circle import Circle
02  def main():
03      circle1 = Circle()
04      print('circle1: radius is %d, perimeter is %.2f'%(circle1.radius,
05                   circle1.getPerimeter()))
06      print('circle1: radius is %d, area is %.2f'%(circle1.radius, circle1.getArea()))
07      print()
08
09      circle2 = Circle(5)
10      print('circle2: radius is %d, perimeter is %.2f'%(circle2.radius,
11                   circle2.getPerimeter()))
12      print('circle2: radius is %d, area is %.2f'%(circle2.radius, circle2.getArea()))
13      print('\nAfter set radius to 10')
14
15      circle2.setRadius(10)
16      print('circle2: radius is %d, perimeter is %.2f'%(circle2.radius,
17  circle2.getPerimeter()))
18      print('circle2: radius is %d, area is %.2f'%(circle2.radius, circle2.getArea()))
19
20  main()
```

你必須在 testCircle.py 的程式第一行加入

```
from circle import Circle
```

此行表示從 circle.py 程式檔案中載入 Circle 類別。此程式的輸出結果與範例程式 class10.py 相同。

而 class20.py 也可以改以模組化方式撰寫，它以下列兩個程式 gpa.py 和 testGpa.py 表示之，如下所示：

範例程式：gpa.py

```
01  class Gpa:
02      def __init__(self, name = 'Nancy', score = 60):
03          self.name = name
04          self.score = score
05  
06      def setName(self, name):
07          self.name = name
08  
09      def setScore(self, score):
10          self.score = score
11  
12      def getGpa(self):
13          if self.score >= 80:
14              print('%s\'s GPA is A.'%(self.name))
15          elif self.score >= 70:
16              print('%s\'s GPA is B.'%(self.name))
17          elif self.score >= 60:
18              print('%s\'s GPA is C.'%(self.name))
19          elif self.score >= 50:
20              print('%s\'s GPA is D.'%(self.name))
21          else:
22              self.print('%s\'sGPA is E.'%(self.name))
```

範例程式：testGpa.py

```
01  from gpa import Gpa
02  def main():
03      gpa0 = Gpa()
04      gpa0.getGpa()
05      gpa1 = Gpa('John', 82)
06      gpa1.getGpa()
07      print()
08      gpa2 = Gpa('mary', 74)
09      gpa2.getGpa()
10      gpa3 = Gpa()
11      gpa3.setName('Jennifer')
12      gpa3.setScore(99)
13      gpa3.getGpa()
```

```
14
15  main()
```

12.2 private 屬性

上述的類別資料成員皆屬於 public，表示它是公開的，任何函式皆可以存取。這對一些較敏感的資料是不合適的，此時我們可以使用 private 的屬性對它加以限制，它只能被類別的函式才能直接使用，而不是任何的函式皆能存取，因此變得非常的安全，也容易維護，因為資料成員若有不對時，只要針對可以存取它的函式加以追蹤即可。以下是上述的範例程式 class10.py 中的公開資料成員 radius 改為 private 屬性。以下的範例程式的資料成員，我們儘量使用 private 屬性。

private 屬性的資料成員，要在資料成員名稱前加入兩個底線，如下程式所示：

範例程式：dataWithPrivate.py

```
01  import math
02  class Circle:
03      def _ _init_ _(self, radius = 1):
04          self._ _radius = radius
05
06      def setRadius(self, radius):
07          self._ _radius = radius
08
09      def getRadius(self):
10          return self._ _radius
11
12      def getPerimeter(self):
13          perimeter = 2 * self._ _radius * math.pi
14          return perimeter
15
16      def getArea(self):
17          area = self._ _radius * self._ _radius * math.pi
18          return area
19
20  def main():
```

```
21        circle1 = Circle()
22        print('circle1: radius is %d, perimeter is %.2f'%(circle1.getRadius(),
23                         circle1.getPerimeter()))
24        print('circle1: radius is %d, area is %.2f'%(circle1.getRadius(),
25                 circle1.getArea()))
26
27        print()
28        circle2 = Circle(5)
29        print('circle2: radius is %d, perimeter is %.2f'%(circle2.getRadius(),
30                 circle2.getPerimeter()))
31        print('circle2: radius is %d, area is %.2f'%(circle2.getRadius(),
32                 circle2.getArea()))
33
34        print('\nAfter set radius to 10')
35        circle2.setRadius(10)
36        print('circle2: radius is %d, perimeter is %.2f'%(circle2.getRadius(),
37                 circle2.getPerimeter()))
38        print('circle2: radius is %d, area is %.2f'%(circle2.getRadius(),
39                 circle2.getArea()))
40
41    main()
```

程式解析

在 _ _ init_ _ 的函式

```
def _ _init_ _(self, radius = 1):
    self._ _radius = radius
```

其中 radius 前面多了兩個底線，它表示此資料是 private 的屬性，表示只有此類別所屬的函式才能存取，在其他的函式的如 main() 函式不可以直接在取之，只能靠 getRadius() 函式來取得 radius 資料屬性。

circle1 和 circle2 是 Circle 類別的實例，也就是 Circle 類別的物件。此程式的輸出結果如同範例程式 class10.py。

值得注意的是，private 屬性不僅可以用於資料成員，也可以應用成員函式，只要在成員函式前加上兩個底線即可，此時只有在類別的函式才能呼叫它，其他地方只能透過此類別的函式呼叫。

12.3 繼承

繼承是物件導向程式設計的特色之二，它可以不費吹灰之力就將父類別(parent class) 的資料成員(data member) 和成員函式 (member function) 繼承過來。繼承父類別得類別稱為子類別(child class)或是衍生的類別(derived class)。

有關繼承的說明，請參閱範例程式 inheritance10.py。

範例程式：inheritance10.py

```
01  import math
02  class Shape:
03      def _ _init_ _(self, xPoint = 0, yPoint = 0):
04          self._ _xPoint = xPoint
05          self._ _yPoint = yPoint
06  
07      def getPoint(self):
08          return self._ _xPoint, self._ _yPoint
09  
10      def setPoint(self, xPoint, yPoint):
11          self._ _xPoint = xPoint
12          self._ _yPoint = yPoint
13  
14      def _ _str_ _(self):
15          print('xPoint = %d, yPoint = %d'%(self._ _xPoint, self._ _yPoint))
16  
17  class Circle(Shape):
18      def _ _init_ _(self, radius):
19          super()._ _init_ _()
20          self._ _radius = radius
21  
22      def getRadius(self):
23          return self._ _radius
24  
25      def setRadius(self, radius):
26          self._ _radius = radius
27  
28      def getArea(self):
```

```
29            return self._ _radius * self._ _radius * math.pi
30
31        def getPerimeter(self):
32            return 2 * self._ _radius * math.pi
33
34        def _ _str_ _(self):
35            super()._ _str_ _()
36            print('radius: %d'%(self._ _radius))
37
38    class Rectangle(Shape):
39        def _ _init_ _(self, width = 1, height = 1):
40            super()._ _init_ _()
41            self._ _width = width
42            self._ _height = height
43
44        def getWidth(self):
45            return self._ _width
46
47        def setWidth(self, width):
48            self._ _width = width
49
50        def getHeight(self):
51            return self._ _height
52
53        def setHeight(self, height):
54            self._ _height = height
55
56        def getArea(self):
57            return self._ _width * self._ _height
58
59        def getPerimeter(self):
60            return 2 * (self._ _width + self._ _height)
61
62        def __str__(self):
63            super()._ _str_ _()
64            print('width: %d'%(self.__width))
65            print('height: %d'%(self.__height))
66
67    def main():
```

```
68        circle = Circle(5)
69        circle._ _str_ _()
70        print('Perimeter: %.2f'%(circle.getPerimeter()))
71        print('Area: %.2f'%(circle.getArea()))
72        print()
73
74        rectangle= Rectangle(2, 6)
75        rectangle._ _str_ _()
76        print('Perimeter: %.2f'%(rectangle.getPerimeter()))
77        print('Area: %.2f'%(rectangle.getArea()))
78
79    main()
```

輸出結果

```
xPoint = 0, yPoint = 0
radius: 5
Perimeter: 31.42
Area: 78.54

xPoint = 0, yPoint = 0
width: 2
height: 6
Perimeter: 16.00
Area: 12.00
```

其中 Shape 類別是父類別，在這類別當中除了 _ _init _ _() 函式外，還有取得原點 x、y 座標的 getPoint(self)函式，設定原點 x、y 座標的 setPoint(self) 函式，以及印出原點 x、y 座標的 _ _str _ _() 函式。注意，此處設定點的座標 xPoint 和 yPoint 為 private 的屬性。表示此類別的函式才能直接存取 private 的資料成員。

Python 表示繼承的方式很簡單，只要在定義子類別時，將父類別放在小括號的後面即可。如以下定義 Circle 類別時將 Shape 類別放在小括號內，即表示子類別 Circle 繼承 Shape 父類別。

在 Circle 類別中除了繼承 Shape 父類別的資料和成員函式外，本身還定義了用以表示半徑的 redius 資料成員。還有取得圓形半徑、設定圓形半徑、計算圓形的面積與周長的函式，同時也覆載了父類別的 _ _str_ _() 函式。

在 Rectangle 類別中除了繼承 Shape 父類別的資料和成員函式外，本身還定義了用以表示矩形的寬(width)和高(height)之資料成員。還有取得矩形的寬和高、設定矩形的寬和高、計算矩形面積與周長的函式，同時也覆載了父類別的_ _str_ _()的函式。

若將上一程式加以模組化，對未來維護會較容易，我們可以將它以 shape.py、circle.py、rectangle.py，以及 testCircleAndRectangle.py 四個程式表示，如下所示：

範例程式：shape.py

```
01  import math
02  class Shape:
03      def _ _init_ _(self,  xPoint = 0,  yPoint = 0):
04          self._ _xPoint = xPoint
05          self._ _yPoint = yPoint
06
07      def getPoint(self):
08          return self._ _xPoint, self._ _yPoint
09
10      def setPoint(self,  xPoint,  yPoint):
11          self._ _xPoint = xPoint
12          self._ _yPoint = yPoint
13
14      def _ _str_ _(self):
15          print('xPoint = %d, yPoint = %d'%(self._ _xPoint, self._ _yPoint))
```

範例程式：circleFromShape.py

```
01  from shape import Shape
02  import math
03
04  class Circle(Shape):
05      def _ _init_ _(self, radius):
06          super()._ _init_ _()
07          self._ _radius = radius
08
09      def getRadius(self):
10          return self._ _radius
```

```
11
12      def setRadius(self, radius):
13          self._ _radius = radius
14
15      def getArea(self):
16          return self._ _radius * self._ _radius * math.pi
17
18      def getPerimeter(self):
19          return 2 * self._ _radius * math.pi
20
21      def _ _str_ _(self):
22          super()._ _str_ _()
23          print('radius: %d'%(self._ _radius))
```

範例程式：rectangleFromShape.py

```
01  import math
02  from shape import Shape
03
04  class Rectangle(Shape):
05      def _ _init_ _(self, width = 1, height = 1):
06          super()._ _init_ _()
07          self._ _width = width
08          self._ _height = height
09
10      def getWidth(self):
11          return self._ _width
12
13      def setWidth(self):
14          self._ _width = width
15
16      def getHeight(self):
17          return self._ _height
18
19      def setHeight(self):
20          self._ _height = height
21
22      def getArea(self):
23          return self._ _width * self._ _height
24
```

```
25      def getPerimeter(self):
26          return 2 * (self._ _width + self._ _height)
27
28      def _ _str_ _(self):
29          super()._ _str_ _()
30          print('width: %d'%(self._ _width))
31          print('height: %d'%(self._ _height))
32
33  範例程式 testCircleAndRectangle.py
34
35  from circleFromShape import Circle
36  from rectangleFromShape import Rectangle
37
38  def main():
39      circle = Circle(5)
40      circle._ _str_ _()
41      print('Perimeter: %.2f'%(circle.getPerimeter()))
42      print('Area: %.2f'%(circle.getArea()))
43      print()
44
45      rectangle= Rectangle(2, 6)
46      rectangle._ _str_ _()
47      print('Perimeter: %.2f'%(rectangle.getPerimeter()))
48      print('Area: %.2f'%(rectangle.getArea()))
49      print()
50
51  main()
```

輸出結果樣本

```
xPoint = 0, yPoint = 0
radius: 5
Perimeter: 31.42
Area: 78.54

xPoint = 0, yPoint = 0
width: 2
height: 6
Perimeter: 16.00
Area: 12.00
```

物件導向程式設計的優點是可降低維護成本，適合用於開發大程式。舉一例子來說，若此時要加入計算三角形的面積與周長，其實只要修改原來程式的小小部分即可。加入以下的 triangle.py 程式，如下所示：

範例程式：triangleFromShape.py

```
01  from shape import Shape
02  import math
03
04  class Triangle(Shape):
05      def _ _init_ _(self, x1, y1, x2, y2):
06          super()._ _init_ _()
07          self._ _x1 = x1
08          self._ _y1 = y1
09          self._ _x2 = x2
10          self._ _y2 = y2
11
12      def getCoordinate(self):
13          return self._ _x1, self._ _y1, self._ _x2, self._ _y2
14
15
16      def setCoordinate(self, x1, y1, x2, y2):
17          self._ _x1 = x1
18          self._ _y1 = y1
19          self._ _x2 = x2
20          self._ _y2 = y2
21
22      def getArea(self):
23          x, y = super().getPoint()
24          s1 = math.sqrt((self._ _x1-x)**2 + (self._ _y1-y)**2)
25          s2 = math.sqrt((self._ _x2-self.__x1)**2 + (self._ _y2-self._ _y1)**2)
26          s3 = math.sqrt((self._ _x2-x)**2 + (self._ _y2-y)**2)
27          print('s1 = %d, s2 = %d, s3 = %d'%(s1, s2, s3))
28          s = (s1 + s2 + s3) / 2
29          area = math.sqrt(s*(s-s1)*(s-s2)*(s-s3))
30          return area
31
32      def getPerimeter(self):
```

```
33            x, y = super().getPoint()
34            s1 = math.sqrt((self._ _x1-x)**2 + (self._ _y1-y)**2)
35            s2 = math.sqrt((self._ _x2-self._ _x1)**2 + (self._ _y2-self._ _y1)**2)
36            s3 = math.sqrt((self._ _x2-x)**2 + (self._ _y2-y)**2)
37            print(s1, s2, s3)
38            return s1+s2+s3
39
40        def _ _str_ _(self):
41            super()._ _str_ _()
42            x , y = super().getPoint()
43            print('(%d, %d), (%d, %d), (%d, %d)'
44                %(x, y, self._ _x1, self._ _y1, self._ _x2, self._ _y2))
```

並且將測試的主程式 testCircleAndRectangle.py 改為以下的程式 testCircleAndRectAndTri.py，如下所示：

範例程式：testCircleAndRectAndTri.py

```
01    from circleFromShape import Circle
02    from rectangleFromShape import Rectangle
03    from triangleFromShape import Triangle
04
05    def main():
06        circle = Circle(5)
07        circle._ _str_ _()
08        print('Perimeter: %.2f'%(circle.getPerimeter()))
09        print('Area: %.2f'%(circle.getArea()))
10        print()
11
12        rectangle = Rectangle(2, 6)
13        rectangle._ _str_ _()
14        print('Perimeter: %.2f'%(rectangle.getPerimeter()))
15        print('Area: %.2f'%(rectangle.getArea()))
16        print()
17
18        triangle = Triangle(3, 0, 3, 4)
19        triangle._ _str_ _()
20        print('Perimeter: %.2f'%(triangle.getPerimeter()))
```

```
21        print('Area: %.2f'%(triangle.getArea()))
22
23    main()
```

輸出結果樣本

```
xPoint = 0, yPoint = 0
radius: 5
Perimeter: 31.42
Area: 78.54

xPoint = 0, yPoint = 0
width: 2
height: 6
Perimeter: 16.00
Area: 12.00

xPoint = 0, yPoint = 0
(0, 0), (3, 0), (3, 4)
3.0 4.0 5.0
Perimeter: 12.00
s1 = 3, s2 = 4, s3 = 5
Area: 6.00
```

程式解析

在 testCircleAndRectAndTri.py 的程式中，只在原來的 testCircleAndRectangel.py 中加入了粗體字而已，其他都沒有修改，你覺得如何？是否有感覺到它所帶來的好處呢？

12.4 多型

多型是物件導向程式設計特色之三，它表示在執行時期(run time)才決定要處理的函式是哪一個物件所觸發的，此時就會呼叫適當的函式，這比較有彈性，但速度較慢。這與在編譯時期(compile time)就決定其屬性不同，此方式速度較快，但較沒有彈性。我們不再加以著墨這些敘述，就以範例程式來加以說明之。

我們可以將它以四個程式表示。分別有上述的 shape.py、circle.py、rectangle.py，以及以下的範例程式 polymorphism.py。

範例程式：polymorphism.py

```
01  from circleFromShape import Circle
02  from rectangleFromShape import Rectangle
03
04  def main():
05      circle = Circle(5)
06      circle._ _str_ _()
07      displayPerimeter(circle)
08      displayArea(circle)
09      print()
10
11      rectangle= Rectangle(2, 6)
12      rectangle._ _str_ _()
13      displayPerimeter(rectangle)
14      displayArea(rectangle)
15      print()
16
17  def displayArea(obj):
18      print('Area: %.2f'%(obj.getArea()))
19
20  def displayPerimeter(obj):
21      print('Permiter: %.2f'%(obj.getPerimeter()))
22
23  main()
```

輸出結果樣本

```
xPoint = 0, yPoint = 0
radius: 5
Perimeter: 31.42
Area: 78.54

xPoint = 0, yPoint = 0
width: 2
height: 6
Perimeter: 16.00
Area: 12.00
```

程式解析

此程式中有兩個函式，分別是 displayArea 和 displayArea 函式，其接收的參數是 obj 物件，當呼叫這兩個函式時，才決定以觸發它的物件所執行其所對應的函式。

12.5 isinstance 函式

一物件只能呼叫屬於此類別的函式，當物件呼叫不屬於此類別的函式時，將會產生錯誤。所以我們可以先判斷某一物件是屬於哪一種類別，然後再執行其函式就不會有錯誤發生。判斷一物件是否屬於某一類別時，可利用

```
isinstance(object, className)
```

函式來執行之。請參閱範例程式 isInstance.py。

範例程式：isInstance.py

```
01  from circleFromShape import Circle
02  from rectangleFromShape import Rectangle
03
04  def main():
05      circle = Circle(5)
06      rectangle= Rectangle(2, 6)
07
08      print('Circle information')
09      displayInform(circle)
10      print()
11
12      print('Rectangle information')
13      displayInform(rectangle)
14      print()
15
16  def displayInform(obj):
17      print('Area: %.2f'%(obj.getArea()))
18      print('Permiter: %.2f'%(obj.getPerimeter()))
19      if isinstance(obj, Circle):
20          print('Radius: %d'%(obj.getRadius()))
21      elif isinstance(obj, Rectangle):
```

```
22            print('Width: %d'%(obj.getWidth()))
23            print('Width: %d'%(obj.getHeight()))
24
25    main()
```

輸出結果樣本

```
Circle information
Area: 78.54
Permiter: 31.42
Radius: 5

Rectangle information
Area: 12.00
Permiter: 16.00
Width: 2
Width: 6
```

程式解析

程式中利用 if … elif 加以判斷傳送給 displayInform 函式的第一個參數是屬於 Circle 或是 Rectangle 類別。然後再呼叫其類別所屬的函式。

12.6 範例集錦

1. 將第 3 章計算 BMI 的程式改以類別的方式表示之。

範例程式：program12-1.py

```
01    class Bmi:
02        def __init__(self, weight = 170, height = 60):
03            self.__weight = weight
04            self.__height = height
05
06        def getBmi(self):
07            heightMeter = self.__height / 100
08            bmi = self.__weight / (heightMeter * heightMeter)
09            print('%.2f'%(bmi))
10            if bmi < 18.5:
11                print('Underweight')
```

```
12          elif bmi < 25:
13              print('Normal')
14          elif bmi < 30:
15              print('Overweight')
16          else:
17              print('Obses')
18
19  def main():
20      John = Bmi(68, 185)
21      print('John\'s BMI is : ', end = '')
22      John.getBmi()
23      print()
24
25      Mary = Bmi(53, 172)
26      print('Mary\'s BMI is : ', end = '')
27      Mary.getBmi()
28      print()
29
30  main()
```

輸出結果樣本

```
John's BMI is : 19.87
Normal

Mary's BMI is : 17.92
Underweight
```

2. 試撰寫一程式，程式中有一父類別 Animal，它有一 private 屬性 name，以及 setName 和 getName 函式，之後有 Lion 和 Duck 類別，它們繼承了父類別 Animal。

範例程式：animalClass.py

```
01  class Animal:
02      def __init__(self, name = 'Unknown'):
03          self.__name = name
04
05      def setName(self, name):
```

```
06            self.__name = name
07
08        def getName(self):
09            return self.__name
10
11    class Lion(Animal):
12        def __init__(self, name):
13            super().__init__(name)
14
15        def breed(self):
16            return 'viviparous'
17
18        def food(self):
19            return 'meat'
20
21    class Duck(Animal):
22        def __init__(self, name):
23            super().__init__(name)
24
25        def breed(self):
26            return 'Oviparous'
27
28        def food(self):
29            return 'grass'
```

範例程式：testAnimalClass.py

```
01    from animalClass import Animal, Lion, Duck
02
03    def main():
04        lionObj = Lion('Luke')
05        print('Lion Object')
06        print('Name: %s'%(lionObj.getName()))
07        print('Breed: %s'%(lionObj.breed()))
08        print('Food: %s'%(lionObj.food()))
09        print()
10
11        duckObj = Duck('Kiki')
12        print('Duck object')
```

```
13        print('Name: %s'%(duckObj.getName()))
14        print('Breed: %s'%(duckObj.breed()))
15        print('Food: %s'%(duckObj.food()))
16
17    main()
```

輸出結果樣本

```
Lion Object
Name: Luke
Breed: viviparous
Food: meat

Duck object
Name: Kiki
Breed: Oviparous
Food: grass
```

3. 以多型的方式表示之。

範例程式：animalClass.py

```
01    class Animal:
02        def __init__(self, name = 'Unknown'):
03            self.__name = name
04
05        def setName(self, name):
06            self.__name = name
07
08        def getName(self):
09            return self.__name
10
11    class Lion(Animal):
12        def __init__(self, name):
13            super().__init__(name)
14
15        def breed(self):
16            return 'viviparous'
17
18        def food(self):
```

```
19            return 'meat'
20
21    class Duck(Animal):
22        def __init__(self, name):
23            super().__init__(name)
24
25        def breed(self):
26            return 'Oviparous'
27
28        def food(self):
29            return 'grass'
```

範例程式：testAnimalClass2.py

```
01    from animalClass import Animal, Lion, Duck
02
03    def main():
04        lionObj = Lion('Luke')
05        print('Lion Object')
06        print('Name: %s'%(lionObj.getName()))
07        displayInform(lionObj)
08        print()
09
10        duckObj = Duck('Kiki')
11        print('Duck object')
12        print('Name: %s'%(duckObj.getName()))
13        displayInform(duckObj)
14        print()
15
16    #Polymorphism
17    def displayInform(obj):
18        print('Breed: %s'%(obj.breed()))
19        print('Food: %s'%(obj.food()))
20
21    main()
```

輸出結果樣本

```
Lion Object
Name: Luke
Breed: viviparous
Food: meat

Duck object
Name: Kiki
Breed: Oviparous
Food: grass
```

從輸出結果得知，此範例程式和第 2 題範例程式的輸出結果是相同，只是此處以多型的方式處理而已，此題也用及第 2 題的範例程式 animalClass.py。

4. 承上一題，在子類別中加入 sound，並加入一個新的子類別 Sheep，此新的子類別具有子類別中的所有資料成員和成員函式。你可以體驗一下，在物件導向程式設計的維護上是如何。

範例程式：animalClass6.py

```
01  class Animal:
02      def __init__(self, name = 'Unknown'):
03          self.__name = name
04
05      def setName(self, name):
06          self.__name = name
07
08      def getName(self):
09          return self.__name
10
11  class Lion(Animal):
12      def __init__(self, name):
13          super().__init__(name)
14
15      def breed(self):
16          return 'viviparous'
17
18      def food(self):
```

```
19            return 'meat'
20
21        def sound(self):
22            return 'hon-hon-hon'
23
24    class Duck(Animal):
25        def __init__(self, name):
26            super().__init__(name)
27
28        def breed(self):
29            return 'Oviparous'
30
31        def food(self):
32            return 'earthworm'
33
34        def sound(self):
35            return 'A-A-A'
36
37    class Sheep(Animal):
38        def __init__(self, name):
39            super().__init__(name)
40
41        def breed(self):
42            return 'viviparous'
43
44        def food(self):
45            return 'grass'
46
47        def sound(self):
48            return 'Bei-Bei-Bei'
```

範例程式：testAnimalClass6.py

```
01    from animalClass2 import Animal, Lion, Duck, Sheep
02
03    def main():
04        lionObj = Lion('Luke')
05        print('Lion Object')
```

```
06        print('Name: %s'%(lionObj.getName()))
07        displayInform(lionObj)
08        print()
09
10        duckObj = Duck('Kiki')
11        print('Duck object')
12        print('Name: %s'%(duckObj.getName()))
13        displayInform(duckObj)
14        print()
15
16        sheepObj = Sheep('Nala')
17        print('sheep object')
18        print('Name: %s'%(sheepObj.getName()))
19        displayInform(sheepObj)
20        print()
21
22    #Polymorphism
23    def displayInform(obj):
24        print('Breed: %s'%(obj.breed()))
25        print('Food: %s'%(obj.food()))
26
27    main()
```

輸出結果樣本

```
Lion Object
Name: Luke
Breed: viviparous
Food: meat

Duck object
Name: Kiki
Breed: Oviparous
Food: earthworm

sheep object
Name: Nala
Breed: viviparous
Food: grass
```

程式解析

本範例共有兩個程式，分別是 animalClass6 和 testAnimalClass6。在 animalClass6 程式中，粗體字表示新增的程式碼，分別在 Lion 和 Duck 兩個子類別中加入了 sound 函式，並新增 Sheep 子類別，這類別繼承 Animal 父類別，及定義了_ _init_ _、breed、food，以及 sound 函式。

從這範例得知，維護上是很容易的，只有增加程式碼，原先的皆保留不變。

5. 試撰寫一程式，設計一佇列的類別 Queue，此類別中有一 private 屬性的 items 串列資料成員，還有 insert、pop 函式，分別用以加入一元素於佇列的尾端，刪除佇列前端的元素、isEmpty 函式用以判斷佇列是否為空的，以及 getSize 函式用以得到佇列的大小。

範例程式：queueClass.py

```
01  class Queue:
02      def __init__(self):
03          self.__items = []
04  
05      def isEmpty(self):
06          return len(self.__items) == 0
07  
08      def insert(self, value):
09          self.__items.insert(len(self.__items)+1, value)
10          print('%d is added in queue.'%(value))
11  
12      def delete(self):
13          if self.isEmpty():
14              return 'The queue is empty.'
15          else:
16              return self.__items.pop(0)
17  
18      def getSize(self):
19          return len(self.__items)
```

範例程式：testQueue.py

```
01  from queueClass import Queue
02
03  queueObj = Queue()
04  for i in range(1, 6):
05      queueObj.insert(i)
06
07  while not queueObj.isEmpty():
08      print(queueObj.delete(), end = ' ')
```

輸出結果樣本

```
1 is added in queue.
2 is added in queue.
3 is added in queue.
4 is added in queue.
5 is added in queue.
1 2 3 4 5
```

範例解析

佇列是先進先出的處理方式，所以可將加入(排隊)的元素置放於尾端，而刪除(服務)則從前端加以處理。從輸出結果得知，加入的元素順序是 1、2、3、4、5，所以刪除的順序也是 1、2、3、4、5。這與堆疊的處理方式不同，我們將它當做習題，讓你發揮一下。

12.7 本章習題

1. 試撰寫一程式，設計一堆疊的類別 Stack，此類別中有一 private 屬性的 items 串列資料成員，還有 push、pop 函式，分別用以加入一元素於堆疊頂端，刪除堆疊頂端的元素、isEmpty 函式用以判斷堆疊是否為空的，以及 getSize 函式用以得到堆疊的大小。提示：堆疊的運作是先進先出。

2. 試撰寫一程式，設計一 Triangle 的類別，它繼承 Shape 類別。其中 Shape 有一 private 屬性的資料成員 color，用以表示三角形顏色，並且還有取得、設定三角形的顏色，以及印出三角形顏色的函式。而在 Triangle 類別中，有三個 private 屬性的三邊之資料成員，並且還有取得、設定三邊的資料、計算面積、周長，以及印出三角形顏色與三邊長的函式。
3. 承第 2 題，在輸入三邊長時，有時無法形成一三角形，需要任意二邊長大於第三邊長才可以。試撰寫一程式以修改上一程式的不足。
4. 承第 3 題，當三邊不足以形成三角形時，以異常處理的方式處理之。
5. 請將內文中的 polymorphism.py 程式加入三角形類別的物件，並命名為 polymorphism2.py，再執行之。

13 CHAPTER

資料分析能力

學習 Python 的主要動機在於大數據的分析，如何將巨量資料加以分析，得到結果可提供給決策者做決策參考之用。談到資料的分析能力，就要論及 NumPy 與 Pandas，因為這兩個套件是不可或缺的工具。以下我們將一一對這兩個套件做初步的介紹，期使你能有能力可以進一步探討。

13.1 numpy 套件

當 Python 處理龐大資料時，其原生 list 效能表現並不理想(但可以動態存異質資料)，而 numpy 具備平行處理的能力，可以將操作動作一次套用在大型陣列上。numpy 的重點在於陣列的操作，其所有功能特色都建立在同質且多維度的 ndarray(N-dimensional array)上。

13.1.1 numpy 套件的一些常用方法

將處理 numpy 套件一些常用的方法摘錄於表 13-1。假設有以下的敘述：

```
import numpy as np # 載入 numpy 套件，以縮寫 np 代替之
list1 = [1, 2, 3, 4] # 一般 Python 串列
list2 = [11, 12, 13, 14] # 一般 Python 串列
x = 2
y = 2
```

表 13-1　numpy 套件常用的方法

方法	說明	輸出結果
np1 = np.array(list1) np2 = np.array(list2)	將一般 Python 串列轉換成 numpy 陣列。	In [1]: np1 Out[1]: array([1, 2, 3, 4]) In [2]: np2 Out[2]: array([11, 12, 13, 14])
np2.reshape([x, y])	將 np2 轉換成 x*y 的陣列。	array([[11, 12]], [13, 14]])
np2.astype('int64')	將 np2 轉換成 int64 型態。	array([11, 12, 13, 14])
np2.astype('float64')	將 np2 轉換成 float64 型態。	array([11., 12., 13., 14.])
np3 = np.zeros([5])	建立有五個 0 的一維陣列。	array([0., 0., 0., 0., 0.])
np4 = np.zeros([2, 5])	建立有十個 0 的 2*5 陣列。	array([[0., 0., 0., 0., 0.], [0., 0., 0., 0., 0.]])
np5 = np.ones([5])	建立有五個 1 的一維陣列。	array([1., 1., 1., 1., 1.])
np6 = np.ones([4, 5])	建立 4*5 陣列內含有二十個 1 的 。	array([[1., 1., 1., 1., 1.], [1., 1., 1., 1., 1.], [1., 1., 1., 1., 1.], [1., 1., 1., 1., 1.]])
np7 = np.arange(1, 11)	建立 10 個元素的陣列，元素自動按順序產生，從 1 到 10。	array([1, 2, 3, 4, 5, 6, 7, 8, 9, 10])
np1 = np.append(np1, [5, 6, 7, 8])	新增四個元素到 np1 後面。	array([1, 2, 3, 4, 5, 6, 7, 8])
np1 = np.delete(np1, [3, 5])	刪除 np1 的第 4 和第 6 個元素。	array([1, 2, 3, 5, 7, 8])
np6 = np.delete(np6, [1, 3], axis=0)	刪除 np6 的第 2 和第 4 列。	array([[1., 1., 1., 1., 1.], [1., 1., 1., 1., 1.]])
np6 = np.delete(np6, [0], axis=1)	刪除 np6 的第 1 行。	array([[1., 1., 1., 1.], [1., 1., 1., 1.]])
np6_sum0 = np6.sum(axis=0)	垂直加總。	array([2., 2., 2., 2.])
np6_sum1 = np6.sum(axis=1)	水平加總。	array([4., 4.])

numpy 套件的一些物件資料項目，如表 3-2 所示：

表 13-2 numpy 套件的的一些物件資料項目

資料項目	說明
np1.ndim	陣列維度。
np1.shape	陣列各維度元素數量。
np1.dtype	陣列的資料型態。
np.pi	np 套件中的 PI 值。

numpy 一維陣列的元素存取方式與 Python 的 list 類似：

```
np1[2]  # 3 (第 3 個元素)
```

numpy 二維陣列的元素存取方式如下：

```
np2[1, 0]  # 13 (第 2 列，第 1 行的元素)
```

numpy 套件的一些物件基本操作，如表 13-3 所示。假設有下列兩個敘述，

```
np1 = np.array([1, 3, 5, 7, 9])
np2 = np.array([2, 4, 6, 8, 10])
```

表 13-3 numpy 套件的一些物件基本操作

操作	說明	輸出結果
np1 + np2	兩個 numpy 陣列所對應元素進行相加。	[3 7 11 15 19]
np2 > 3	回傳布林陣列，相對索引的值的位置若大於 3 即為 True，否則為 False。	[False True True True True]
np2[np2 > 3]	回傳只包含大於 3 的元素的 numpy 陣列。	[4 6 8 10]

13.1.2 暖身運動一下

```
In [130]: arr = np.arange(8)

In [131]: arr
Out[131]: array([0, 1, 2, 3, 4, 5, 6, 7])
```

也可以利用：輸出陣列部分的元素值。此時可利用 [start : end] 來完成，表示從索引 start 輸出到索引 end-1，如下所示：

```
In [132]: arr[3:]
Out[132]: array([3, 4, 5, 6, 7])
```

表示輸出索引 3 到最後的元素的值。

```
In [133]: arr[:7]
Out[133]: array([0, 1, 2, 3, 4, 5, 6])
```

表示輸出索引 0 到索引 6 的元素的值。

若是索引為負，則其索引為此負值加上陣列的長度，如下所示：

```
In [135]: arr[-6]
Out[135]: 2
```

索引為 -6，其表示 8+(-6)，亦即 2。因為 arr 的長度為 8。

```
In [137]: arr[-6:-2]
Out[137]: array([2, 3, 4, 5])
```

此表示從索引 2，到索引 5(8+(-2)-1)加以輸出。

二維陣列：

```
In [141]: arr2D = np.array([[1, 2, 3, 4],[5, 6, 7, 8], [9, 10, 11, 12]])

In [143]: arr2D
Out[143]:
array([[ 1,  2,  3,  4],
       [ 5,  6,  7,  8],
       [ 9, 10, 11, 12]])

In [144]: arr2D[2]
Out[144]: array([ 9, 10, 11, 12])

In [145]: arr2D.shape
Out[145]: (3, 4)
```

也可以如下表示：

```
In [146]: np.shape(arr2d)
Out[146]: (3, 4)

In [147]: arr2D[2].shape
Out[147]: (4,)
```

此表示 arr2D[2] 有四個元素。

```
In [148]: arr2D[2:, :]
Out[148]: array([[ 9, 10, 11, 12]])

In [149]: arr2D[2:, :].shape
Out[149]: (1, 4)
```

此表示 arr2D[2:, :] 有 1 列 4 行元素。

可以使用 Boolean 值當索引，如下所示：

```
In [171]: names
Out[171]: array(['Bright', 'Amy', 'Jennifer', 'Linda', 'Bright'], dtype='<U8')

In [172]: data = np.random.randn(5, 4)

In [173]: data
Out[173]:
array([[-0.94202006, -1.9146416 ,  0.23920779,  0.88824794],
       [-0.40660566, -0.8859405 ,  0.68193419, -0.60722549],
       [ 0.73325077,  0.25830205,  2.7378118 ,  0.16892847],
       [-1.05471844, -0.19975421,  0.35688235,  1.49169734],
       [-1.7255104 ,  1.60636464,  0.53232311,  0.54209109]])

In [174]: names == 'Bright'
Out[174]: array([ True, False, False, False,  True])

In [175]: data[names == 'Bright']
Out[175]:
array([[-0.94202006, -1.9146416 ,  0.23920779,  0.88824794],
       [-1.7255104 ,  1.60636464,  0.53232311,  0.54209109]])
```

上一敘述即以 names == 'Bright' 當做索引，names 陣列只有索引為 0 和 4 時，其為 True，所以輸出第一列和第五列的元素值。要注意的是，names 陣列的元素個數要和 data 陣列的列數一樣才可以運算。請繼續往下看。

```
In [176]: data[names != 'Bright']
Out[176]:
array([[-0.40660566, -0.8859405 ,  0.68193419, -0.60722549],
       [ 0.73325077,  0.25830205,  2.7378118 ,  0.16892847],
       [-1.05471844, -0.19975421,  0.35688235,  1.49169734]])

In [177]:  mask = (names == 'Bright') | (names == 'Linda')

In [178]: mask
Out[178]: array([ True, False, False,  True,  True])

In [179]: data[mask]
Out[179]:
array([[-0.94202006, -1.9146416 ,  0.23920779,  0.88824794],
       [-1.05471844, -0.19975421,  0.35688235,  1.49169734],
       [-1.7255104 ,  1.60636464,  0.53232311,  0.54209109]])

In [180]: data[data < 0 ]= 0

In [181]: data
Out[181]:
array([[0.        , 0.        , 0.23920779, 0.88824794],
       [0.        , 0.        , 0.68193419, 0.        ],
       [0.73325077, 0.25830205, 2.7378118 , 0.16892847],
       [0.        , 0.        , 0.35688235, 1.49169734],
       [0.        , 1.60636464, 0.53232311, 0.54209109]])

In [182]: data[names != 'Bright'] = 8

In [182]: data
Out[183]:
array([[0.        , 0.        , 0.23920779, 0.88824794],
       [8.        , 8.        , 8.        , 8.        ],
       [8.        , 8.        , 8.        , 8.        ],
```

```
[8.        , 8.        , 8.        , 8.        ],
[0.        , 1.60636464, 0.53232311, 0.54209109]])
```

以上用來當做遮罩是很好用的，請大家好好練習。

13.2 pandas 套件

看完了 numpy 套件，我們再來看 pandas 套件。pandas 所提供讀取不同檔案格式的方法，如表 13-4 所示。

假設有一敘述如下：

```
import pandas as pd # 載入pandas套件，以縮寫pd代替之。
```

表 13-4 pandas 套件提供讀取檔案的方法

方法	說明
pd.read_csv('example.csv')	讀取 csv 檔案
pd.read_json('example.json')	讀取 json 檔案
pd.read_excel('example.xlsx')	讀取 xlsx 檔案
pd.read_html('url')	讀取網頁中的 table

pandas 提供的資料結構(基於 numpy 上)：

- Series：用來處理時間序列相關的資料(如感測器資料)，主要為建立索引的一維串列。
- DataFrame：用來處理結構化(Table like)的資料，有列索引與行標籤的二維資料集，如關聯式資料庫、csv 等。

以下針對 Series 加以說明：

以下針對 DataFrame 加以說明：

- pandas 套件的 DataFrame()方法，將一個 dictionary 的資料結構轉換成 data frame。
- Data frame 的 shape 屬性回傳列數與行數。
- Data frame 的 columns 屬性回傳欄位名稱。
- Data frame 的 index 屬性回傳觀測值的 index。
- Data frame 的 info 屬性回傳資料內容。

- Data frame 的 head(3)方法回傳前三筆觀測值。
- Data frame 的 tail(3)方法回傳最後三筆觀測值。
- Data frame 可以透過 drop() 方法來刪除觀測值或欄位，指定參數 axis = 0 表示要刪除觀測值(row)，指定參數 axis = 1 表示要刪除欄位(column)。
- 可以透過 loc 和 iloc 屬性(利用索引值)篩選 data frame。
- 使用 data frame 的 sort_index() 方法可以用索引值排序。
- 使用 data frame 的 sort_values() 方法可以用指定欄位的數值排序。
- Data frame 有 sum()、mean()、median() 與 describe() 等統計方法可以使用。
- 透過 pandas 的 value_counts() 方法可以統計相異值的個數。

13.2.1 有關 Series 的運作

有關一些 Series 的運作，請看以下範例和說明。

```
In [186]: import pandas as pd

In [187]: obj10 = pd.Series([3, -5, 8, 2])

In [188]: obj10
Out[188]:
0    3
1   -5
2    8
3    2
dtype: int64
```

利用 values 顯示 Series 所有的元素。

```
In [189]: obj10.values
Out[189]: array([ 3, -5,  8,  2])
```

利用 index 顯示 Series 所有的元素。

```
In [190]: obj10.index
Out[190]: RangeIndex(start=0, stop=4, step=1)
```

下一敘述除了設定 Series 的元素值外，也加入了索引的編號。

```
In [191]: obj20 = pd.Series([3, -5, 8, 2], index = ['a', 'b', 'c', 'd'])

In [192]: obj20
Out[192]:
a    3
b   -5
c    8
d    2
dtype: int64

In [193]: obj20.index
Out[193]: Index(['a', 'b', 'c', 'd'], dtype='object')
```

利用索引顯示某一元素值

```
In [194]: obj10[2]
Out[194]: 8
```

也可以對 Series 中的某一元素進行修改

```
In [195]: obj10[1] = 20

In [196]: obj10
Out[196]:
0     3
1    20
2     8
3     2
dtype: int64
```

加入一元素於 Series 中

```
In [198]: obj10[4] = 100

In [199]: obj10
Out[199]:
0      3
1     20
2      8
```

```
3      2
4    100
dtype: int64
```

注意！要顯示多個元素時，需要有二個中括號。如下所示：

```
In [202]: obj20[['a', 'c']]
Out[202]:
a    3
c    8
dtype: int64
```

輸出 obj10 中 資料大於 5 的元素，如下所示：

```
In [203]: obj10[obj10 > 5]
Out[203]:
1     20
2      8
4    100
dtype: int64
```

也可以將所有的元素做數學運算，如以下將所有元素乘以 2

```
In [204]: obj20 * 2
Out[204]:
a     6
b   -10
c    16
d     4
dtype: int64
```

當然也可以利用索引來判斷此元素是否存在

```
In [205]: 'd' in obj20
Out[205]: True

In [206]: 'e' not in obj20
Out[206]: True

In [207]: np.log(obj10)
Out[207]:
0    1.098612
```

```
1    2.995732
2    2.079442
3    0.693147
4    4.605170
In [220]: cityData = {'Taipei':267, 'New Taipei': 398, 'Tainan': 188}

In [221]: obj30 = pd.Series(cityData)

In [222]: city = ['Taipei', 'New Taipei', 'Taichung']

In [223]: obj40 = pd.Series(cityData, city)

In [224]: obj30
Out[224]:
Taipei        267
New Taipei    398
Tainan        188
dtype: int64

In [225]: obj40
Out[225]:
Taipei        267.0
New Taipei    398.0
Taichung        NaN
dtype: float64
```

上述的 NaN 表示為 Not a Number。

可以將兩個 Series 的元素值相加，若它們相同的話，若沒有相同，則此項將以 NaN 表示之。

```
[226]: obj30 + obj40
Out[226]:
New Taipei    796.0
Taichung        NaN
Tainan          NaN
Taipei        534.0
dtype: float64
```

```
In [227]: obj30
Out[227]:
Taipei         267
New Taipei     398
Tainan         188
dtype: int64
```

我們可以利用 isnull() 或 notnull() 來分別檢視，Series 元素中有哪些是空值或不是空值，如下所示：

```
In [228]: obj30.isnull()
Out[228]:
Taipei        False
New Taipei    False
Tainan        False
dtype: bool

In [229]: obj40.isnull()
Out[229]:
Taipei        False
New Taipei    False
Taichung       True
dtype: bool

In [230]: obj40.notnull()
Out[230]:
Taipei         True
New Taipei     True
Taichung      False
dtype: bool
```

也可以用這一表示式：

```
In [231]: pd.notnull(obj40)
Out[231]:
Taipei         True
New Taipei     True
Taichung      False
dtype: bool
```

```
In [239]: obj10
Out[239]:
0      3
1     20
2      8
3      2
4    100
dtype: int64
```

可以將 obj10 的索引改變為其他有意義的事項，如下所示：

```
In [240]: obj10.index = ['Linda', 'Bright', 'Amy', 'Jennider', 'Cary']

In [241]: obj10
Out[241]:
Linda         3
Bright       20
Amy           8
Jennider      2
Cary        100
dtype: int64
```

注意，index 的個數要和元素的個數相同才可。

13.2.2 有關 DataFrame 的運作

有關一些 DataFrame 的運作，請看以下範例和說明。

```
In [2]:  data = {'Student': ['Peter', 'Peter', 'Peter', 'Mary', 'Mary', 'John'],
   ...:          'Course': ['Calculus', 'Accounting', 'Python', 'Accounting',
   ...:                     'Python', 'Pyhton'],
   ...:            'Score': [90.2, 87.3, 88.7, 90.3, 89.7, 92.3]}
   ...:

In [3]:  dataFrame = pd.DataFrame(data)

In [7]: dataFrame
Out[7]:
  Student      Course  Score
0   Peter    Calculus   90.2
1   Peter  Accounting   87.3
2   Peter      Python   88.7
3    Mary  Accounting   90.3
4    Mary      Python   89.7
5    John      Pyhton   92.3
```

```
In [8]: dataFrame.head()
Out[8]:
  Student      Course  Score
0   Peter    Calculus   90.2
1   Peter  Accounting   87.3
2   Peter      Python   88.7
3    Mary  Accounting   90.3
4    Mary      Python   89.7
```

利用 head() 印出前五筆資料

```
In [9]: dataFrame.tail()
Out[9]:
  Student      Course  Score
1   Peter  Accounting   87.3
2   Peter      Python   88.7
3    Mary  Accounting   90.3
4    Mary      Python   89.7
5    John      Pyhton   92.3
```

利用 tail() 印出後五筆資料

```
In [10]: dataFrame2 = pd.DataFrame(data, columns=['Student', 'Course', 'Score',
    ...:                'Department'], index = ['a', 'b', 'c', 'd', 'e', 'f'])

In [11]: dataFrame2
Out[11]:
  Student      Course  Score Department
a   Peter    Calculus   90.2        NaN
b   Peter  Accounting   87.3        NaN
c   Peter      Python   88.7        NaN
d    Mary  Accounting   90.3        NaN
e    Mary      Python   89.7        NaN
f    John      Pyhton   92.3        NaN
```

可以直接使用點運算子來指明要輸出哪一個欄位

```
In [14]: dataFrame2.Course
Out[14]:
a      Calculus
b    Accounting
c        Python
d    Accounting
e        Python
f        Pyhton
Name: Course, dtype: object
```

除了上述的方法外，也可以使用下一敘述的表示方式。

```
In [15]: dataFrame2['Student']
Out[15]:
a    Peter
b    Peter
c    Peter
```

```
d      Mary
e      Mary
f      John
Name: Student, dtype: object
```

除此之外，你可以使用 loc 屬性來擷取哪一個索引。

```
In [18]: dataFrame2.loc['b']
Out[18]:
Student              Peter
Course          Accounting
Score                 87.3
Department             NaN
Name: b, dtype: object
```

利用下一方法加入某一欄位值，如下所示：

```
In [19]: dataFrame2['Department'] = 'IM'

In [20]: dataFrame2
Out[20]:
  Student      Course  Score Department
a   Peter    Calculus   90.2         IM
b   Peter  Accounting   87.3         IM
c   Peter      Python   88.7         IM
d    Mary  Accounting   90.3         IM
e    Mary      Python   89.7         IM
f    John      Pyhton   92.3         IM
```

經由 Series 的運算後，再將它指定給某一欄位做為其值，如下所示：

```
In [21]: val = pd.Series(['BA', 'BA', 'Accounting'], index = ['d', 'e', 'f'])
In [22]: dataFrame2['Department'] = val

In [23]: dataFrame2
Out[23]:
  Student      Course  Score  Department
a   Peter    Calculus   90.2         NaN
b   Peter  Accounting   87.3         NaN
c   Peter      Python   88.7         NaN
d    Mary  Accounting   90.3          BA
e    Mary      Python   89.7          BA
f    John      Pyhton   92.3  Accounting

In [24]: dataFrame2['Status'] = 'Department' == 'BA'

In [25]: dataFrame2
Out[25]:
  Student      Course  Score  Department  Status
a   Peter    Calculus   90.2         NaN   False
b   Peter  Accounting   87.3         NaN   False
c   Peter      Python   88.7         NaN   False
d    Mary  Accounting   90.3          BA   False
e    Mary      Python   89.7          BA   False
f    John      Pyhton   92.3  Accounting   False

In [26]: dataFrame2['Status'] = dataFrame2.Department == 'BA'
```

```
In [27]: dataFrame2
Out[27]:
  Student      Course  Score  Department  Status
a   Peter    Calculus   90.2         NaN   False
b   Peter  Accounting   87.3         NaN   False
c   Peter      Python   88.7         NaN   False
d    Mary  Accounting   90.3          BA    True
e    Mary      Python   89.7          BA    True
f    John      Pyhton   92.3  Accounting   False
```

13.2.3 刪除一行和加入一行資料於二維陣列

可以利用下一方式加入一欄位於 DataFrame 中，如加入 Option 欄位於 dataFrame2 的二維陣列。

```
In [281]: dataFrame2['Option'] = 'None'

In [282]: dataFrame2
Out[282]:
  Student      Course  Score  Department  Status Option
a   Peter    Calculus   90.2         NaN   False   None
b   Peter  Accounting   87.3         NaN   False   None
c   Peter      Python   88.7         NaN   False   None
d    Mary  Accounting   90.3          BA    True   None
e    Mary      Python   89.7          BA    True   None
f    John      Pyhton   92.3  Accounting   False   None
```

可以利用 del 指令刪除某一欄位，如下刪除 dataFrame2 的 Option 欄位。

```
In [283]: del dataFrame2['Option']

In [284]: dataFrame2
Out[284]:
  Student      Course  Score  Department  Status
a   Peter    Calculus   90.2         NaN   False
b   Peter  Accounting   87.3         NaN   False
c   Peter      Python   88.7         NaN   False
d    Mary  Accounting   90.3          BA    True
e    Mary      Python   89.7          BA    True
f    John      Pyhton   92.3  Accounting   False
```

13.2.4 修改某一行資料

上述的 'Department' 欄位因為加入時只給後面三個索引，導致前三個索引的值為 NaN，此時可以利用下一敘述加以修改。

```
In [336]: dataFrame2['Department'] = (['IM', 'IM', 'IM', 'BA', 'BA', 'Accounting']
     ...: ])
     ...:
     ...:

In [337]: dataFrame2
Out[337]:
  Student      Course  Score  Department  Status
a   Peter    Calculus   90.2          IM   False
b   Peter  Accounting   87.3          IM   False
c   Peter      Python   88.7          IM   False
d    Mary  Accounting   90.3          BA    True
e    Mary      Python   89.7          BA    True
f    John      Pyhton   92.3  Accounting   False
```

13.2.5 刪除一列和加入一列資料於二維陣列

可以利用 drop 將某一索引(亦即某一列)刪除，如下所示：

```
In [351]: dataFrame2.drop(['e'])
Out[351]:
  Student      Course  Score  Department  Status
a   Peter    Calculus   90.2          IM   False
b   Peter  Accounting   87.3          IM   False
c   Peter      Python   88.7          IM   False
d    Mary  Accounting   90.3          BA    True
f    John      Pyhton   92.3  Accounting   False
```

若要加入一列可利用 loc 加以完成，如以下加入一索引 g，以及它所對應的資料。

```
In [366]:  dataFrame2.loc['g'] = ['Nancy', 'Pyhton', 87.9, 'IM', 'True' ]

In [367]: dataFrame2
Out[367]:
  Student      Course  Score  Department Status
a   Peter    Calculus   90.2          IM  False
b   Peter  Accounting   87.3          IM  False
c   Peter      Python   88.7          IM  False
d    Mary  Accounting   90.3          BA   True
e    Mary      Python   89.7          BA   True
f    John      Pyhton   92.3  Accounting  False
g   Nancy      Pyhton   87.9          IM   True
```

13.2.6 再論加入一行資料於二維陣列

上一述加入 'Option' 這一行時，全部的值皆是一樣的，我們可以使用 insert 來加入一行資料非常方便，如下所示：

```
In [369]:  dataFrame2.insert(1, 'ID', [103, 101, 102, 202, 201, 301, 104])

In [370]: dataFrame2
Out[370]:
  Student   ID      Course  Score  Department Status
a   Peter  103    Calculus   90.2          IM  False
b   Peter  101  Accounting   87.3          IM  False
c   Peter  102      Python   88.7          IM  False
d    Mary  202  Accounting   90.3          BA   True
e    Mary  201      Python   89.7          BA   True
f    John  301      Pyhton   92.3  Accounting  False
g   Nancy  104      Pyhton   87.9          IM   True
```

其中 insert 的第一個參數是二維陣列的索引，第二個參數是行的抬頭，第三個參數是此行的資料，記得要以串列表示之。所以上述 insert 的敘述是在索引 1 的地方，加入一行資料，此行的名稱是 ID，並分別將 103、101、102、202、201、301、104 加入此行。

13.2.7 排序與排名

接下來將討論排序(sorting)與排名(ranking)。首先，我們來討論一維串列的排序與排名。就先從排序說起。

■ 一維串列的排序與排名

```
In [374]: score = pd.Series([78, 88, 67, 56], index = ['d', 'b', 'a', 'c'])

In [375]: score
Out[375]:
d    78
b    88
a    67
c    56
dtype: int64
```

此時可以使用 sort_index() ，由小至大排序索引。

```
In [376]: score.sort_index()
Out[376]:
a    67
b    88
c    56
d    78
dtype: int64
```

由 Series 所產生一維陣列資料的 sort_values() 語法如下：

```
Series.sort_values(axis=0, ascending=True, inplace=False,
                   kind='quicksort', na_position='last')
```

我們以範例來加以說明：

```
In [377]: score.sort_values()
Out[377]:
c    56
a    67
d    78
b    88
dtype: int64
```

它是依據數值加以排序，注意，排序的順序是預設為由小至大，若要由大至小，則將 ascending 設為 False 即可，如下所示：

```
In [378]: score.sort_values(ascending = False)
Out[378]:
b    88
d    78
a    67
c    56
dtype: int64
```

接下來我們來討論排名(rank)。一維陣列的排名 Series.rank() 的語法如下：

```
Series.rank(axis=0, method='average', numeric_only=None,
            na_option='keep', ascending=True, pct=False)
```

此方法是用來排名(名次是從 1 開始)，在預設的 axis=0 表示以列來排名，method=average 是以平均值來排名的。Ascending=True 表示由小至大排名，若要由大至小排名，可以將其設為 False。最後的 pct 表示以百分比表示。請看以下的範例。

```
In [382]: num = pd.Series([6, -3, 8, 5, 2, 0, 7])

In [383]: num
Out[383]:
0    6
1   -3
2    8
3    5
4    2
5    0
6    7
dtype: int64

In [384]: num.rank()
Out[384]:
0    5.0
1    1.0
2    7.0
3    4.0
4    3.0
5    2.0
6    6.0
dtype: float64
```

由於排名是由小至大排名，若要由大至小排名，只要將 ascending 指定為 False 即可。如下所示：

```
In [386]: num.rank(ascending = False)
Out[386]:
0    3.0
1    7.0
2    1.0
3    4.0
4    5.0
5    6.0
6    2.0
dtype: float64
```

```
In [387]: num2 = pd.Series([6, -3, 6, 5, 2, 0, 5])

In [388]: num2
Out[388]:
0    6
1   -3
2    6
3    5
4    2
5    0
6    5
dtype: int64
```

若有相同資料時，在排名上是取名次的平均值，因為 method='average'。如下範例所示：

```
In [389]: num2.rank()
Out[390]:
0    6.5
1    1.0
2    6.5
3    4.5
4    3.0
5    2.0
6    4.5
dtype: float64
```

為什麼會有 4.5 呢？因為有兩個數為 5 是一樣，又處於排名為 4 和 5，所以以平均值 4.5 表示。同時也有兩個數為 6，其處於排名 6 和 7，取其平均數為 6.5。

在 rank() 中的 method 等於 average 外，還有 min、max、first，以及 dense。我們以範例來加以說明。

```
In [391]: num2.rank(method='min')
Out[391]:
0    6.0
1    1.0
2    6.0
```

```
3    4.0
4    3.0
5    2.0
6    4.0
dtype: float64
```

此範例的 method='min'，表示相同的資料之排名是以較小的值加以表示。因為索引 3 和 6 的值同為 5，分別處於排名 4 和 5，取較小值 4。同理，索引 0 和 2 的值同為 6，分別處於排名 6 和 7，取較小值 6。

```
In [392]: num2.rank(method='max')
Out[407]:
0    7.0
1    1.0
2    7.0
3    5.0
4    3.0
5    2.0
6    5.0
dtype: float64
```

此範例的 method='max'，表示相同的資料之排名是以較小的值加以表示。因為索引 3 和 6 的值同為 5，分別處於排名 4 和 5，取較大值 5。同理，索引 0 和 2 的值同為 6，分別處於排名 6 和 7，取較大值 7。

```
In [394]: num2.rank(method='first')
Out[394]:
0    6.0
1    1.0
2    7.0
3    4.0
4    3.0
5    2.0
6    5.0
dtype: float64
```

此範例的 method='first'，表示相同的資料之排名是以最先出現的數字排在前面。因為索引 3 和 6 的值同為 5，分別處於排名 4 和 5，以最先出現的排在前面，所以排名分別為 4 和 5。同理，索引 0 和 2 的值同為 6，分別處於排名 6 和 7，以最先出現的排在前面，所以排名分別為 6 和 7。

```
In [395]: num2.rank(method='dense')
Out[395]:
0    5.0
1    1.0
2    5.0
3    4.0
4    3.0
5    2.0
6    4.0
dtype: float64
```

此範例的 method='dense'，表示相同的資料之排名是以較小的值加以表示，之後的排名只加 1。因為索引 3 和 6 的值同為 5，其名次分別為 4 和 5，取較小值 4。同理，而索引 0 和 2 的值同為 6，由於 method 是 dense 所以其排名為 5。

```
In [410]: num2.rank(method='first', pct=True)
Out[410]:
0    0.857143
1    0.142857
2    1.000000
3    0.571429
4    0.428571
5    0.285714
6    0.714286
dtype: float64
```

此範例的 pct=True，表示以百分比表示。索引 1 的值最小，佔的比例是 1/7 相當於 0.142857。索引 5 的值排名為 2，其佔的比例是 2/7，其值為 0.285714，之後的排名以此類推。

■ 二維串列的排序與排名

以上是以 pd.Series 所產生的一維陣列資料，接下來我們來談談以 pd.DataFrame 所產生的二維陣列資料。

二維陣列的 sort_values() 的語法如下：

```
DataFrame.sort_values(by, axis=0, ascending=True, inplace=False,
                      kind='quicksort', na_position='last')
```

請看以下範例說明：

以 pd.DataFrame 產生一個二維陣列的資料，如下所示：

```
In [44]:  df = pd.DataFrame({
    ...:         'col1': ['A', 'B', np.nan, 'B', 'C', 'D'],
    ...:         'col2': [3, 2, 8, 9, 7, 6],
    ...:         'col3': [1, 9, 8, 5, 3, 6]
    ...:         })
    ...:
```

將其顯示來看看

```
In [45]: df
Out[45]:
  col1  col2  col3
0    A     3     1
1    B     2     9
2  NaN     8     8
3    B     9     5
4    C     7     3
5    D     6     6
```

現以第一欄位來排序，如下所示：

```
In [46]: df.sort_values(by=['col1'])
Out[46]:
  col1  col2  col3
0    A     3     1
1    B     2     9
3    B     9     5
4    C     7     3
5    D     6     6
2  NaN     8     8
```

現以第一欄位和第三欄位來排序，當第一欄位的值相同時，再以第三欄位做排序，如下所示：

```
In [47]: df.sort_values(by=['col1', 'col3'])
Out[47]:
  col1  col2  col3
0    A     3     1
3    B     9     5
1    B     2     9
4    C     7     3
5    D     6     6
2  NaN     8     8
```

以下是第一欄位來排序，其順序是由大至小，如下所示：

```
In [49]: df.sort_values(by=['col1'], ascending=False)
Out[49]:
  col1  col2  col3
5    D     6     6
4    C     7     3
1    B     2     9
3    B     9     5
0    A     3     1
2  NaN     8     8
```

以第 1 欄位由大至小排序，當有空的值(NaN)時，則排在最前面。

```
In [50]: df.sort_values(by=['col1'], ascending=False, na_position='first')
Out[50]:
  col1  col2  col3
2  NaN     8     8
5    D     6     6
4    C     7     3
1    B     2     9
3    B     9     5
0    A     3     1
```

若將 na_position 改以 'last'的話，則當有空的值(NaN)時，將會排在最後面。此為預設值。

by 後面的參數可以不用中括號，如下所示：

```
In [51]: df.sort_values(by='col2')
Out[51]:
  col1  col2  col3
1    B     2     9
0    A     3     1
5    D     6     6
4    C     7     3
2  NaN     8     8
3    B     9     5
```

至於二維陣列的排名，其 DataFrame.rank()的語法如下：

```
DataFrame.rank(axis=0, method='average', numeric_only=None,
               na_option='keep', ascending=True, pct=False)
```

其中 method 為 average，表示是以平均值方式加以排名，ascending 為 True 表示由小至大排序的。

```
In [59]: df
Out[59]:
  col1  col2  col3
0    A     3     1
1    B     2     9
2  NaN     8     8
3    B     9     5
4    C     7     3
5    D     6     6
```

二維陣列的排名是以列為主，如下所示：

```
In [60]: df.rank()
Out[60]:
   col1  col2  col3
0   1.0   2.0   1.0
1   2.5   1.0   6.0
2   NaN   5.0   5.0
3   2.5   6.0   3.0
4   4.0   4.0   2.0
5   5.0   3.0   4.0
```

若二維陣列的排名要以行為主，則必須將 axis 指定為 1，如下所示：

```
In [61]: df.rank(axis=1)
Out[61]:
   col2  col3
0   2.0   1.0
1   1.0   2.0
2   1.5   1.5
3   2.0   1.0
4   2.0   1.0
5   1.5   1.5
```

因為 col1 是字元，所以無法和 col2 col3 的數字做比較。因此不予以列出。

```
In [65]: df.rank(method='min')
Out[65]:
   col1  col2  col3
0   1.0   2.0   1.0
1   2.0   1.0   6.0
2   NaN   5.0   5.0
3   2.0   6.0   3.0
4   4.0   4.0   2.0
5   5.0   3.0   4.0
```

為了加深你的印象，讓我們再來看一個二維串列的排序和排名，如下所示：

```
In [91]: df2 = pd.DataFrame(np.random.randn(4, 3)*10,
    ...:                    index=['d', 'b', 'a', 'c'],
    ...:                    columns=['col1', 'col2', 'col3'])
    ...:
```

```
In [92]: df2
Out[92]:
       col1       col2       col3
d -4.241285  11.252081  14.120698
b -9.790599   7.551094 -18.570361
a  1.180222 -16.559794  -3.893792
c  7.628780  -2.911741  -7.657022
```

以索引來排序，

```
In [93]: df2.sort_index()
Out[93]:
       col1       col2       col3
a  1.180222 -16.559794  -3.893792
b -9.790599   7.551094 -18.570361
c  7.628780  -2.911741  -7.657022
d -4.241285  11.252081  14.120698
```

以 col1 的值來排序，

```
In [95]: df2.sort_values(by='col1')
Out[95]:
       col1       col2       col3
b -9.790599   7.551094 -18.570361
d -4.241285  11.252081  14.120698
a  1.180222 -16.559794  -3.893792
c  7.628780  -2.911741  -7.657022
```

以 col1 的值來排序，並且是由大至小排序

```
In [96]: df2.sort_values(by='col1', ascending=False)
Out[96]:
       col1       col2       col3
c  7.628780  -2.911741  -7.657022
a  1.180222 -16.559794  -3.893792
d -4.241285  11.252081  14.120698
b -9.790599   7.551094 -18.570361
```

以下是其排名

```
In [99]: df2
Out[99]:
       col1       col2       col3
d -4.241285  11.252081  14.120698
b -9.790599   7.551094 -18.570361
a  1.180222 -16.559794  -3.893792
c  7.628780  -2.911741  -7.657022

In [100]: df2.rank()
Out[100]:
   col1  col2  col3
d   2.0   4.0   4.0
b   1.0   3.0   1.0
a   3.0   1.0   3.0
c   4.0   2.0   2.0
```

由於 df2 中的資料沒有重複，所以就不需要 method 來輔助了。

13.2.8 資料空值的處理

以下將討論當串列中如何判斷是否為空值，請看以下的範例說明。

isnull()：判斷是否為空值

notnull()

fillna(method=’ffill’)

fillna(mthod=bfill)

dropna()

```
In [28]: numData = pd.Series([5.3, np.nan, 1, 8.3])

In [29]: numData
Out[29]:
0    5.3
1    NaN
2    1.0
3    8.3
dtype: float64

In [30]: numData.isnull()
Out[30]:
0    False
1     True
2    False
3    False
dtype: bool

In [31]: numData.notnull()
Out[31]:
0     True
1    False
2     True
3     True
dtype: bool

In [32]: numData[4] = np.nan

In [33]: numData[5] = 3.8

In [34]: numData
Out[34]:
0    5.3
1    NaN
2    1.0
3    8.3
4    NaN
5    3.8
dtype: float64

In [35]: numData.fillna(method='ffill')
Out[35]:
0    5.3
1    5.3
2    1.0
```

```
3    8.3
4    8.3
5    3.8
dtype: float64

In [36]: numData
Out[36]:
0    5.3
1    NaN
2    1.0
3    8.3
4    NaN
5    3.8
dtype: float64
In [37]: numData.fillna(method='bfill')
Out[37]:
0    5.3
1    1.0
2    1.0
3    8.3
4    3.8
5    3.8
dtype: float64

In [38]: numData.dropna()
Out[38]:
0    5.3
2    1.0
3    8.3
5    3.8
dtype: float64
```

接下來利用 pd.DataFrame 建立二維串列如下所示：

```
In [7]: n2Data = pd.DataFrame([[1.2, 3.4, 8.3], [5, np.nan, np.nan],
[np.nan, np.nan, np.nan], [np.nan, 9.3, 6.2]])

In [8]: n2Data
Out[8]:
     0    1    2
0  1.2  3.4  8.3
1  5.0  NaN  NaN
2  NaN  NaN  NaN
3  NaN  9.3  6.2
```

利用 dropna() 刪除串列中的空值，如下所示：

```
In [9]: cleanNull = n2Data.dropna()

In [10]: cleanNull
Out[10]:
     0    1    2
0  1.2  3.4  8.3
```

要注意的是原來的 n2Data 是不變的。還有一種是加入參數 how 為 all 字串時，則表示只刪除一列中全部為空值。如下所示：

```
In [12]: n2Data.dropna(how='all')
Out[12]:
     0    1    2
0  1.2  3.4  8.3
1  5.0  NaN  NaN
3  NaN  9.3  6.2
```

可以加入任何一行於二維串列中，如加入行名為 5，其資料皆為空值，則可利用下列敘述完成之。

```
In [13]: n2Data[5] = np.nan

In [14]: n2Data
Out[14]:
     0    1    2   5
0  1.2  3.4  8.3 NaN
1  5.0  NaN  NaN NaN
2  NaN  NaN  NaN NaN
3  NaN  9.3  6.2 NaN
```

若要將某一行的空值刪除，則在 dropna() 函式加上 axis=1 和 how='all' 即可。

```
In [15]: n2Data.dropna(axis=1, how='all')
Out[15]:
     0    1    2
0  1.2  3.4  8.3
1  5.0  NaN  NaN
2  NaN  NaN  NaN
3  NaN  9.3  6.2
```

利用 loc 可以加入一列的資料於二維串列中，如下所示：

```
In [22]: n2Data.loc[4] = [3.2, 6.1, 9.8, np.nan]

In [23]: n2Data
Out[23]:
     0    1    2   5
0  1.2  3.4  8.3 NaN
1  5.0  NaN  NaN NaN
2  NaN  NaN  NaN NaN
3  NaN  9.3  6.2 NaN
4  3.2  6.1  9.8 NaN
```

■ 以某一值取代空值

我們可將空值以 0 取代之。如下所示：

```
In [24]: n2Data.fillna(0)
Out[24]:
     0    1    2    5
0  1.2  3.4  8.3  0.0
1  5.0  0.0  0.0  0.0
2  0.0  0.0  0.0  0.0
3  0.0  9.3  6.2  0.0
4  3.2  6.1  9.8  0.0
```

要注意的是，n2Data 是不會變的，若要儲存上述的資料可以將它指定給另一名稱，如下敘述的 nullRepZero：

```
In [32]: nullRepZero = n2Data.fillna(0)

In [33]: nullRepZero
Out[33]:
     0    1    2    5
0  1.2  3.4  8.3  0.0
1  5.0  0.0  0.0  0.0
2  0.0  0.0  0.0  0.0
3  0.0  9.3  6.2  0.0
4  3.2  6.1  9.8  0.0
```

我們可以指定要取代空值的行名，如下所示：

```
In [38]: n2Data.fillna({1:0.3, 2:0.8, 5:0.02})
Out[38]:
     0    1    2     5
0  1.2  3.4  8.3  0.02
1  5.0  0.3  0.8  0.02
2  NaN  0.3  0.8  0.02
3  NaN  9.3  6.2  0.02
4  3.2  6.1  9.8  0.02
```

上述將行名為 1 的空值以 0.3 取代，行名為 2 的空值以 0.8 取代，而行名為 5 的空值以 0.08 取代之。

若要將 n2Data 的值加以改變，則可加入 inplace=True 的參數，如下所示：

```
In [43]: _ = n2Data.fillna(0, inplace=True)

In [44]: n2Data
Out[44]:
     0    1    2    5
0  1.2  3.4  8.3  0.0
1  5.0  0.0  0.0  0.0
2  0.0  0.0  0.0  0.0
3  0.0  9.3  6.2  0.0
4  3.2  6.1  9.8  0.0
```

我們再來產生一個新的二維串列，如下所示：

```
In [45]: df = pd.DataFrame(np.random.rand(5, 4))

In [46]: df
Out[46]:
          0         1         2         3
0  0.806474  0.129496  0.082427  0.522695
1  0.404781  0.272770  0.534893  0.726810
2  0.139045  0.269495  0.682258  0.801127
3  0.438570  0.740315  0.805766  0.251131
4  0.740016  0.211896  0.485216  0.484587
```

接下來將第 3 列開始到最後一列的第 3 行指定為空值，並將 4 列到最後一列的第 4 行指定為空值。如下所示：

```
In [47]: df.loc[2:, 2] = np.nan

In [48]: df.loc[3:, 3] = np.nan

In [49]: df
Out[49]:
          0         1         2         3
0  0.806474  0.129496  0.082427  0.522695
1  0.404781  0.272770  0.534893  0.726810
2  0.139045  0.269495       NaN  0.801127
3  0.438570  0.740315       NaN       NaN
4  0.740016  0.211896       NaN       NaN
```

在 fillna 的函式中，加入 method 的參數，若是 ffill，則表示以空值的前一個非空值取代之。如下範例所示：

```
In [50]: df.fillna(method='ffill')
Out[50]:
          0         1         2         3
0  0.806474  0.129496  0.082427  0.522695
1  0.404781  0.272770  0.534893  0.726810
2  0.139045  0.269495  0.534893  0.801127
3  0.438570  0.740315  0.534893  0.801127
4  0.740016  0.211896  0.534893  0.801127
```

若是 bfill，則表示以空值的後一個非空值取代之。先將原來的二維串列加入一列，如下所示：

```
In [53]: df.loc[5] = [0.2, 0.2, 0.2, 0.2]

In [54]: df
Out[54]:
          0         1         2         3
0  0.806474  0.129496  0.082427  0.522695
1  0.404781  0.272770  0.534893  0.726810
2  0.139045  0.269495       NaN  0.801127
3  0.438570  0.740315       NaN       NaN
```

```
4  0.740016  0.211896       NaN       NaN
5  0.200000  0.200000  0.200000  0.200000
```

再以 method 為 bfill 取代空值，如下所示：

```
In [55]: df.fillna(method='bfill')
Out[55]:
          0         1         2         3
0  0.806474  0.129496  0.082427  0.522695
1  0.404781  0.272770  0.534893  0.726810
2  0.139045  0.269495  0.200000  0.801127
3  0.438570  0.740315  0.200000  0.200000
4  0.740016  0.211896  0.200000  0.200000
5  0.200000  0.200000  0.200000  0.200000
```

此時空值被 0.2 取代了。

也可以直接利用參數 value 所給定的值來取代空值，如下所示：

```
In [56]: df.fillna(value=9.9)
Out[56]:
          0         1         2         3
0  0.806474  0.129496  0.082427  0.522695
1  0.404781  0.272770  0.534893  0.726810
2  0.139045  0.269495  9.900000  0.801127
3  0.438570  0.740315  9.900000  9.900000
4  0.740016  0.211896  9.900000  9.900000
5  0.200000  0.200000  0.200000  0.200000
```

以上敘述以 9.9 取代空值。

■ 以某一值取代某一值

我們將以 replace 函式將某一值取代某一值，如有一維串列資料如下：

```
In [59]: sData = pd.Series([1.2, 2.8, -100, -200, 3.6, -100])

In [60]: sData
Out[60]:
0      1.2
1      2.8
2   -100.0
3   -200.0
4      3.6
5   -100.0
dtype: float64
```

將 -100 以 np.nan 取代，如下所示：

```
In [61]: sData.replace(-100, np.nan)
Out[61]:
0      1.2
1      2.8
2      NaN
3   -200.0
```

```
4       3.6
5       NaN
dtype: float64
```

將 -100 和 -200 以 np.nan 取代，如下所示：

```
In [62]: sData.replace([-100, -200], np.nan)
Out[62]:
0    1.2
1    2.8
2    NaN
3    NaN
4    3.6
5    NaN
dtype: float64
```

分別以 8.8 和 9.9 分別取代 -100 和 -200，如下所示：

```
In [63]: sData.replace({-100:8.8, -200:9.9})
Out[63]:
0    1.2
1    2.8
2    8.8
3    9.9
4    3.6
5    8.8
dtype: float64
```

13.3 範例集錦

1. 有一資料集如下：

```
37, 24, 6, 51, 83, 28, 51, 58, 82, 95,
8, 43, 86, 78, 71, 82, 58, 10, 15, 56,
4, 75, 6, 95, 23, 79, 90, 35, 72, 25,
50, 29, 44, 67, 67, 61, 40, 44, 13, 59,
60, 67, 93, 69, 71, 8, 76, 81, 17, 72,
83, 6, 42, 53, 98, 6, 90, 4, 59, 87,
28, 17, 28, 46, 40, 53, 70, 49, 55, 41,
74, 57, 31, 55, 5, 65, 44, 98, 36, 4
```

請將上述資料集轉換成 numpy 陣列，並輸出以下需求(數值需四捨五入至小數點後兩位數)：

- 資料集型態
- 平均數
- 中位數

- 標準差
- 變異數
- 極差值

範例程式：Numpy_1.py

```
01  import numpy as np
02
03  data = [37, 24, 6, 51, 83, 28, 51, 58, 82, 95,
04          8, 43, 86, 78, 71, 82, 58, 10, 15, 56,
05          4, 75, 6, 95, 23, 79, 90, 35, 72, 25,
06          50, 29, 44, 67, 67, 61, 40, 44, 13, 59,
07          60, 67, 93, 69, 71, 8, 76, 81, 17, 72,
08          83, 6, 42, 53, 98, 6, 90, 4, 59, 87,
09          28, 17, 28, 46, 40, 53, 70, 49, 55, 41,
10          74, 57, 31, 55, 5, 65, 44, 98, 36, 4]
11
12  data = np.array(data)
13
14  print('資料型態：%s' % type(data))
15  print('平均值：%.2f' % np.mean(data))
16  print('中位數：%.2f' % np.median(data))
17  print('標準差：%.2f' % np.std(data))
18  print('變異數：%.2f' % np.var(data))
19  print('極差值：%.2f' % np.ptp(data))
```

輸出結果

```
資料型態：<class 'numpy.ndarray'>
平均值：50.48
中位數：53.00
標準差：27.57
變異數：760.27
極差值：94.00
```

2. 請利用 numpy 模組以範圍 1~50 的隨機亂數產生一個 3x4 的矩陣和一個 4x5 的矩陣，並實作以下需求：

   - 顯示矩陣 1 和矩陣 2
   - 輸出矩陣 1 每一列的最大值
   - 輸出矩陣 1 第二列小於 30 的個數
   - 輸出矩陣 2 每一欄的最大值
   - 輸出矩陣 2 第 2 欄小於 30 的個數
   - 輸出矩陣 1 第一列和矩陣 2 第一列的聯集結果
   - 輸出矩陣 1 和矩陣 2 相乘的結果

範例程式：Numpy_2.py

```
01  import numpy as np
02  
03  matrix1 = np.random.randint(1, 51, 12).reshape(3, 4)
04  matrix2 = np.random.randint(1, 51, 20).reshape(4, 5)
05  
06  #顯示matrix1
07  print('matrix1: \n%s' % matrix1)
08  
09  #顯示matrix2
10  print('\nmatrix2: \n%s' % matrix2)
11  
12  #顯示matrix1 每一列的最大值
13  print('\nmatrix1 每一列的最大值：%s' % np.amax(matrix1, axis=1))
14  
15  #輸出matrix1 第2 列小於30 的個數
16  print("\nmatrix1 第2 列小於30 的個數：%d" % np.sum(matrix1[2, :] < 30))
17  
18  #顯示matrix2 每一欄的最大值
19  print('\nmatrix2 每一欄的最大值：%s' % np.amax(matrix2, axis=0))
20  
21  #輸出matrix2 第2 欄小於30 的個數
22  print("\nmatrix2 第2 欄小於30 的個數：%d" % np.sum(matrix2[:, 2] < 30))
23  
24  #輸出matrix1 第一列和matrix2 第一列的聯集結果
```

```
25  print('\nmatrix1 第一列和 matrix2 第一列的聯集結果：%s' % np.union1d(matrix1
26  [0,:], matrix2[0,:]))
27
28  #輸出 matrix1*matrix2 的結果
29  print('\nmatrix1 * matrix2: \n%s' % np.dot(matrix1, matrix2))
```

輸出結果

```
matrix1:
[[32  7 33 42]
 [10 15 49 45]
 [14  5 28 41]]

matrix2:
[[27 39 18 20 39]
 [ 9 16 27 42 45]

 [10 36 39 13 44]
 [35 44  6 40  6]]

matrix1每一列的最大值：[42 49 41]

matrix1第2列小於30的個數：3

matrix2每一欄的最大值：[35 44 39 42 45]

matrix1第一列和matrix2第一列的聯集結果：[ 7 18 20 27 32 33 39 42]

matrix2第2欄小於30的個數：3

matrix1 * matrix2:
[[2727 4396 2304 3043 3267]
 [2470 4374 2766 3267 3491]
 [2138 3438 1725 2494 2249]]
```

3. 請利用 numpy 模組產生一個從 1 到 200 之間偶數的 10x10 矩陣，和一個從 1 到 200 之間奇數的 10x10 矩陣，將此兩矩陣的偶數列進行交換。

範例程式：Numpy_3.py

```
01  import numpy as np
02  #建立一個 1 到 200 之間偶數的 10x10 矩陣
03  a = np.arange(2, 201, 2).reshape(10, 10)
04  #建立一個 1 到 200 之間奇數的 10x10 矩陣
05  b = np.arange(1, 200, 2).reshape(10, 10)
06  print('交換前：')
07  print('a:')
```

```
08  print(a)
09  print('b:')
10  print(b)
11
12  print()
13
14  #將兩個矩陣的偶數列作交換
15  a[range(1, 10, 2)], b[range(1, 10, 2)] = b[range(1, 10, 2)], a[range(1, 10, 2)]
16  print('交換後：')
17  print('a:')
18  print(a)
19  print('b:')
20  print(b)
```

輸出結果

交換前：

```
a:
[[  2   4   6   8  10  12  14  16  18  20]
 [ 22  24  26  28  30  32  34  36  38  40]
 [ 42  44  46  48  50  52  54  56  58  60]
 [ 62  64  66  68  70  72  74  76  78  80]
 [ 82  84  86  88  90  92  94  96  98 100]
 [102 104 106 108 110 112 114 116 118 120]
 [122 124 126 128 130 132 134 136 138 140]
 [142 144 146 148 150 152 154 156 158 160]
 [162 164 166 168 170 172 174 176 178 180]
 [182 184 186 188 190 192 194 196 198 200]]

b:
[[  1   3   5   7   9  11  13  15  17  19]
 [ 21  23  25  27  29  31  33  35  37  39]
 [ 41  43  45  47  49  51  53  55  57  59]
 [ 61  63  65  67  69  71  73  75  77  79]
 [ 81  83  85  87  89  91  93  95  97  99]
 [101 103 105 107 109 111 113 115 117 119]
 [121 123 125 127 129 131 133 135 137 139]
 [141 143 145 147 149 151 153 155 157 159]
 [161 163 165 167 169 171 173 175 177 179]
 [181 183 185 187 189 191 193 195 197 199]]
```

交換後：

```
a:
 [[  2   4   6   8  10  12  14  16  18  20]
  [ 21  23  25  27  29  31  33  35  37  39]
  [ 42  44  46  48  50  52  54  56  58  60]
  [ 61  63  65  67  69  71  73  75  77  79]
  [ 82  84  86  88  90  92  94  96  98 100]
  [101 103 105 107 109 111 113 115 117 119]
  [122 124 126 128 130 132 134 136 138 140]
  [141 143 145 147 149 151 153 155 157 159]
  [162 164 166 168 170 172 174 176 178 180]
  [181 183 185 187 189 191 193 195 197 199]]

b:
 [[  1   3   5   7   9  11  13  15  17  19]
  [ 22  24  26  28  30  32  34  36  38  40]
  [ 41  43  45  47  49  51  53  55  57  59]
  [ 62  64  66  68  70  72  74  76  78  80]
  [ 81  83  85  87  89  91  93  95  97  99]
  [102 104 106 108 110 112 114 116 118 120]
  [121 123 125 127 129 131 133 135 137 139]
  [142 144 146 148 150 152 154 156 158 160]
  [161 163 165 167 169 171 173 175 177 179]
  [182 184 186 188 190 192 194 196 198 200]]
```

4. 請利用 numpy 模組產生一個 1~50 之間奇數 5x5 矩陣和一個 1~50 之間偶數 5x5 矩陣，將此兩個矩陣作垂直堆疊和水平堆疊並顯示結果。

範例程式：Numpy_4.py

```
01  import numpy as np
02  
03  #產生 1~50 之間奇數 5x5 矩陣
04  a = np.arange(1, 51, 2).reshape(5, -1)
05  #產生 1~50 之間偶數 5x5 矩陣
06  b = np.arange(2, 51, 2).reshape(5, -1)
07  
08  #將矩陣 a 和矩陣 b 作垂直堆疊
09  v_stack = np.concatenate([a, b], axis=0)
10  #將矩陣 a 和矩陣 b 作水平堆疊
11  h_stack = np.concatenate([a, b], axis=1)
12  
13  #顯示結果
14  print('垂直堆疊：\n', v_stack)
```

```
15  print()
16  print('水平堆疊：\n', h_stack)
```

輸出結果

垂直堆疊：

```
[[ 1  3  5  7  9]
 [11 13 15 17 19]
 [21 23 25 27 29]
 [31 33 35 37 39]
 [41 43 45 47 49]
 [ 2  4  6  8 10]
 [12 14 16 18 20]
 [22 24 26 28 30]
 [32 34 36 38 40]
 [42 44 46 48 50]]
```

水平堆疊：

```
[[ 1  3  5  7  9  2  4  6  8 10]
 [11 13 15 17 19 12 14 16 18 20]
 [21 23 25 27 29 22 24 26 28 30]
 [31 33 35 37 39 32 34 36 38 40]
 [41 43 45 47 49 42 44 46 48 50]]
```

程式解析

此程式執行後的 a 矩陣為：

```
[[ 1  3  5  7  9]
 [11 13 15 17 19]
 [21 23 25 27 29]
 [31 33 35 37 39]
 [41 43 45 47 49]]
```

b 矩陣為：

```
[[ 2  4  6  8 10]
 [12 14 16 18 20]
 [22 24 26 28 30]
 [32 34 36 38 40]
 [42 44 46 48 50]]
```

5. 有三個陣列如下：

```
a = [30, 65, 21, 90, 27, 43, 67, 60, 87, 72]
b = [52, 91, 38, 22, 27, 60]
c = [5, 15, 25, 35, 45, 55, 65, 75, 85, 95]
```

利用 numpy 模組實作以下要求：

- a 交集 b
- a 差集 c
- a 聯集 b

範例程式：Numpy_5.py

```
01  import numpy as np
02  
03  a = np.array([30, 65, 21, 90, 27, \
04              43, 67, 60, 87, 72])
05  
06  b = np.array([52, 91, 38, 22, 27, 60])
07  
08  c = np.arange(5, 96, 10)
09  
10  #集合a 和b 交集
11  intersection = np.intersect1d(a, b)
12  
13  #集合a 和c 差集
14  difference = np.setdiff1d(a, c)
15  
16  #集合a 和b 聯集
17  union = np.union1d(a, b)
18  
19  print("交集結果：", intersection)
20  print("差集結果：", difference)
21  print("聯集結果：", union)
```

輸出結果

```
交集結果： [27 60]
差集結果： [21 27 30 43 60 67 72 87 90]
聯集結果： [21 22 27 30 38 43 52 60 65 67 72 87 90 91]
```

程式解析

此程式執行後的

a 陣列為

```
[30 65 21 90 27 43 67 60 87 72]
```

b 陣列為

```
[52 91 38 22 27 60]
```

c 陣列為

```
[ 5 15 25 35 45 55 65 75 85 95]
```

6. 請利用 Pandas 套件讀取 file1.csv 並轉換成 DataFrame 型態，再完成以下要求：
   - 改變索引為從 1 開始並顯示結果
   - 顯示前兩筆記錄
   - 輸出 "白醋" 的進貨記錄
   - 計算各單位商品數量並輸出
   - 根據進貨日期從小到大排序並輸出結果

file1.csv 的檔案內容如下：

商品名稱	進貨日期	數量	單位
鹽巴	5/2/18	15	公斤
白醋	5/2/18	10	公升
醬油	5/9/18	15	公升
胡椒粉	5/10/18	12	包
辣椒粉	4/30/18	8	包

範例程式：Pandas_1.py

```
01  import pandas as pd
02  import numpy as np
03  
04  df = pd.read_csv('file1.csv')
05  
06  #改變索引為從1 開始並顯示結果
07  df = df.set_index(np.arange(1, len(df)+1))
08  print(df)
09  
10  #將進貨日期由字串形式轉換為數值形式
11  df['進貨日期'] = pd.to_datetime(df['進貨日期'], format='%Y/%m/%d')
12  
13  #顯示前兩筆記錄
```

```
14  print('\n 前兩筆記錄：\n%s' %df[:2])
15
16  #獲取"白醋"的進貨記錄
17  print('\n"白醋"的進貨記錄：\n%s' %df[df['商品名稱'] == '白醋'])
18
19  #計算各單位商品數量
20  print("\n 各單位商品數量：\n%s" %df.groupby('單位')['商品名稱'].count())
21
22  #根據進貨日期從小到大排序
23  print('\n 根據進貨日期從小到大排序：\n%s' % df.sort_values(by='進貨日期'))
```

輸出結果

```
  商品名稱       進貨日期  數量  單位
1     鹽巴   2018/5/2  15  公斤
2     白醋   2018/5/2  10  公升
3     醬油   2018/5/9  15  公升
4   胡椒粉  2018/5/10  12   包
5   辣椒粉  2018/4/30   8   包

前兩筆記錄：
  商品名稱       進貨日期  數量  單位
1     鹽巴 2018-05-02  15  公斤
2     白醋 2018-05-02  10  公升

"白醋"的進貨記錄：
  商品名稱       進貨日期  數量  單位
2     白醋 2018-05-02  10  公升

各單位商品數量：
單位
公升    2
公斤    1
包     2
Name: 商品名稱, dtype: int64

根據進貨日期從小到大排序：
  商品名稱       進貨日期  數量  單位
5   辣椒粉 2018-04-30   8   包
1     鹽巴 2018-05-02  15  公斤
2     白醋 2018-05-02  10  公升
3     醬油 2018-05-09  15  公升
4   胡椒粉 2018-05-10  12   包
```

7. 商品名稱和存貨量資料如下：

```
products = ['iPhone', 'Samsung', 'Sony', 'Huawei', 'HTC', 'Oppo']
inventory = [1000, 1200, 1300, 800, 700, 850]
```

請利用 Pandas 套件建立一 DataFrame 呈現上方資料，再完成以下要求：

- 將 iPhone 的存貨加 50
- 輸出存貨最多的商品
- 將資料根據存貨量從大到小排序
- 輸出存貨量少於 1000 的商品

範例程式：Pandas_2.py

```
01  import pandas as pd
02  #商品名稱
03  products = ['iPhone', 'Samsung', 'Sony', 'Huawei', 'HTC', 'Oppo']
04  #存貨量
05  inventory = [1000, 1200, 1300, 800, 700, 850]
06  #建立詞典
07  data = {'商品名稱': products, '存貨': inventory}
08  #建立DataFrame，以data 的keys 作為欄位名稱
09  df = pd.DataFrame(data, columns=data.keys())
10
11  #將iPhone 的存貨加50
12  df.loc[0, '存貨'] += 50
13  #輸出存貨最多的商品
14  print('存貨最多的商品： \n%s' % df[df['存貨'] == df['存貨'].max()])
15  #將資料根據存貨量從大到小排序
16  print('\n 根據存貨量從大到小排序： \n%s' % df.sort_values(by='存貨', ascending=False))
17  #輸出存貨量少於1000 的商品
18  print('\n 存貨量少於1000 的商品： \n%s' % df[df['存貨'] < 1000])
```

輸出結果

```
存貨最多的商品：
   商品名稱    存貨
2  Sony   1300
```

```
根據存貨量從大到小排序：
      商品名稱    存貨
2      Sony  1300
1   Samsung  1200
0    iPhone  1050
5      Oppo   850
3    Huawei   800
4       HTC   700

存貨量少於1000的商品：
     商品名稱    存貨
3  Huawei  800
4     HTC  700
5    Oppo  850
```

8. 建立一個學生資料名單如下：

```
names = ['Cathy', 'Daisy', 'Bonnie', 'Vicky', 'Mary']
scores = [84, 98, 92, 80, 75]
```

請列出：

- 原始資料
- 資料根據名字從小到大排序
- 資料根據分數從大到小排序
- 分數高於 90 分的學生

範例程式：Pandas_3.py

```
01  import pandas as pd
02  #建立名單--學生名字
03  names = ['Cathy', 'Daisy', 'Bonnie', 'Vicky', 'Mary']
04  #建立名單--學生分數
05  scores = [84, 98, 92, 80, 75]
06  #建立字典
07  data = {'Name': names, 'Score': scores}
08
09  #建立pandas 的DataFrame 資料結構
10  df = pd.DataFrame(data)
11  print('原始資料：')
12  print(df)
13  print()
```

```
14
15  #將資料根據名字從小到大排序
16  df = df.sort_values(by='Name')
17  print('將資料根據名字從小到大排序：')
18  print(df)
19  print()
20
21  #將資料根據分數從大到小排序
22  df = df.sort_values(by='Score', ascending=False)
23  print('將資料根據分數從大到小排序：')
24  print(df)
25  print()
26
27  #列出分數高於 90 分的學生
28  greater90 = df[df['Score'] > 90]
29  print('列出分數高於 90 分的學生：')
30  print(greater90)
```

輸出結果

```
原始資料：
     Name  Score
0   Cathy     84
1   Daisy     98
2  Bonnie     92
3   Vicky     80
4    Mary     75

將資料根據名字從小到大排序：
     Name  Score
2  Bonnie     92
0   Cathy     84
1   Daisy     98
4    Mary     75
3   Vicky     80

將資料根據分數從大到小排序：
     Name  Score
1   Daisy     98
2  Bonnie     92
0   Cathy     84
3   Vicky     80
4    Mary     75

列出分數高於90分的學生：
     Name  Score
1   Daisy     98
2  Bonnie     92
```

9. 有一資料集如下：

```
{
   "Name" : ['Ron', 'Jerry', 'Nick', 'Andy', 'Masour'],
   "Height" : [173, 175, 173, 178, 174],
   "Weight" : [60, 95, 70, 55, 58]
}
```

請給上述資料建立 Pandas 套件的 DataFrame，給資料加入 BMI 指數(四捨五入至兩位數)和 BMI 狀態，最後輸出原始資料、新增資料欄位後的資料和 BMI 狀態為 "肥胖" 者。

- BMI 計算公式：重量 (kg) / 身高 ^{2} (m)
- BMI 指數標準：BMI＜18.5 為過輕，18.5≦BMI＜24 為正常體重，24≦BMI＜27 為過重，BMI≧27 即為肥胖。

範例程式：Pandas_4.py

```
01  import pandas as pd
02
03  bmi_data = {
04              "Name" : ['Ron', 'Jerry', 'Nick', 'Andy', 'Masour'],
05              "Height" : [173, 175, 173, 178, 174],
06              "Weight" : [60, 95, 70, 55, 58]
07             }
08
09  df = pd.DataFrame(bmi_data, columns=bmi_data.keys())
10  print('原始資料：\n', df)
11  print()
12
13  #給每一筆原始資料計算BMI
14  BMI = (df['Weight'] / (df['Height']/100)**2).map('{:,.2f}'.format)
15  #獲得每一筆BMI 狀態
16  state = []
17  for bmi in BMI.values:
18      bmi = eval(bmi)
19      if bmi < 18.5:
20          state.append('過輕')
21      elif 18.5 <= bmi < 24:
22          state.append('正常')
```

```
23        elif 24 <= bmi < 27:
24            state.append('過重')
25        else:
26            state.append('肥胖')
27    BMI_with_state = {'BMI' : BMI, 'State' : state}
28    BMI_df = pd.DataFrame(BMI_with_state, columns=BMI_with_state.keys())
29
30    #將BMI 資料加入原始資料
31    df = df.join(BMI_df)
32
33    print('加入 BMI 後：\n', df)
34    print()
35
36    print('肥胖者：\n', df[df['State'] == '肥胖'])
```

輸出結果

```
原始資料：
     Name  Height  Weight
0     Ron     173      60
1   Jerry     175      95
2    Nick     173      70
3    Andy     178      55
4  Masour     174      58

加入BMI後：
     Name  Height  Weight    BMI State
0     Ron     173      60  20.05    正常
1   Jerry     175      95  31.02    肥胖
2    Nick     173      70  23.39    正常
3    Andy     178      55  17.36    過輕
4  Masour     174      58  19.16    正常

肥胖者：
    Name  Height  Weight    BMI State
1  Jerry     175      95  31.02    肥胖
```

10. 有一資料集如下：

```
data = {
        "水果名稱" : ['蘋果', '香蕉', '芭樂', '榴蓮', '草莓'],
        "存貨" : [22, 15, 33, 0, 36],
        "單位" : ['箱', '把' , '箱', '箱', '盒']
      }
```

請以 Pandas 套件建立上述資料的 DataFrame，並輸出以下要求：

- 原始資料
- 根據庫存從大到小排序後的結果
- 單位為“箱”且庫存<=20 的水果資料

範例程式：Pandas_5.py

```
01  import pandas as pd
02  import numpy as np
03
04  data = {
05          "水果名稱" : ['蘋果', '香蕉', '芭樂', '榴蓮', '草莓'],
06          "存貨" : [22, 15, 33, 0, 36],
07          "單位" : ['箱', '把' , '箱', '箱', '盒']
08          }
09
10  df = pd.DataFrame(data, columns=data.keys(),
11                    index=np.arange(1, len(data['水果名稱'])+1))
12  print('原始資料：\n', df)
13  print()
14
15  #根據庫存量從大到小排序
16  df = df.sort_values(by='存貨', ascending=False)
17  print('根據庫存量排序後結果：\n', df)
18  print()
19
20  #單位為箱且庫存<=20 的水果資料
21  print('單位為箱的水果資料：\n', df[(df['單位']=='箱') & (df['存貨']<=20)])
```

輸出結果

```
原始資料：
   水果名稱  存貨  單位
1   蘋果   22   箱
2   香蕉   15   把
3   芭樂   33   箱
4   榴蓮    0   箱
5   草莓   36   盒
```

```
根據庫存量排序後結果：
   水果名稱  存貨  單位
5   草莓   36   盒
3   芭樂   33   箱
1   蘋果   22   箱
2   香蕉   15   把
4   榴蓮    0   箱

單位為箱的水果資料：
   水果名稱  存貨  單位
4   榴蓮    0   箱
```

13.4 本章習題

1. numpy 應用：產生一個從 1 到 9 的 3x3 矩陣和一個從 9 到 1 的 3x3 矩陣，將此兩矩陣相乘並顯示結果。
2. numpy 應用：產生一個從 1 到 200 之間偶數的 10x10 矩陣和一個從 1 到 200 之間奇數的 10x10 矩陣，將此兩矩陣相互交換。
3. pandas 應用：建立一個學生資料名單如下：

   ```
   names = ['Nancy', 'Daisy', 'Bonnie', 'Vicky', 'John']
   scores = [84, 98, 92, 82, 78]
   ```

   請列出：

   - 原始資料
   - 資料根據名字從小到大排序
   - 資料根據分數從大到小排序
   - 分數高於 90 分的學生
4. pandas 應用：使用 pydataset 裡面的 "Titanic" 資料集，輸出以下要求：
   - 去掉 Class 欄位和 Freq 欄位
   - 將 "Sex"、"Age" 和 "Survived" 分別改為 "性別"、"年齡" 和 "是否存活"
   - 存活的男性

   （提示：記得利用 pip install pydataset 安裝 pydataset）

14 CHAPTER

資料視覺化

有了資料後，你一定想要將它視覺化，哈哈，Python 有太多的視覺化工具可用，不過本章將以 matplotlib 套件(package)為主軸，由於篇幅有限，有興趣的讀者可參閱 http://matplotlib.sourceforge.net。

Matplotlib 套件在 2002 年由 John Hunter 所執行的專案，它可在 Python 上運作像 MATLAB 的繪圖功能。目前 matplotlib 和 IPython notebook 已緊密結合在一起，因此本章的繪圖你可以在 IPython notebook 下執行。

以下是 matplotlib.pyplot 套件常用方法的概要說明，如表 14-1 所示：

```
import matplotlib.pyplot as plt # 載入 matplotlib.pyplot 套件並縮寫為 plt
```

表 14-1　matplotlib.pyplot 套件常用方法的概要說明

方法	說明
plt.title('圖的名稱')	設定圖的名稱。
plt.xlable('x 軸名稱')	設定 x 軸的名稱。
plt.ylable('y 軸名稱')	設定 y 軸的名稱。
plt.plot(x_value, y_value, '-o', linewidth=3)	繪出折線圖。數據資料型態可為 numpy 陣列、Python 串列、pandas 的 DataFrame、……等等。 x_value 和 y_value 分別為 x 軸座標集合和 y 軸座標集合。 指定參數 '-o' 繪出點與線。 參數 lw 指定線的寬度。

方法	說明
`plt.bar(x_value, y_value, width=2)`	繪出長條圖。 x_value 和 y_value 分別為 x 軸座標集合和 y 軸座標集合。 width=2 設定條狀寬度為 2.
`plt.scatter(x_value, y_value, s=50, marker='o', c=color, alpha=0.7)`	繪出散佈圖。 x_value 和 y_value 分別為 x 軸座標集合和 y 軸座標集合。 s=50 設定點大小為 50，marker='0' 設定點樣式為正三角形，c=color 設定點顏色，alpha=0.7 設定點的透明度。
`plt.hist(data, bins, color='orange', alpha=0.5)`	繪出直方圖。 data 是要繪出的資料集，bins 是方盒的數量兼寬度(通常為資料範圍的等差級數)。 color='orange' 設定方盒顏色為橘色，alpha=0.5 設定方盒透明度為 0.5。

`plt.pie([0.6, 0.4],`
`labels=['數學', '文學'],`
`explode=[0.1, 0],`
`colors=['red', 'yellow'],`
`autopct='%.1f%%',`
`startangle=90)`
	繪出圓形圖。
	[0.6, 0.4]為資料集，labels 設定每一區塊的標籤名稱，explode 設定各區塊的突顯度，colors 設定各區塊的顏色，autopct 設定數據顯示格式，startangle 設定起始角度。

`plt.subplot(231)`	代表以下所畫的要畫在多張圖中指定的位置。 231：2 代表上下總共有 2 張圖，3 代表左右總共有 3 張圖，1 代表本圖要畫在 2*3 張圖中的第 1 個位置(位置從 1 開始)。
`plt.xticks(range)`	設定 x 軸範圍、刻度。
`plt.yticks(range)`	設定 y 軸範圍、刻度。
`plt.savefig('picture_name.png')`	儲存圖檔。
`plt.show()`	顯示圖。

因為你要用 matplotlib 套件所提供的 pyplot 模組來繪圖，所以必須將它載入，如下所示：

```
import matplotlib.pyplot as plt
```

同時也會用及 numpy 套件，所以也必須將它載入，如下所示：

```
import numpy as py
```

matplotlib.pyplot 的套件中用以資料視覺化的圖形計有折線圖、長條圖、散佈圖、直方圖，以及圓餅圖。以下我們將以範例來說明這些圖形的用法。以下範例程式是在 jupyter notebook 下執行的。

14.1 折線圖(line chart)

```
In [21]: import matplotlib.pyplot as plt
         import numpy as np
         rdata = np.random.randn(20)
         plt.plot(rdata)

Out[21]: [<matplotlib.lines.Line2D at 0x11b87b588>]
```

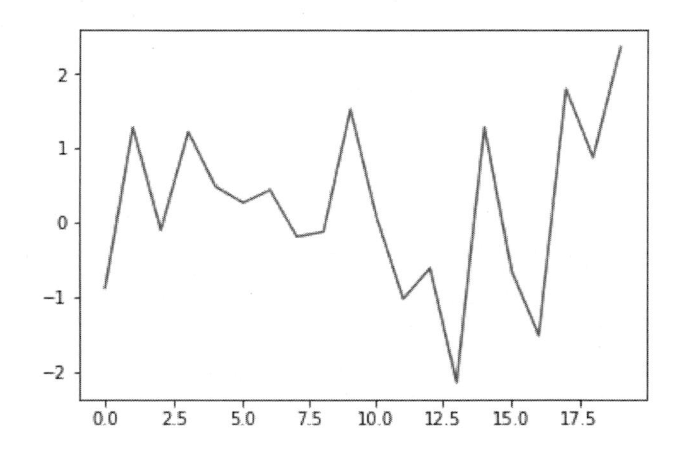

程式利用 np.random.randn(20) 產生 20 個亂數，然後以 plot 函數畫出折線圖。

```
In [22]: import matplotlib.pyplot as plt
         import numpy as np
         rdata = np.random.randn(20)
         plt.xlabel('frome 1 to 20')
         plt.ylabel('random number')
         plt.title('My first matplotlib program.')
         plt.plot(rdata)

Out[22]: [<matplotlib.lines.Line2D at 0x11b8d4e10>]
```

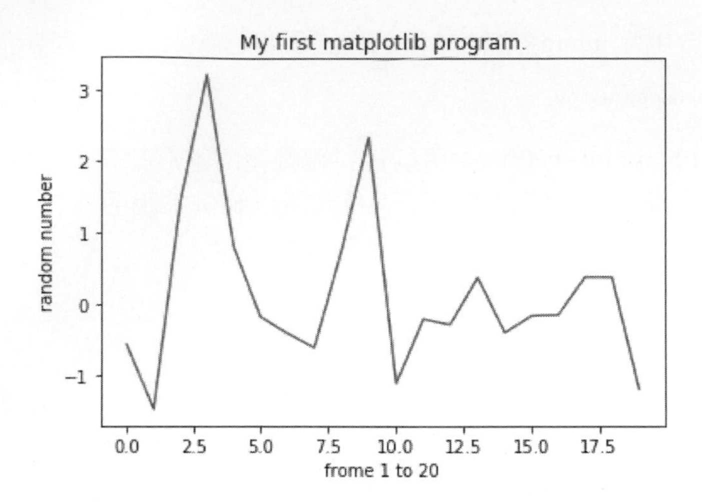

此程式加入了 xlabel() 和 ylabel() 標示出 x 軸和 y 軸的名稱，並以 title() 標示出圖形的標頭。

```
In [23]: import matplotlib.pyplot as plt
         import numpy as np
         rdata = np.random.randn(20)
         plt.xlabel('frome 1 to 20')
         plt.ylabel('random number')
         plt.xticks(np.arange(1, 20, 5))
         plt.title('My first matplotlib program.')
         plt.plot(rdata)

Out[23]: [<matplotlib.lines.Line2D at 0x11ba02048>]
```

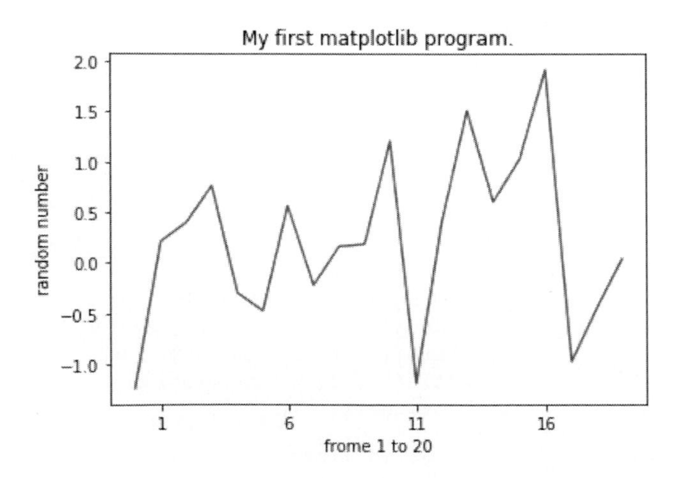

接下來利用 xticks() 來標示 x 軸的記號，同理也可以使用 yticks() 來標示 y 軸的記號。由於此範例所產生的 y 軸沒有固定的區間，所以在此不予以設定。

```
In [4]: import matplotlib.pyplot as plt
        import numpy as np
        rdata = np.random.randn(20)

        plt.xlabel('frome 1 to 20')
        plt.ylabel('random number')
        plt.xticks(np.arange(1, 20, 5))
        plt.title('My first matplotlib program.')
        plt.plot(rdata)

Out[4]: [<matplotlib.lines.Line2D at 0x111318ba8>]
```

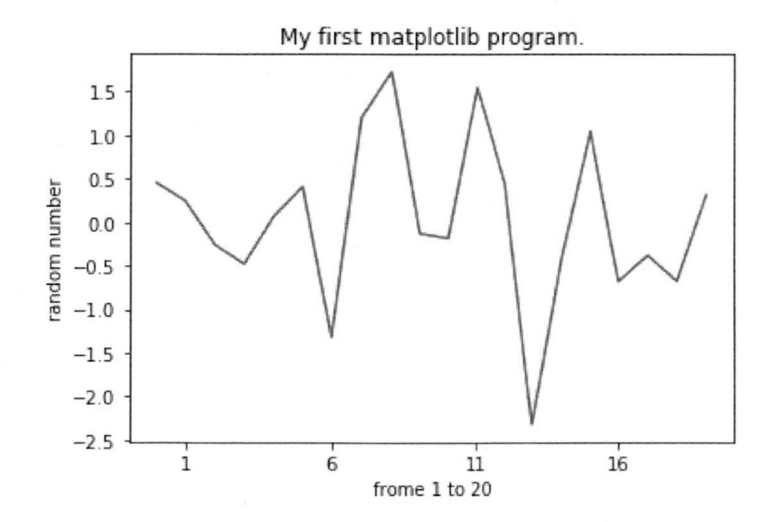

你可以加入畫折線圖的一些參數，如下程式所示：

```
In [8]: import matplotlib.pyplot as plt
        import numpy as np
        rdata = np.random.randn(20)
        plt.xlabel('frome 1 to 20')
        plt.ylabel('random number')
        plt.xticks(np.arange(1, 20, 5))
        plt.title('My first matplotlib program.')
        plt.plot(rdata, 'ro--')

Out[8]: [<matplotlib.lines.Line2D at 0x1114b37f0>]
```

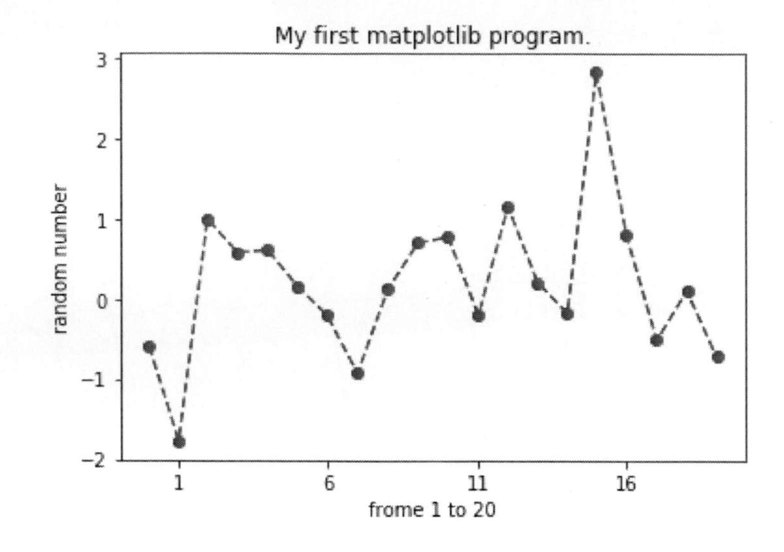

其中的 'ro--' 的 r 表示紅色，o 表示圖點，而 -- 表示虛線。此字串包含三部分，如下所示：

```
'[color][marker][line] '
```

其中 color 如表 14-2 所示：

表 14-2　color 所表示的顏色

字元	表示的顏色
b	藍色
g	綠色
r	紅色
c	墨綠色

字元	表示的顏色
m	紫色
y	黃色
k	黑色
w	白色

marker 所表示的記號如表 14-3 所示：

表 14-3 marker 所表示的記號

字元	表示的記號
.	點記號
,	像素記號
o	圓點記號
v	下三角形記號
^	上三角形記號
<	左三角形記號
>	右三角形記號
s	正方形記號
p	五邊形記號
*	星形記號
+	+ 形記號
x	x 形記號
D	鑽石形記號
d	瘦的鑽石形記號
|	垂直線記號
_	水平線記號

line 所表示的線條如表 14-4 所示：

表 14-4 line 所表示的線條

字元	表示的線條
-	粗線
--	虛線
-.	虛線、點
:	點

你可以參閱上述表 14-3、14-3，以及 14-4 加以變化，試試看吧。如下所示：

```
In [19]: import matplotlib.pyplot as plt
         import numpy as np
         rdata = np.random.randn(20)
         plt.xlabel('frome 1 to 20')
         plt.ylabel('random number')
         plt.xticks(np.arange(1, 20, 5))
         plt.title('My first matplotlib program.')
         plt.plot(rdata, 'bD-.')
Out[19]: [<matplotlib.lines.Line2D at 0x111bf80f0>]
```

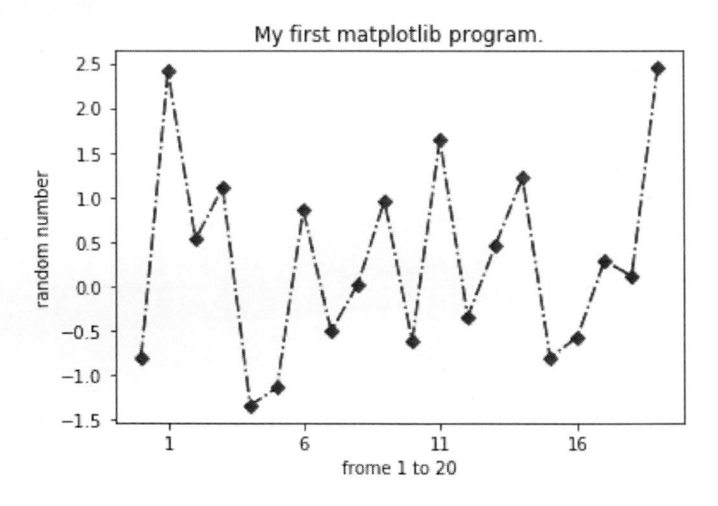

你可以說出其折線圖的屬性嗎？答案是折線圖是藍色、鑽石形記號、虛線點記號。

也可以加入線條的粗細，以 linewidth 的值來設定之。如下圖將線的寬度設為 3。

```
In [10]: import matplotlib.pyplot as plt
         import numpy as np
         rdata = np.random.randn(20)
         plt.xlabel('frome 1 to 20')
         plt.ylabel('random number')
         plt.xticks(np.arange(1, 20, 5))
         plt.title('My first matplotlib program.')
         plt.plot(rdata, 'bD-.', linewidth = 3)
Out[10]: [<matplotlib.lines.Line2D at 0x1116f4a58>]
```

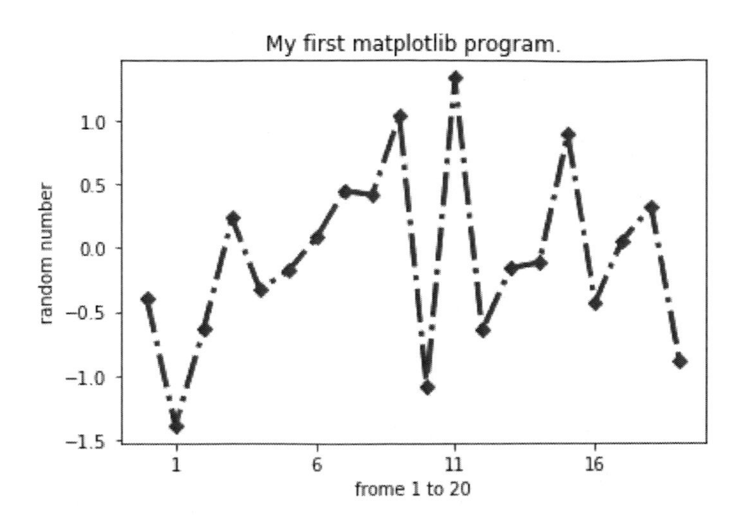

當然也可以開啟多個視窗，如下範例程所示：

```
In [19]: import matplotlib.pyplot as plt
         flg = plt.figure()
         ax1 = flg.add_subplot(2, 3, 1)
         ax2 = flg.add_subplot(2, 3, 2)
         ax3 = flg.add_subplot(2, 3, 3)
         ax3 = flg.add_subplot(2, 3, 4)
         plt.show()
```

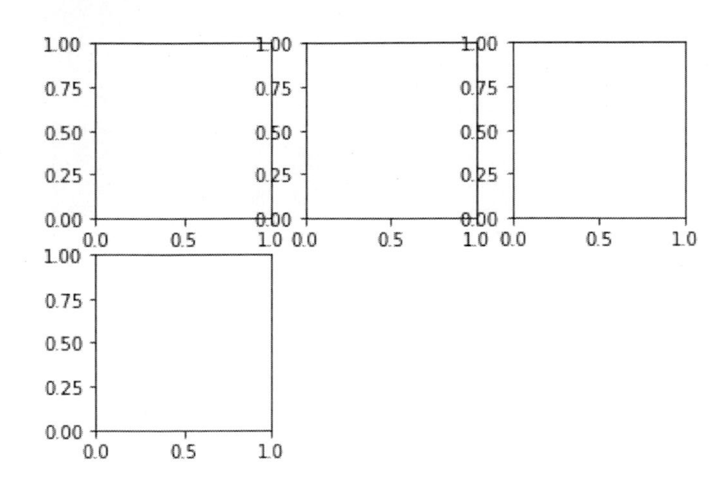

此程式建立六個視窗的其中四個，分別位於第一列的第 1、2、3 視窗，以及第二列的第 1 個視窗。其中的 ax1 = fig.add_subplot(2, 3. 1) 表示六個視窗的第 1 個。其餘的依此類推。

除了折線圖外，還有，長條圖、散佈圖、直方圖，以及圓餅圖。我們將會一一的討論之。

14.2 長條圖(bar chart)

```
In [11]: import matplotlib.pyplot as plt
         import numpy as np

         x = np.arange(4)
         money = [3.4e4, 5.5e4, 6.8e4, 2.0e5]
         plt.bar(x, money)
         plt.xticks(x, ('Peter', 'Linda', 'Nancy', 'Jennifer'))
         plt.show()
```

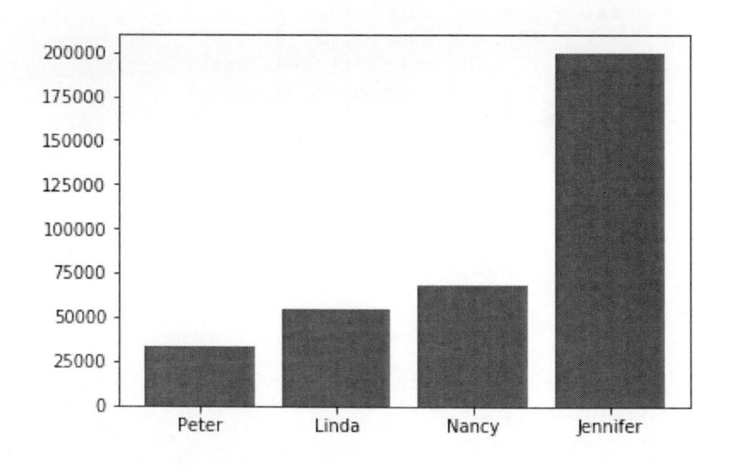

程式利用 plt.bar( ) 畫出長條圖。

```
In [13]: import matplotlib.pyplot as plt
         import numpy as np

         x = np.arange(4)
         money = [3.4e4, 5.5e4, 6.8e4, 2.0e5]
         plt.bar(x, money)
         plt.title('XYZ company employee salary')
         plt.xlabel('Employee name')
         plt.ylabel('Salary')
         plt.xticks(x, ('Peter', 'Linda', 'Nancy', 'Jennifer'))
         plt.show()
```

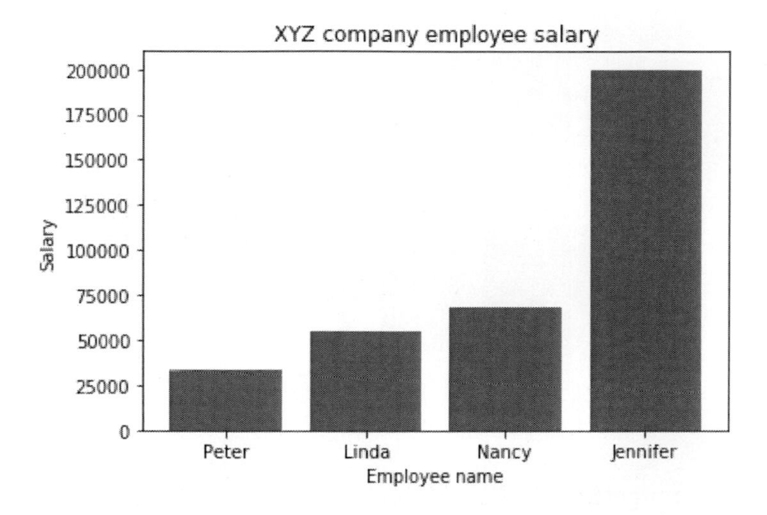

程式再加入利用 plt.title( )、plt.xlabel( ) 、以及 plt.ylabel( )，用以加入圖形的抬頭、x 與 y 的標籤。

```
In [18]: import matplotlib.pyplot as plt
         import numpy as np
         import pandas as pd
         xrange = np.arange(5)
         yrange = np.arange(5)
         x = pd.Series(np.random.rand(5))
         y = pd.Series(np.random.rand(5))
         plt.bar(xrange, x)
         plt.bar(yrange, y)

Out[18]: <BarContainer object of 5 artists>
```

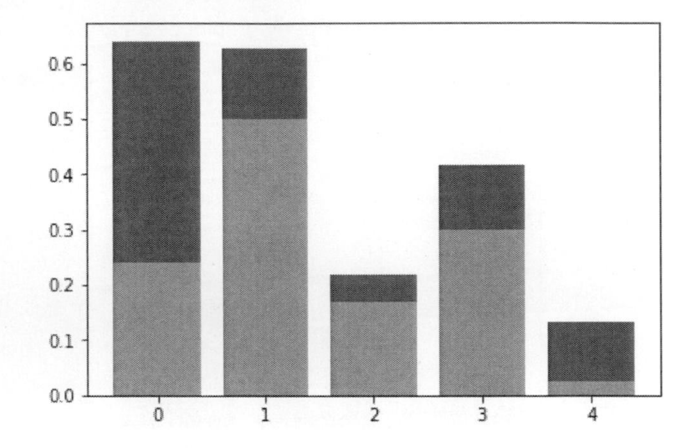

程式利用 np.arange(5)產生分別是[0, 1, 2, 3, 4] 的串列，並指定 xrange 和 yrange。利用 pd.Series(np.random.rand(5)) 產生五個大於等於 0.0，小於 1.0 的數值。圖形會以推疊的方式表示之。此處的 x 和 y 是表示資料，不是座標軸，在 plt.bar(xrange, x)函式中，xrange 與 x，分別表示 x 與 y 軸的資料。

```
In [31]: import matplotlib.pyplot as plt
         import numpy as np
         import pandas as pd
         xrange = np.arange(5)
         yrange = np.arange(5)
         width=0.2
         x = pd.Series(np.random.rand(5))
         y = pd.Series(np.random.rand(5))
         plt.bar(xrange, x, width, color='g')
         plt.bar(yrange+width, y, width, color='b')

Out[31]: <BarContainer object of 5 artists>
```

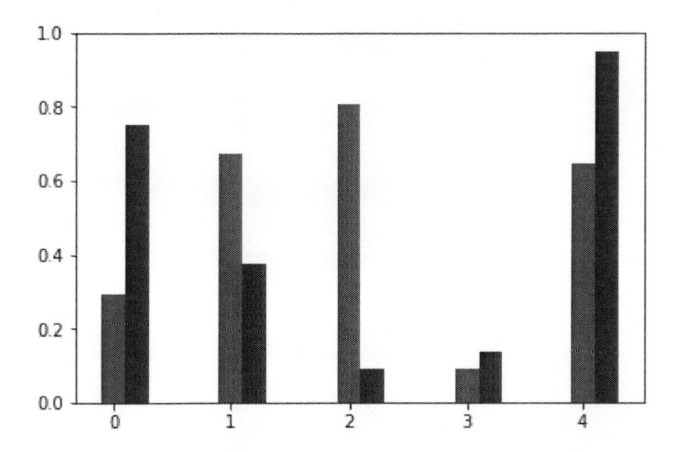

此程式與上一程式不同之處是，兩個資料分別以不同的長條圖來表示，其之間的寬度為 0.2。而且此程式也設定了每一長條圖的寬度和顏色。在第二個 plt.bar()函式中的第 1 個參數 yrange+width，將第 2 個長條圖置放於第 1 個長條圖相隔 width 的寬度。

```
In [32]: import matplotlib.pyplot as plt
         import numpy as np
         import pandas as pd
         xrange = np.arange(5)
         yrange = np.arange(5)
         width=0.2
         x = pd.Series(np.random.rand(5))
         y = pd.Series(np.random.rand(5))
         plt.barh(xrange, x, width, color='g')
         plt.barh(yrange+width, y, width, color='b')

Out[32]: <BarContainer object of 5 artists>
```

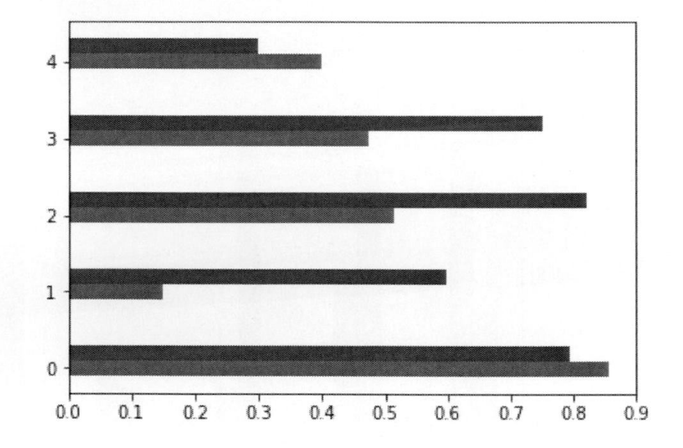

程式中利用 plt.barh() 函式將長條圖以水平的方式畫出。

14.3 散佈圖(scatter chart)

```
In [108]: import numpy as np
          import matplotlib.pyplot as plt

          #隨機產生100個介於0~10之間的浮點數
          x = np.random.rand(100) * 10
          #隨機產生50個範圍1~100的整數
          y = np.random.randint(1, 101, 100)

          #繪出散佈圖，點樣式為正角形
          plt.scatter(x, y, marker='s')

          plt.xlabel('x_value')
          plt.ylabel('y_value')
          plt.title('Scatter chart')
          plt.show()
```

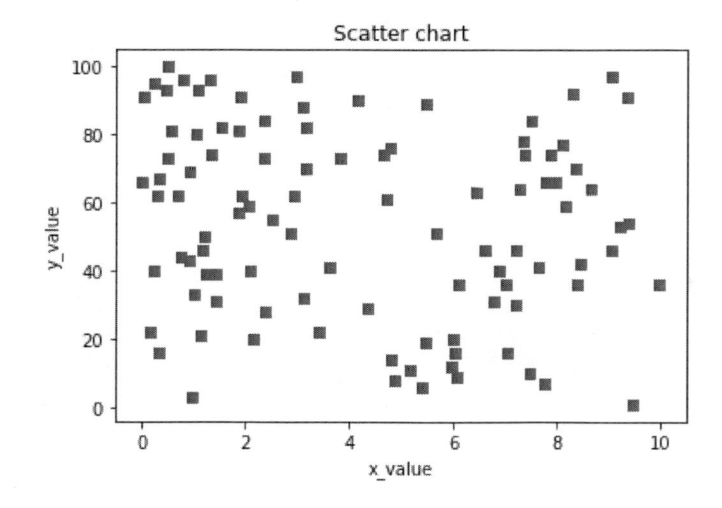

利用

```
plt.scatter(x, y, marker='s')
```

畫出散佈圖，並將資料以正方形顯示之。更多的參數設定請參閱範例集錦。

14.4 直方圖(histogram)

In [66]:
```
import matplotlib.pyplot as plt
import numpy as np
import random

x = np.arange(1, 11, 1)
rdata = []
for i in range(50):
    n = random.randint(1, 10)
    rdata.append(n)

rdata.sort()
print(rdata)
plt.hist(rdata)
plt.title('Histogram')
plt.xticks(x)

plt.show()
```

```
[1, 1, 1, 1, 1, 1, 2, 2, 2, 2, 3, 3, 3, 4, 4, 4, 5, 5, 5, 5, 5, 5, 6, 6, 6, 6, 6, 7, 7, 7, 7,
8, 8, 9, 9, 9, 9, 9, 9, 9, 9, 9, 9, 10, 10, 10, 10, 10, 10, 10]
```

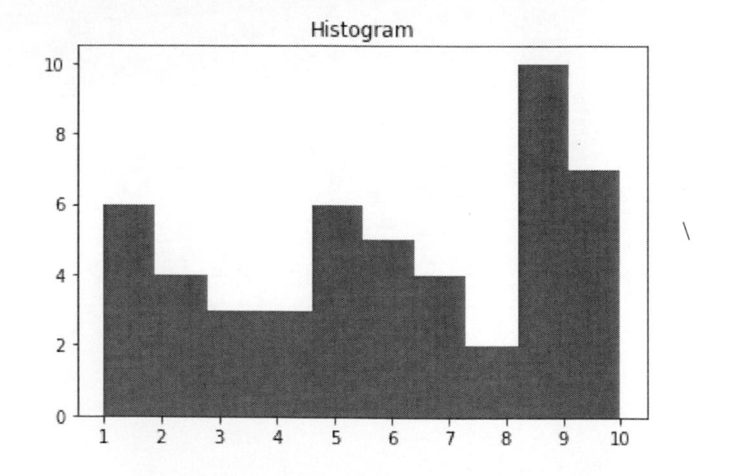

利用

```
plt.hist(rdata)
```

畫出直方圖。直方圖與長條圖不同的是，直方圖之間是連起來，而長條圖之間是有界限的。更多的參數請參閱範例集錦。

14.5 圓餅圖(Pie chart)

```
In [91]: import matplotlib.pyplot as plt
         import numpy as np
         import random

         rdata = []
         count = 6 * [0]
         for i in range(1, 51):
            n = random.randint(1, 5)
            rdata.append(n)

         for i in range(0, len(rdata)):
             if rdata[i] == 1:
                 count[1] += 1
             elif rdata[i] == 2:
                 count[2] += 1
             elif rdata[i] == 3:
                 count[3] += 1
             elif rdata[i] == 4:
                 count[4] += 1
             else:
                 count[5] += 1

         count.sort()
         print(count)
         percentage = '%.1f%%'
         numbers = [0, 1, 2, 3, 4, 5]
         colors = ['w', 'r', 'g', 'm', 'b', 'y']

         plt.pie(count, labels=numbers, autopct=percentage, colors=colors)
         plt.title('Pie chart')
         plt.ylabel('')

         plt.show()
```

```
[0, 8, 9, 9, 12, 12]
```

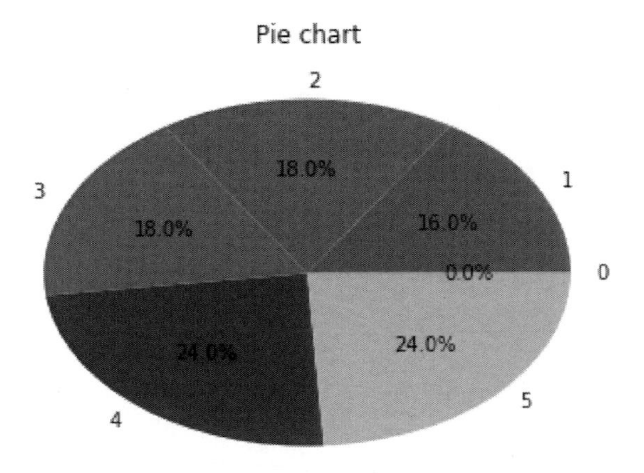

利用

```
plt.pie(count, labels=numbers, autopct=autopct, colors=colors)
```

其中 count 是資料集，labels 是圓餅圖旁的標示，autopct 以百分比的格式顯示，colors 是各種資料顯示的顏色。

上述的略說明了利用 matpotlib 將資料加以視覺化，我們將資料以折線圖、長條圖、散佈圖、直方圖，以及圓餅圖加以視覺化，相信你有初步的認識，接著再來看幾個範例，讓你印象更深刻。

14.6 範例集錦

1. 一班 70 位同學的分數如下：

```
scores = [84, 83, 23, 63, 45, 43, 72, 65, 60, 73,
          34, 26, 59, 20, 31, 63, 45, 79, 98, 35,
          61, 76, 20, 90, 30, 45, 44, 92, 53, 93,
          67, 33, 38, 24, 45, 46, 39, 49, 56, 75,
          47, 72, 60, 40, 91, 69, 96, 49, 25, 35,
          64, 20, 43, 65, 72, 78, 28, 53, 31, 100,
          41, 65, 35, 51, 40, 37, 79, 69, 54, 49]
```

請以長條圖顯示以下各分數範圍的分數數量：0~19、20~39、40~59、60~79、80~100。

- 圖表標題：Score ranges count
- X 軸名稱：Range
- Y 軸名稱：Quantity
- 標題字型大小：20
- X 軸和 Y 軸字型大小：14
- 長條寬度：2
- X 軸標籤：0~19, 20~39, 40~59, 60~79, 80~100
- Y 軸刻度：0 到 20，間隔 5

範例程式：Matplotlib_長條圖_1.py

```
01  from matplotlib import pyplot as plt
02  import numpy as np
03
04  #學生分數
05  scores = [84, 83, 23, 63, 45, 43, 72, 65, 60, 73,
06      34, 26, 59, 20, 31, 63, 45, 79, 98, 35,
07      61, 76, 20, 90, 30, 45, 44, 92, 53, 93,
08      67, 33, 38, 24, 45, 46, 39, 49, 56, 75,
09      47, 72, 60, 40, 91, 69, 96, 49, 25, 35,
10      64, 20, 43, 65, 72, 78, 28, 53, 31, 100,
11      41, 65, 35, 51, 40, 37, 79, 69, 54, 49]
12
13  #range_count[0]: range0~19
14  #range_count[1]: range20~39
15  #range_count[2]: range40~59
16  #range_count[3]: range60~79
17  #range_count[4]: range80~100
18  #以 0 初始化計數串列
19  range_count = [0] * 5
20
21  #計數過程
22  for score in scores:
23  if score < 20:
24      range_count[0] += 1
25  elif score < 40:
26      range_count[1] += 1
27  elif score < 60:
28      range_count[2] += 1
29  elif score < 80:
30      range_count[3] += 1
31  else:
32      range_count[4] += 1
33
34  #y 軸標籤
35  index = np.arange(0, 25, 5)
36  #x 軸標籤
37  labels = ['0~19', '20~39', '40~59', '60~79', '80~100']
```

```
38    #畫出長條圖
39    plt.bar(index, range_count, width=2)
40    #設定x 軸名稱
41    plt.xlabel('Range', fontsize=14)
42    #設定y 軸名稱
43    plt.ylabel('Quantity', fontsize=14)
44    #設定x 軸標籤
45    plt.xticks(index, labels)
46    #設定y 軸標籤
47    plt.yticks(index)
48    #設定圖名稱
49    plt.title('Score ranges count', fontsize=20)
50    #顯示圖
51    plt.show()
```

輸出結果

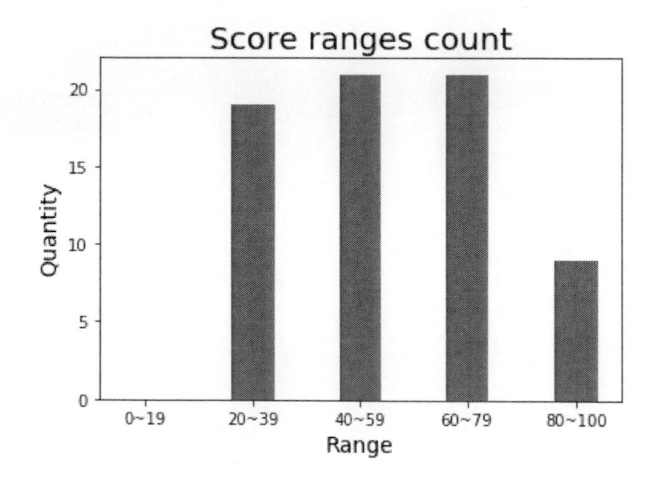

2. 給予一場馬拉松男女性各年齡範圍的參賽者人數，如下：

```
male = [20, 48, 52, 31, 22]
female = [19, 50, 44, 25, 20]
```

對應的年齡範圍分別為 10~15, 16~20, 21~25, 25~30, 31~35。

請以長條圖展現上列資訊，圖表設定需求如下：

- 圖表標題：Quantity by group and gender
- X 軸名稱：Age range

- Y 軸名稱：Quantity
- 標題字型大小：18
- X 軸和 Y 軸字型大小：14
- 長條寬度：0.35
- 男性顏色：紅色(需作顏色註解)
- 女性顏色：黃色(需作顏色註解)
- X 軸標籤：10~15, 16~20, 21~25, 25~30, 31~35
- Y 軸刻度：0 到 50，間隔 10

範例程式：Matplotlib_長條圖_2.py

```
01  import numpy as np
02  import matplotlib.pyplot as plt
03  
04  #馬拉松男性參賽者人數
05  male = [20, 48, 52, 31, 22]
06  #馬拉松女性參賽者人數
07  female = [19, 50, 44, 25, 20]
08  
09  #年齡組合的數量
10  index = np.arange(len(male))
11  width = 0.35
12  
13  fig, ax = plt.subplots()
14  #畫出男性參賽者的長條圖
15  rects1 = ax.bar(index, male, width=0.35, color='r')
16  #畫出女性參賽者的長條圖
17  rects2 = ax.bar(index + width, female, width, color='y')
18  
19  #設定圖表名稱以及 x 軸、y 軸名稱和標籤
20  ax.set_title('Quantity by group and gender', fontsize=18)
21  ax.set_xlabel('Age range', fontsize=14)
22  ax.set_ylabel('Quantity', fontsize=14)
23  ax.set_xticks(index + width / 2)
24  ax.set_xticklabels(['10~15', '16~20', '21~25', '25~30', '31~35'])
25  ax.set_yticks(np.arange(0, 51, 10))
26  
```

```
27  #顏色註解
28  ax.legend((rects1[0], rects2[0]), ['Male', 'Female'])
29  
30  plt.show()
```

輸出結果

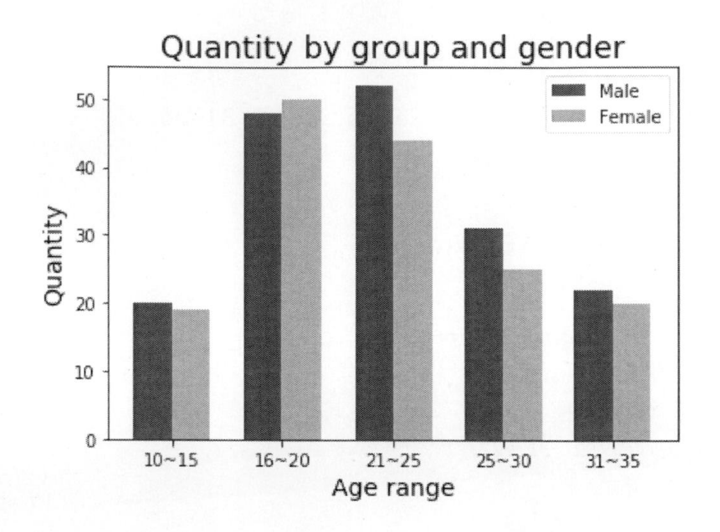

3. 按月份顯示銷售額和利潤量值的趨勢，12 個月的銷售額和利潤資料如下：

```
Sale = [22, 22, 17, 21, 22, 19, 21, 19, 20, 15, 24, 19]
Margin = [12, 15, 11, 17, 11, 12, 11, 10, 16, 16, 13, 11]
```

請以折線圖繪出上列資料，圖表設定需求如下：

- 銷售額：以藍色實線和點表示，粗度為 2
- 利潤：以紅色實線和點表示，粗度為 2
- X 軸名稱：Month
- Y 軸名稱：Million Dollars
- X 軸和 Y 軸字型大小：16
- X 軸刻度：1 到 12，間隔 1
- Y 軸刻度：0 到 24，間隔 2
- 圖表標題：Sales and Profit in one year
- 圖表標題字型大小：20

範例程式：Matplotlib_折線圖_1.py

```
01  from matplotlib import pyplot as plt
02  import numpy as np
03
04  #12 個月的銷售額
05  sale = np.array([22, 22, 17, 21, 22, 19, 21, 19, 20, 15, 24, 19])
06  #12 個月的利潤
07  profit = np.array([12, 15, 11, 17, 11, 12, 11, 10, 16, 16, 13, 11])
08
09  x = np.arange(1, 13)
10  #以'b'(藍色)和'-o'(線和點)畫出第一條線，線粗度為 2
11  plt.plot(x, sale, 'b-o', linewidth=2)
12  #以'r'(紅色)和'-o'(線和點)畫出第二條線，線粗度為 2
13  plt.plot(x, profit, 'r-o', linewidth=2)
14  #設定 x 軸的範圍：從 0 到 12、間隔 1
15  plt.xticks(x)
16  #設定 y 軸的範圍：從 0 到 24、間隔 2
17  plt.yticks(np.arange(0, max(sale)+1, 2))
18  #設定 x 軸名稱，字型大小為 16
19  plt.xlabel('Month', size=16)
20  #設定 y 軸名稱，字型大小為 16
21  plt.ylabel('Million Dollars', size=16)
22  #設定圖的名稱，字型大小為 16
23  plt.title('Sales and Profit in one year', size=20)
24  #顯示圖
25  plt.show()
```

輸出結果

4. 請以折線圖畫出 csvfile1.csv 檔案中的資料(三個產品分類在四個季節中的利潤)，圖表設定需求如下：

- 圖表標題：Profit earned in one year
- X 軸名稱：Season
- Y 軸名稱：Thousand Dollars
- 標題字型大小：20
- X 軸和 Y 軸字型大小：16
- 線樣式：實線和點(需作顏色註解)
- 線粗度：2
- X 軸標籤：以檔案中的第一欄為 X 軸標籤
- Y 軸刻度：0 到 250，間隔 50

範例程式：Matplotlib_折線圖_2.py

```
01  import csv
02  import numpy as np
03  from matplotlib import pyplot as plt
04
05  x_labels = [] #儲存 x 軸標籤
06  #以讀檔模式開啟 csvfile1.csv 檔案
```

```
07  with open('csvfile1.csv', 'r') as csvfile:
08      #利用 csv.reader 解析檔案格式，並將結果轉換成串列
09      rows = list(csv.reader(csvfile, delimiter=','))
10      #取得第一列第一個元素往後所有元素
11      categories = rows[0][1:]
12      #建立用以存取每個類別各季的利潤
13      categories_profit = [[0] * (len(rows)-1) for _ in range(len(categories))]
14      #對從第二列開始每一列，
15  #取第一個元素坐位 x 軸標籤
16  #取其餘元素作為資料
17      #i 代表季節，j 代表分類
18      for i in range(1, len(rows)):
19          x_labels.append(rows[i][0])
20          for j in range(len(categories)):
21              categories_profit[j][i-1] = eval(rows[i][j+1])
22
23  lines = []
24  x = np.arange(1, 5)
25  #以'-o'(線和點)畫出三條線，線粗度為 2
26  for i in range(len(categories)):
27      #每畫一條線則記錄下來，以便作顏色註解
28      line, = plt.plot(x, categories_profit[i], '-o', linewidth=2)
29      lines.append(line)
30
31  #設定 x 軸的範圍：從1 到4、間隔1
32  plt.xticks(np.arange(1, 5, 1), x_labels)
33  #設定 y 軸的範圍：從0 到250、間隔50
34  plt.yticks(np.arange(0, 251, 50))
35  #設定 x 軸名稱，字型大小為 16
36  plt.xlabel('Season', size=16)
37  #設定 y 軸名稱，字型大小為 16
38  plt.ylabel('Thousand Dollars', size=16)
39  #設定圖的名稱，字型大小為 16
40  plt.title('Profit earned in one year', size=20)
41  #顏色註解
42  plt.legend(lines, categories)
43  #顯示圖
44  plt.show()
```

輸出結果

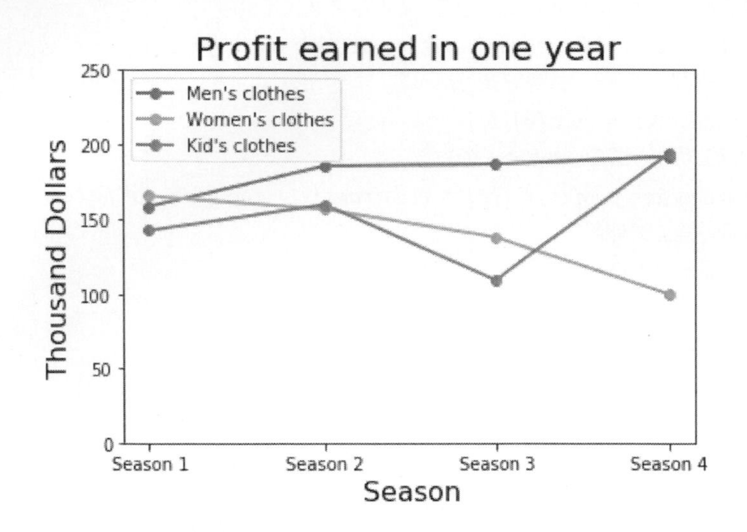

5. 請利用 numpy 模組產生 10 個浮點數亂數(介於 0~10)作為 X 值，50 個整數亂數(範圍 1~100)作為 Y 值，並以散佈圖繪出之。圖表樣式設定需求如下：

   - 點大小：為 80
   - 點樣式：上三角形
   - 點顏色：隨機介於 0~1 之間
   - 點透明度：0.7
   - X 軸名稱：x_value
   - Y 軸名稱：y_value
   - X 軸刻度：0~10，間隔 1
   - Y 軸刻度：0~100，間隔 20
   - 圖標題：Scatter Chart

範例程式：Matplotlib_散佈圖_1.py

```
01  import numpy as np
02  import matplotlib.pyplot as plt
03
04  #隨機產生 50 個介於 0~10 之間的浮點數
05  x = np.random.rand(50) * 10
```

```
06  #隨機產生 50 個範圍 1~100 的整數
07  y = np.random.randint(1, 101, 50)
08
09  #繪出散佈圖，點大小為 80，點樣式為上三角形
10  #顏色為隨機介於 0~1 之間，透明度為 0.7
11  plt.scatter(x, y, s=80, marker='^', c=np.random.rand(50), alpha=0.7)
12  #設定 X 軸名稱
13  plt.xlabel('x_value', size=14)
14  #設定 Y 軸名稱
15  plt.ylabel('y_value', size=14)
16  #設定 X 軸刻度為 0 到 10
17  plt.xticks(np.arange(11))
18  #設定 Y 軸刻度為 0 到 100，間隔 20
19  plt.yticks(np.arange(0, 101, 20))
20  #設定圖表標題
21  plt.title('Scatter chart', size=20)
22  #顯示圖
23  plt.show()
```

輸出結果

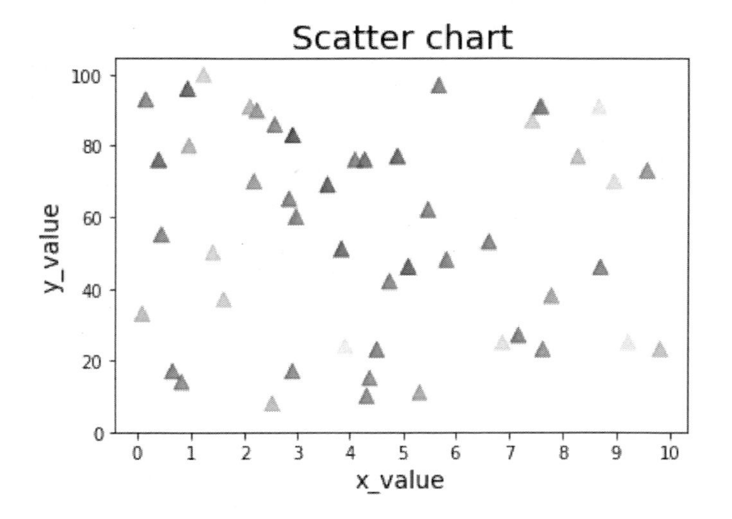

6. 讀取 csvfile2.csv 檔案的資料(第一列為欄位名稱)，並以散佈圖繪出之。圖表樣式設定需求如下：

- 點大小：為 50
- 點樣式：圓點

- 點顏色：隨機介於 0~1 之間
- 點透明度：0.7
- X 軸名稱：x_value
- Y 軸名稱：y_value
- X 軸刻度：-80~80，間隔 10
- Y 軸刻度：-300~300，間隔 40
- 圖標題：Scatter Chart

範例程式：Matplotlib_散佈圖_2.py

```
01  import numpy as np
02  import csv
03  import matplotlib.pyplot as plt
04
05  x = []
06  y = []
07
08  #讀取檔案資料並將資料加入 x 串列和 y 串列
09  with open('csvfile2.csv') as file:
10      data = list(csv.reader(file))
11      for record in data[1:]:
12          x.append(eval(record[0]))
13          y.append(eval(record[1]))
14
15  #繪出散佈圖，點大小為 50，點樣式為正三角形，顏色為隨機介於 0~1 之間，透明度為 0.7
16  plt.scatter(x, y, s=50, marker='o', c=np.random.rand(100), alpha=0.7)
17  #設定 X 軸名稱
18  plt.xlabel('x_value', size=14)
19  #設定 Y 軸名稱
20  plt.ylabel('y_value', size=14)
21  #設定 X 軸刻度為 0 到 10
22  plt.xticks(np.arange(-80, 81, 10))
23  #設定 Y 軸刻度為 0 到 100，間隔 20
24  plt.yticks(np.arange(-300, 301, 40))
25  #設定圖表標題
26  plt.title('Scatter Chart', size=20)
```

```
27  #顯示圖
28  plt.show()
```

輸出結果

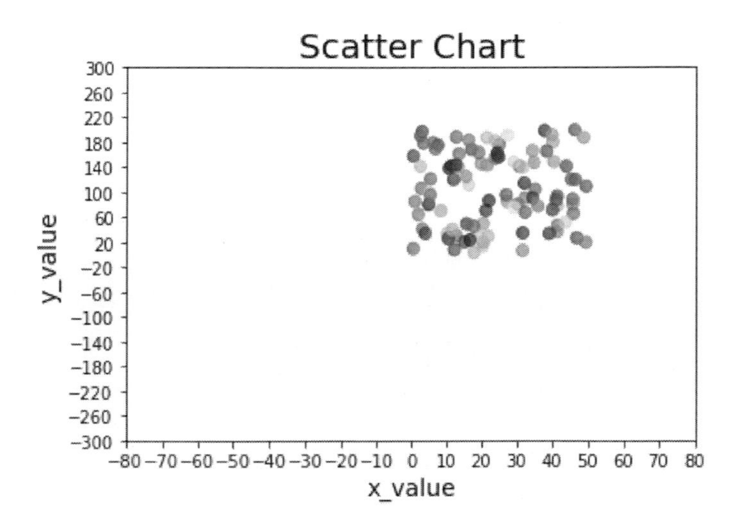

7. 100 位學生分數資料如下：

```
[73, 71, 34, 85, 80, 100, 57, 78, 88, 98,
46, 34, 74, 86, 41, 54, 80, 40, 71, 46,
43, 51, 58, 61, 71, 70, 65, 39, 28, 62,
49, 89, 73, 38, 41, 51, 45, 64, 51, 34,
42, 58, 67, 56, 71, 45, 32, 42, 59, 98,
33, 64, 55, 67, 50, 45, 64, 63, 85, 39,
48, 62, 34, 67, 100, 58, 68, 34, 38, 70,
64, 74, 62, 73, 45, 17, 68, 26, 69, 56,
76, 59, 45, 95, 78, 77, 70, 59, 91, 79,
53, 78, 61, 84, 56, 96, 68, 64, 46, 70]
```

請以直方圖繪出上述資料的分配狀況，圖表樣式設定需求如下：

- 直方盒數量：20(以上述資料最小值和最大值作等差級數分配)
- 直方盒顏色：organe
- 直方盒透明度：0.5
- X 軸範圍：0 到 100
- X 軸名稱：Score

- Y 軸名稱：Quantity
- X 軸名稱和 Y 軸名稱字型大小：14
- 圖表名稱：Student Scores Distribution
- 圖表名稱字型大小：20

範例程式：Matplotlib_直方圖_1.py

```
01  import numpy as np
02  from matplotlib import pyplot as plt
03  
04  #100 個學生的分數
05  data = [73, 71, 34, 85, 80, 100, 57, 78, 88, 98,
06          46, 34, 74, 86, 41, 54, 80, 40, 71, 46,
07          43, 51, 58, 61, 71, 70, 65, 39, 28, 62,
08          49, 89, 73, 38, 41, 51, 45, 64, 51, 34,
09          42, 58, 67, 56, 71, 45, 32, 42, 59, 98,
10          33, 64, 55, 67, 50, 45, 64, 63, 85, 39,
11          48, 62, 34, 67, 100, 58, 68, 34, 38, 70,
12          64, 74, 62, 73, 45, 17, 68, 26, 69, 56,
13          76, 59, 45, 95, 78, 77, 70, 59, 91, 79,
14          53, 78, 61, 84, 56, 96, 68, 64, 46, 70]
15  data = np.array(data) # 將分數串列轉換為np 陣列
16  #以等差級數決定方盒的數量，為20
17  bins = np.linspace(np.ceil(min(data)), np.floor(max(data)), 20)
18  #繪出直方圖，顏色為橘色，透明度為0.5
19  plt.hist(data, bins, color='orange', alpha=0.5)
20  #設定X 軸刻度
21  plt.xlim([0, 100])
22  #設定X 軸名稱
23  plt.xlabel('Score', size=14)
24  #設定Y 軸名稱
25  plt.ylabel('Quantity', size=14)
26  #設定圖標題
27  plt.title('Student Scores Distribution', size=20)
28  #顯示圖
29  plt.show()
```

輸出結果

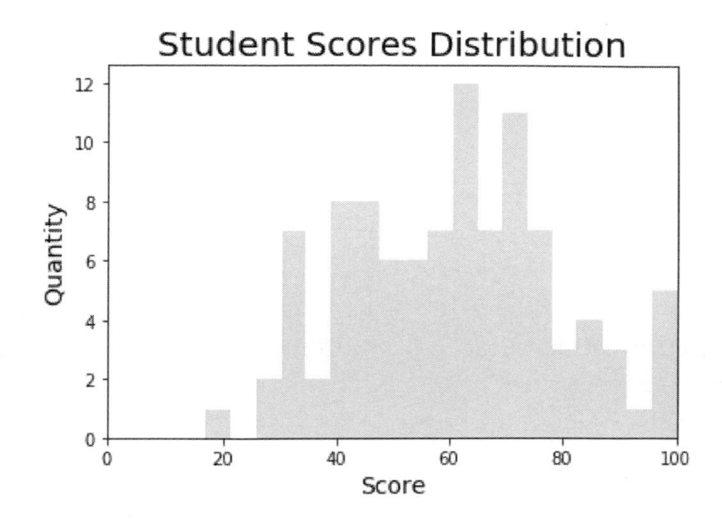

8. 請利用 numpy 模組產生均值為 500、標準差為 50、樣本數為 2000 的常態分配隨機資料。

   請以直方圖繪出上述資料的分配狀況，圖表樣式設定需求如下：

   - 直方盒數量：40(以上述資料最小值和最大值作等差級數分配)
   - 直方盒顏色：red
   - 直方盒透明度：0.5
   - Y 軸範圍：0 到 160
   - X 軸名稱：X-value
   - Y 軸名稱：Y-value
   - X 軸名稱和 Y 軸名稱字型大小：14
   - 圖表名稱：Normal Distribution
   - 圖表名稱字型大小：20

範例程式：Matplotlib_直方圖_2.py

```
01  import numpy as np
02  import matplotlib.pyplot as plt
03
04  data = np.random.normal(500, 50, 2000)
05  #以等差級數決定方盒的數量：40
```

```
06  bins = np.linspace(np.ceil(min(data)), np.floor(max(data)), 40)
07  #繪出直方圖，顏色為橘色，透明度為0.5
08  plt.hist(data, bins, color='red', alpha=0.5)
09  #設定Y 軸刻度
10  plt.ylim([0, 160])
11  #設定X 軸名稱
12  plt.xlabel('X-value', size=14)
13  #設定Y 軸名稱
14  plt.ylabel('Y-value', size=14)
15  #設定圖標題
16  plt.title('Normal Distribution', size=20)
17  #顯示圖
18  plt.show()
```

輸出結果

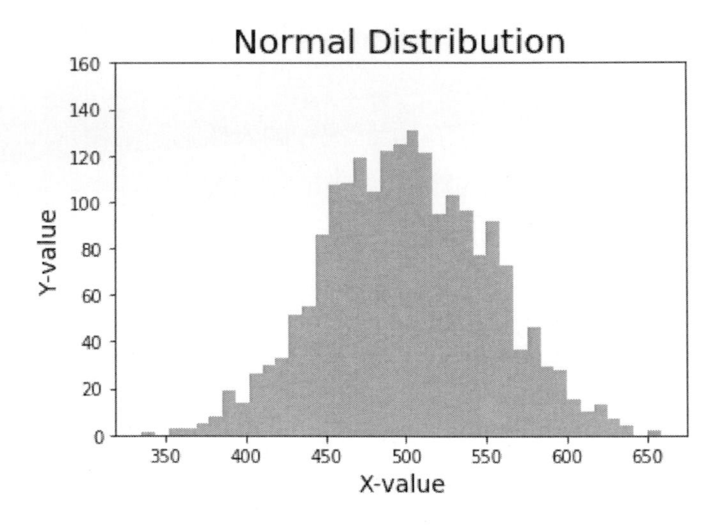

9. 兩家公司的五個部門(人事部門、會計部門、設計部門、行銷部門、採購部門)員工數量分別為 8、5、10、12、5 和 10、8、20、18、12。

   請繪出兩個圓形圖描述上述資料，圖表樣式設定需求如下：

   - 各部門顏色：violet, yellow, skyblue, lightcoral, lightgreen
   - 標籤名稱為所對應的部門英文名稱：Personnel Department, Accounting Department, Design Department, Marketing Department, Purchasing Department

- 突顯"行銷部門"：0.1
- 數據顯示格式：小數點後一位數
- 起始角度：90
- 圖表形狀：圓形，而非橢圓形
- 圖 1 名稱：Company A
- 圖 2 名稱：Company B
- 圖表名稱字型大小：20

範例程式：Matplotlib_圓形圖_1.py

```
01  import matplotlib.pyplot as plt
02
03  #A 公司各部門及其員工數量
04  companyA = {'Personnel Department': 8,    #人事部門
05              'Accounting Department': 5,   #會計部門
06              'Design Department': 10,      #設計部門
07              'Marketing Department': 12,   #行銷部門
08              'Purchasing Department': 5}   #採購部門
09  #B 公司各部門及其員工數量
10  companyB = {'Personnel Department': 10,   #人事部門
11              'Accounting Department': 8,   #會計部門
12              'Design Department': 20,      #設計部門
13              'Marketing Department': 18,   #行銷部門
14              'Purchasing Department': 12}  #採購部門
15
16  #A 公司各部門員工數量
17  companyA_values = companyA.values()
18  #B 公司各部門員工數量
19  companyB_values = companyB.values()
20  #各部門名稱
21  keys = companyA.keys()
22  #各部門顏色
23  colors = ['violet', 'yellow', 'skyblue', 'lightcoral', 'lightgreen']
24  #突顯"行銷部門"
25  explode = [0, 0, 0, 0.1, 0]
26  #數據顯示格式
```

```
27  autopct = '%.1f%%'
28  #起始角度
29  startangle = 90
30
31  #繪出A 公司的圓形圖
32  fig1, ax1 = plt.subplots()
33  ax1.pie(companyA_values,
34          labels=keys,
35          explode=explode,
36          colors=colors,
37          autopct=autopct,
38          startangle=startangle)
39  #強制使得圓形圖為圓形（否則將是橢圓形）
40  ax1.axis('equal')
41  #圖表標題為"Company A"，字型大小為 20
42  ax1.set_title('Company A', size=20)
43
44  #繪出B 公司的圓形圖
45  fig2, ax2 = plt.subplots()
46  ax2.pie(companyB_values,
47          labels=keys,
48          explode=explode,
49          colors=colors,
50          autopct=autopct,
51          startangle=startangle)
52  #強制使得圓形圖為圓形（否則將是橢圓形）
53  ax2.axis('equal')
54  #圖表標題為"Company B"，字型大小為 20
55  ax2.set_title('Company B', size=20)
56
57  #顯示圖表
58  plt.show()
```

輸出結果

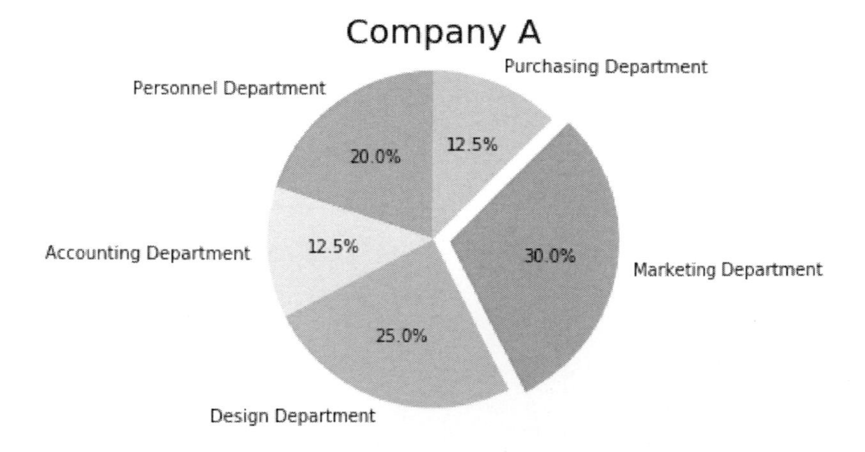

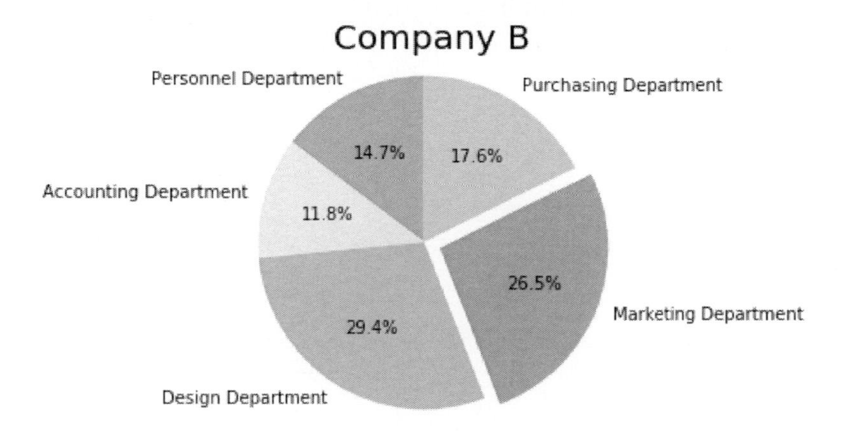

10. 請讀取 csvfile3.csv 檔案，並利用圓形圖繪出檔案中的資料，圖表樣式設定需求如下：

- 各城市顏色分別為：violet, yellow, skyblue, lightcoral, lightgreen, gold
- 標籤名稱為所對應的部門英文名稱：New Taipei City, Taichung City, Kaohsiung City, Taipei City, Taoyuan City, Tainan City
- 突顯"New Taipei City"和"Taipei City"：0.1
- 數據顯示格式：小數點後一位數

- 起始角度：90
- 圖表形狀：圓形，而非橢圓形
- 圖名稱：Provincial Cities Population
- 圖表名稱字型大小：20

範例程式：Matplotlib_圓形圖_2.py

```
01  import csv
02  import matplotlib.pyplot as plt
03
04  city = []
05  population = []
06
07  #讀取檔案並將資料加入相對應的串列
08  with open('csvfile3.csv') as file:
09      data = list(csv.reader(file))
10      for record in data[1:]:
11          city.append(record[0])
12          population.append(record[1])
13
14  #各部門名稱
15  keys = city
16  #自訂各城市的顏色
17  colors = ['violet', 'yellow', 'skyblue', 'lightcoral', 'lightgreen', 'gold']
18  #突顯"New Taipei City"
19  explode = [0.1, 0, 0, 0.1, 0, 0]
20  #數據顯示格式
21  autopct = '%.1f%%'
22  #起始角度
23  startangle = 90
24
25  #繪出圓形圖
26  plt.pie(population,
27          labels=keys,
28          explode=explode,
29          colors=colors,
30          autopct=autopct,
31          startangle=startangle)
```

```
32  #強制使得圓形圖為圓形（否則將是橢圓形）
33  plt.axis('equal')
34  #圖表標題，字型大小為 20
35  plt.title('Provincial Cities Population', size=20)
36  #顯示圖表
37  plt.show()
```

輸出結果

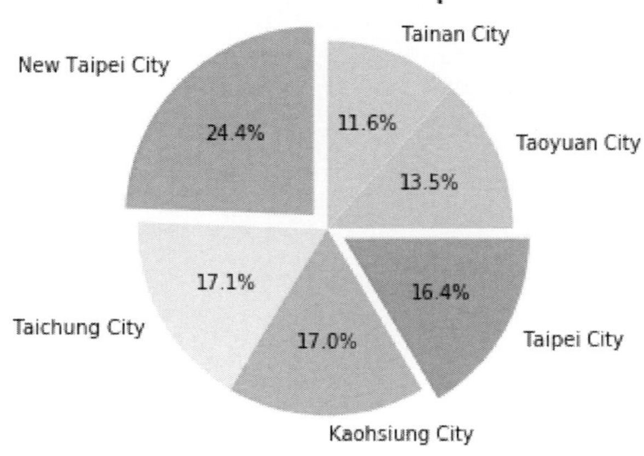

14.7 本章習題

1. Matplotlib 應用——折線圖：產生兩組簡單的資料，以折線圖呈現結果。
2. Matplotlib 應用——長條圖：使用 pydataset 中的 data 資料集之一，以長條圖呈現之。（若未有 pydataset 套件，請利用 pip install pydataset 安裝 pydataset 套件）
3. Matplotlib 應用——直方圖：產生 1000 組標準常態分配隨機變數，此常態分配平均值為 0，標準差為 1。以直方圖顯示結果。
4. Matplotlib 應用——散佈圖：利用 pydataset 中的"cars"資料集，以散佈圖將資料繪出，x 軸為速度，y 軸為剎車距離，顏色隨機分配，透明度為 0.5。

5. Matplotlib 應用——圓形圖：有一資料如下：

```
data = [1, 2.25, 3, 3.75]
```

所對應每一筆資料的顏色如下：

```
colors = ['violet', 'yellow', 'skyblue', 'lightcoral']
```

請以圓形圖顯示上述資料（突顯第三筆資料）。

15 CHAPTER

開放平台的資料格式

當今最夯的主題不外乎大數據的擷取與資料分析、機器學習，以及深度學習。而這些主題最佳的搭擋就是 Python 程式語言，所以它是當今最夯的程式語言。因為 Python 簡單、易學、易懂，所以許多領域的專家紛紛將他們所知的知識撰寫成模組，以提供給大家使用。本書著重於大數據的擷取與資料分析，至於機器學習和深度學習往後有機會再和大家聊聊。

大數據的擷取大部分是從政府機關的開放資料平台或各行各業的網頁資料。在未進入擷取這些資料之前，先介紹這些開放平台資料的格式，再討論如何從檔案和網際網路加以讀取這些格式的資料。

在開放平台上資料的格式常見的計有 XML、JSON、CSV 等三大類。

15.1 XML

15.1.1 格式介紹

可延伸標記式語言(英文：Extensible Markup Language，簡稱：XML)。XML 是一種常見的資料交換格式，該格式使用小於 (<) 及大於 (>) 符號作為資料標記，起始欄以大於、小於包覆欄位名稱作為標記，例如：

```
<NAME>
```

而結束欄則是在欄位名稱上多了一斜線，例如：

```
</NAME>
```

在起始欄及結束欄中間的任何描述，則作為該欄位的值，以 NAME=TOMS 為例，則可表示為：

```
<NAME>TOMS</NAME>
```

另外，由於 XML 是一連續文字，因此不受換行符號的影響，也就是說，上述等同於：

```
<NAME>
TOMS
</NAME>
```

層層包覆結構，為複合結構常見的方式之一。例如，個人資料包含姓名、性別，則可以表示為：

```
<PERSONAL>
<NAME>
TOMS
</NAME>
<GENDER>
MALE
</GENDER>
</PERSONAL>
```

當有多筆資料時，則 XML 展示如下：

```
<PERSONAL> ... </PERSIONAL>
<PERSONAL> ... </PERSIONAL>
```

除了標準的資料表示方式之外，XML 亦支援屬性描述，例如 NAME 欄位，當我們想額外描述這個 NAME 是 ENGLISH 時，則可描述如下：

```
<NAME TYPE='ENGLISH'>
TOMS
</NAME>
```

由於 XML 能提供的資訊相當完整，因此在早期的網路服務(Web Service)均以此作為標準協定，如 XML-base Web Service。

15.1.2 從檔案讀取

XML 的讀取，本範例使用 ElementTree 套件，使用方法如下：

```
#載入 ElementTree 套件
from xml.etree import ElementTree

#指定讀取的檔案名稱
file = 'v:\\vd_info_0000.xml'

#以 XML 方式讀取檔案
tree = ElementTree.parse(file)

#將 Infos 設為根節點
Infos = tree.getroot()[0]
```

後續的操作即可以根節點作為起點，進行 XML 資料封包逐行、逐欄位的讀取。

15.1.3 從網際網路讀取

直接從開放資料網站讀取 XML 的方式如下：

```
#載入 ElementTree 套件
from xml.etree import ElementTree

#載入 requests 套件
import requests

#指定開放資料網站位址
url = "http://www.domain.com/data.xml"

#載入資料，並依該網站(url 指定之位置)所使用的文字編碼方式進行解碼
data = requests.get(url).content.decode("utf-8")

#XML 解析
tree = ElementTree.parse(data)


#將 Infos 設為根節點
Infos = tree.getroot()
```

後續的操作即可以根節點作為起點，進行 XML 資料封包的逐行、逐欄位讀取。

15.2 JSON

15.2.1 格式介紹

JavaScript 物件符號語言(英文：JavaScript Object Notation，簡稱：JSON)。JSON 是近年來最熱門的資料交換格式，由於 XML 的特性造成資料龐大，在網路傳輸上不是個有效率的方法，因此 JSON 簡化了資料表示方式，以左、右大括弧作為欄位的識別，裡面包含「欄位名：欄位值」，例如：

```
{"NAME":"TOMS"}
```

由於 JSON 亦為一連續文字，因此不受換行符號的影響，只要保持左、右大括弧是對稱的即可。

在多層包覆結構的表示上，則 JSON 在大括弧內均視為 Object，因此亦可支援多層包覆結構。同上例，則以 JSON 表示即為：

```
{"PERSONAL":
    {"NAME": "TOMS"},
    {"GENDER": "MALE"}
}
```

當有多筆資料時，則 JSON 展示如下：

```
{"PERSONAL": ... },
{"PERSONAL": ... }
```

從以上兩種格式比較看來，JSON 格式封包輕巧，亦能完成大部分的資料交換需求，因此成為最近熱門的資料交換標準協定，如 Restful Web Service。

Restful Web Service 是以 JSON 為基礎的資料交換協定，並提供網際網路動作協議的支援性(HTTP Methods)，如 GET、PUT、POST、DELETE 等。

15.2.2 從檔案讀取

JSON 的讀取，本範例使用 json 套件，使用方法如下：

```
#載入 json 套件
import json

#指定讀取的檔案名稱
file = 'v:\\MyTest.json'

with open(file) as json_file:
    json_data = json.load(json_file)
```

後續即可以 json_data 作為資料物件，進行 JSON 資料封包的逐行、逐欄位讀取。

15.2.3 從網際網路讀取

JSON 從網際網路的讀取方法如下：

```
#載入 json 套件
import json

#載入 requests 套件
import requests

#指定讀取的檔案名稱
url = "http://www.company.com/data.json"

jsondata = requests.get(url).json()
```

後續即可以 jsondata 作為資料物件，進行 JSON 資料封包的逐行、逐欄位讀取。

15.3 CSV

15.3.1 格式介紹

CSV (Comma-Separated Values)是以逗點作為區格的資料表示方式，大部分關聯式資料庫表格形式，均可以 CSV 作為文字儲存方式。也就是說 CSV 適合作為二維式資料的呈現方式，典型的二維式資料，如 Excel 所提供的表格式輸入畫面。

例如，在 Excel 呈現如：

```
NAME   GENDER
TOMS   MALE
```

則 CSV 則展現如：

```
"TOMS","MALE"
```

當有多行時，則 CSV 亦以多行展現，亦即換行符號是很重要的參考依據。例如：

```
"TOMS","MALE"
"JOAN","FEMALE"
```

表頭通常記錄著欄位名稱，但 CSV 缺少欄位型別的記錄。一般而言，多數資料會有欄位名稱，但未必全部的 CSV 或 EXCEL 均會清楚的標註欄位。同樣的以前述資料為例，如果包含欄位名稱時，則 CSV 表示如：

```
"NAME","GENDER"
"TOMS","MALE"
"JOAN","FEMALE"
```

正因為欄位名稱是非必要項目，於是 CSV 可能包含各欄位名稱，也可能沒有提供欄位名稱。因此在資料讀取時需依照資料來源，人為判斷該資料是否包含著欄位名稱，以避免欄位名稱被誤解析為資料的一部分。

概括而言，CSV 簡潔易讀，且格式簡單，多半是肉眼即可判讀，因此被廣泛的接受作為簡單格式的應用。然而，由於僅能表示二維資料，無法表示蜂巢式資料結構，因此應用面相較於 XML 或 JSON 均屬不足。

15.3.2 從檔案讀取

CSV 的讀取，本範例使用 pandas 套件，使用方法如下：

```
import pandas as pd
#載入 pandas 套件

file = 'v:\\MyTest.csv'
#指定讀取的檔案名稱

csv_data = pd.read_csv(file, delimiter=',')
#以逗點區隔的 CSV 方式讀取檔案
```

後續的操作即 csv_data 可以資料物件，進行 CSV 資料封包的逐行、逐欄位讀取。

15.3.3 從網際網路讀取

CSV 從網際網路讀取的方法如下：

```
#載入 requests 套件
import requests

#載入 pandas 套件
import pandas as pd

#指定讀取的檔案名稱
url = "http://www.company.com/data.csv"

#以 CSV 方式讀取網路資料
csv_data = pd.read_csv(url, encoding="utf-8")
```

後續的操作即 csv_data 可以資料物件，進行 CSV 資料封包的逐行、逐欄位讀取。

15.4 範例集錦

1. 請建立一名為 myDB.db 的資料庫，並於該資料庫中建立 Employee 資料表，資料欄位包括：ID(pk, int, not null)、NAME(text, not null)、BIRTHYEAR(int, not null)、ADDRESS(char(50))、SALARY(int)。

   為 Employee 資料表新增以下記錄：

   ```
   (1, '小陳', 1997, '新北市', 58000)
   (2, '小范', 2000, '臺北市', 50000)
   (3, '小施', 1999, '高雄市', 47000)
   (4, '小吳', 1998, '台中市', 52000)
   ```

   最後從 Employee 資料表讀出所有資料並顯示於終端。

範例程式：SQLite_1.py

```
01  import sqlite3
02
03  #連結資料庫檔案
04  con = sqlite3.connect('myDB.db')
05
06  #建立cursor 物件
07  c = con.cursor()
08
09  #建立資料表的查詢指令
10  createStr = 'CREATE TABLE Employee\
11          (ID INT PRIMARY KEY     NOT NULL,\
12          NAME              TEXT    NOT NULL,\
13          BIRTHYEAR         INT     NOT NULL,\
14          ADDRESS           CHAR(50),\
15          SALARY            INT);'
16  #執行建立資料表的指令
17  c.execute(createStr)
18
19  #新增資料至資料表
20  c.execute("INSERT INTO Employee (ID, NAME, BIRTHYEAR, ADDRESS, SALARY) \
21        VALUES (1, '小陳', 1997, '新北市', 58000 )")
22  c.execute("INSERT INTO Employee (ID, NAME, BIRTHYEAR, ADDRESS, SALARY) \
23        VALUES (2, '小范', 2000, '臺北市', 50000 )")
```

```
24  c.execute("INSERT INTO Employee (ID, NAME, BIRTHYEAR, ADDRESS, SALARY) \
25        VALUES (3, '小施', 1999, '高雄市', 47000 )")
26  c.execute("INSERT INTO Employee (ID, NAME, BIRTHYEAR, ADDRESS, SALARY) \
27        VALUES (4, '小吳', 1998, '台中市', 52000 )")
28
29  #確認新增
30  con.commit()
31
32  #執行查詢Employee 資料表的所有內容
33  cursor = c.execute("SELECT * from Employee")
34
35  #檢視查詢結果
36  for record in cursor:
37      print(record)
38
39  #關閉與資料庫的連結
40  con.close()
```

輸出結果

```
(1, '小陳', 1997, '新北市', 58000)
(2, '小范', 2000, '臺北市', 50000)
(3, '小施', 1999, '高雄市', 47000)
(4, '小吳', 1998, '台中市', 52000)
```

2. 請建立一名為 myDB2.db 的資料庫，並於該資料庫中建立 groups 資料表和 students 資料表。

   groups 資料欄位包含：group_id (int, pk, not null), group_name (char(50), not null)。

   students 資料表欄位包含：student_id (int, pk, not null), student_name (char(50), not null), group_id(int, fk, not null)。

   （students 資料表的 group_id 欄位參考 groups 資料表）

   請為 groups 資料表新增以下記錄：

```
(1, '青色之馬')
(2, '夢幻之都')
(3, '新不了城')
```

再讀取 students.csv 檔，將檔案中的資料新增到資料庫的 students 資料表中。

最後輸出 students 資料表中屬於第 3 組的同學的學號、名字、組號和組名到終端。

範例程式：SQLite_2.py

```
01  import sqlite3
02  import csv
03
04  #連結資料庫檔案
05  con = sqlite3.connect('myDB2.db')
06
07  #建立cursor 物件
08  c = con.cursor()
09
10  #建立groups 資料表的查詢指令
11  create_groups = 'CREATE TABLE groups ( \
12   group_id int primary key not null, \
13   group_name char(50) not null \
14  );'
15  c.execute(create_groups)
16
17  #建立students 資料表的查詢指令
18  create_students = 'CREATE TABLE students ( \
19   student_id int primary key not null, \
20   student_name char(50) not null, \
21   group_id int not null, \
22   FOREIGN KEY (group_id) REFERENCES groups (group_id) \
23   ON DELETE NO ACTION ON UPDATE NO ACTION \
24  );'
25  c.execute(create_students)
26
27  #為groups 資料表新增資料
28  c.execute("INSERT INTO groups (group_id, group_name) VALUES (1, '青色之馬');")
29  c.execute("INSERT INTO groups (group_id, group_name) VALUES (2, '夢幻之都');")
30  c.execute("INSERT INTO groups (group_id, group_name) VALUES (3, '新不了城');")
31
32  students = []
```

```
33  #讀取students.csv 中的資料並將其將入 students 資料表中
34  with open('students.csv', encoding='utf8') as file:
35      students = list(csv.reader(file, delimiter=','))
36      for student in students[1:]:
37          c.execute("INSERT INTO students (student_id, student_name, group_id) \
38            VALUES (%d, '%s', %d);" % (eval(student[0]), student[1], eval(student[2])))
39
40  #確認新增
41  con.commit()
42
43  #執行查詢students 資料表中屬於第3 組的同學的學號、名字、組號和組名
44  cursor = c.execute("SELECT S.*, G.group_name \
45                      FROM students S, groups G \
46                      WHERE S.group_id = G.group_id \
47                      AND S.group_id = 3")
48
49  #檢視查詢結果
50  for record in cursor:
51      print(record)
52
53  #關閉與資料庫的連結
54  con.close()
```

輸出結果

```
(5, '小希', 3, '新不了城')
(9, '小盛', 3, '新不了城')
(10, '小霖', 3, '新不了城')
(11, '小翔', 3, '新不了城')
(14, '小哲', 3, '新不了城')
```

3. 請將檔案 wordfile1.docx 轉換成 PDF 檔。

範例程式：Word_to_PDF.py

```
01  import os
02  import comtypes.client
03
04  #PDF 檔案格式
05  wdFormatPDF = 17
```

```
06  #取得目標檔案絕對路徑
07  in_file = os.path.abspath('wordfile1.docx')
08  #取得輸出檔案絕對路徑
09  out_file = os.path.abspath('wordfile1.pdf')
10  #建立 Word 物件
11  word = comtypes.client.CreateObject('Word.Application')
12  #以 Word 開啟目標檔案
13  doc = word.Documents.Open(in_file)
14  #以 Word 中另存新檔的功能將檔案另存為 PDF 檔
15  doc.SaveAs(out_file, FileFormat=wdFormatPDF)
16  #關閉檔案
17  doc.Close()
18  #關閉 Word
19  word.Quit()
```

輸出結果

```
wordfile1.pdf
```

4. 請建立以下資料並寫入 JSON_data.json 檔：

```
{
'people' :
[{
    'id': '1',
    'name': 'Peter',
    'country': 'Taiwan'
},
{
    'id': '2',
    'name': 'Jack',
    'country': 'USA'
},
{
    'id': '3',
    'name': 'Cindy',
    'country': 'Japan'
}]
}
```

範例程式：write_JSON.py

```
01  import json
02
03  #建立資料
04  data = {}
05  #欄位people 為1 串列
06  data['people'] = []
07  data['people'].append({
08      'id': '1',
09      'name': 'Peter',
10      'country': 'Taiwan'
11  })
12  data['people'].append({
13      'id': '2',
14      'name': 'Jack',
15      'country': 'USA'
16  })
17  data['people'].append({
18      'id': '3',
19      'name': 'Cindy',
20      'country': 'Japan'
21  })
22
23  #將資料寫入檔案
24  with open('JSON_data.json', 'w') as outfile:
25      json.dump(data, outfile)
```

輸出結果

```
JSON_data.json
```

5. 請讀取 eduagency.json 檔(編碼格式為 UTF-8)，並輸出每一筆資料的運動中心名稱、地址和營運時間。

範例程式：read_JSON.py

```
01  import json
02
03  #打開eduagency.json 檔
```

```
04  with open('eduagency.json', encoding='utf8') as file:
05      data = json.load(file) #將檔案內容轉換成Dictionary
06      #印出每一筆資料的運動中心名稱、地址和營運時間
07      for record in data:
08          print('運動中心：%s' % record['o_tlc_agency_name'])
09          print('地址：%s' % record['o_tlc_agency_address'])
10          print('營運時間：%s' % record['o_tlc_agency_opentime'])
11          print()
```

輸出結果

```
運動中心：臺北市中正運動中心
地址：10048 臺北市中正區信義路 1 段 1 號
營運時間：每日 6:00-22:00，農曆除夕及初一休館

運動中心：臺北市大同運動中心
地址：臺北市大同區大龍街 51 號
營運時間：每日 6:00-22:00

運動中心：臺北市中山運動中心
地址：10448 臺北市中山區中山北路 2 段 44 巷 2 號
營運時間：每日 6:00-22:00

運動中心：臺北市松山運動中心
地址：10549 臺北市松山區敦化北路 1 號
營運時間：每日 6:00-22:00

運動中心：臺北市大安運動中心
地址：10671 臺北市大安區辛亥路 3 段 55 號
營運時間：每日 6:00-22:00(農曆春節除夕及初一休館)

運動中心：臺北市萬華運動中心
地址：10841 臺北市萬華區西寧南路 6 之 1 號
營運時間：每日 6:00-22:00

運動中心：臺北市信義運動中心
地址：11047 臺北市信義區松勤街 100 號
營運時間：週一至週日 6:00-22:00，除夕、初一休館

運動中心：臺北市士林運動中心
地址：11168 臺北市士林區士商路 1 號
營運時間：每日 6:00-22:00
```

```
運動中心：臺北市內湖運動中心
地址：11493 臺北市內湖區洲子街 12 號
營運時間：每日 6:00-22:00

運動中心：臺北市南港運動中心
地址：11562 臺北市南港區玉成街 69 號
營運時間：每日 6:00-22:00
```

6. 請讀取“20180511 臺北市肇事路口.csv”，並輸出民權西路的事故總件數。

範例程式：read_CSV.py

```
01  import csv
02
03  #讀取檔案
04  with open('20180511 臺北市肇事路口.csv') as file:
05      #以 csv 解讀器解讀檔案
06      data = csv.reader(file)
07      #加總包含"民權西路"的事故件數
08      result = sum([eval(record[2]) \
09                    for record in data \
10                    if '民權西路' in record[1]])
11      print('民權西路的事故總件數：%d' % result)
```

輸出結果

```
民權西路的事故件數：25
```

7. 請隨機產生 12 組大樂透號碼(為 6 個範圍 1~49 不重複的整數，經從小到大排序)，並寫入 lottos.csv 檔。

範例程式：write_CSV.py

```
01  import csv
02  import random
03
04  lottos = []
05  #產生 12 組大樂透號碼
06  for i in range(12):
```

```
07        lottos.append(sorted(random.sample(range(1, 50), 6)))
08
09    #以寫入模式開啟 lottos.csv
10    with open('lottos.csv', 'w', newline='') as file:
11        writer = csv.writer(file) #建立 csv 的寫入器
12        writer.writerows(lottos) #寫入 12 組大樂透號碼
```

輸出結果

```
lottos.csv
```

8. 有一資料如下：class3A 底下有 3 位學生，每位學生有姓名和地址資料，分別為("David", "New Taipei City"), ("Kenny", "Taichung City"), ("Bob", "Taoyuan City")。請將以上資料寫入 class3A.XML 檔。

範例程式：write_XML.py

```
01    import xml.etree.cElementTree as ET
02
03    #建立 class3A 標籤
04    class3A = ET.Element("class3A")
05
06    #建立第一位學生的資料
07    student = ET.SubElement(class3A, "student")
08    ET.SubElement(student, "name").text = "David"
09    ET.SubElement(student, "address").text = "New Taipei City"
10
11    #建立第一位學生的資料
12    student = ET.SubElement(class3A, "student")
13    ET.SubElement(student, "name").text = "Kenny"
14    ET.SubElement(student, "address").text = "Taichung City"
15
16    #建立第一位學生的資料
17    student = ET.SubElement(class3A, "student")
18    ET.SubElement(student, "name").text = "Bob"
19    ET.SubElement(student, "address").text = "Taoyuan City"
20
21    #將所有元素建立成元素樹
22    tree = ET.ElementTree(class3A)
```

```
23  #將資料寫進檔案
24  tree.write("class3A.xml")
```

輸出結果

```
class3A.xml
```

9. 請讀取檔案 company.xml 並將檔案內容輸出。

範例程式：read_XML.py

```
01  import xml.etree.ElementTree as ET
02  tree = ET.parse('company.xml') #將檔案內容轉換成元素樹
03  root = tree.getroot() #取得樹根
04  
05  #輸出每個部門的相關資訊
06  for dept in root.findall('department'):
07      print('Department name: %s' % dept.find('name').text)
08      print('Members: %s' % dept.find('members').text)
09      print('Manger: %s' % dept.find('manager').text)
10      print()
```

輸出結果

```
Department name: Accounting
Members: 5
Manger: Ben

Department name: Marketing
Members: 10
Manger: Karen

Department name: R and D
Members: 15
Manger: Sam
```

16 CHAPTER

網頁資料的擷取

網頁資料的擷取需要 requests、urllib3、beautifulsoup，以及 selenium 的套件來幫忙。以下我們將一一的討論這四個套件的用法。之後將實際以範例來實作。

16.1 requests 套件

requests 是一個模擬 html request 功能的套件。

requests 套件的一些常用方法，如表 16-1 所示：

import requests as rq # 載入 requests 套件，以縮寫 rq 代替之

url = 'http://www.fju.edu.tw' # 輔大首頁 url

method = 'GET' # 請求方法為'GET'

#補充參數說明：**kwargs 是可有可無的參數，其為 1 個 dictionary 物件。

表 16-1　requests 套件的一些常用方法

方法	說明
`r = rq.request(method, url, **kwargs)`	對 url 發出請求，請求方法可為 "GET"、"POST"、……。回傳一請求成功/失敗物件 r。
`r_header = rq.head(url, **kwargs)`	http 意義：只取得 header。
`r_get = rq.get(url, params=None, **kwargs)`	http 意義：取得資料。
`r_post = rq.post(url, data=None, json=None, **kwargs)`	http 意義：新增資料。

方法	說明
`r_put = rq.put(url, data=None, **kwargs)`	http 意義：替換資料（新增或完整更新資料）。
`r_patch = rq.patch(url, data=None, **kwargs)`	http 意義：部分更新資料。
`r_delete = rq.delete(url, **kwargs)`	http 意義：刪除資料。
`r_options = rq.options(url, **kwargs)`	http 意義：取得可用的 http 方法。

requests 套件的一些物件資料項目，表 16-2 所示：

表 16-2　requests 套件的一些物件資料項目

資料項目	說明
`r.status_code`	請求結果代碼，例如：200（請求成功）、404（找不到）、……。
`r.headers`	請求所回傳的標頭內容，其型態為 dictionary。
`r.encoding`	所回傳內容的編碼方式。
`r.text`	所回傳的文字內容。

16.2 Urllib3 套件

Urllib3 是一個功能強大，條理清晰，用於 HTTP 客戶端的 Python 庫，許多 Python 的原生系統已經開始使用 urllib3。Urllib3 套件的使用說明，如表 16-3 所示。

Urllib3 提供了很多 python 標準庫裡所沒有的重要特性：

- 線程安全
- 連接池
- 客戶端 SSL/TLS 驗證
- 文件分部編碼上傳
- 協助處理重複請求和 HTTP 重定位
- 支持壓縮編碼
- 支持 HTTP 和 SOCKS 代理
- 100% 測試覆蓋率

表 16-3　Urllibs 套件的使用說明

Urllibs 呼叫過程	說明
`import urllib3`	載入套件。
`http = urllib3.PoolManager()`	建立連接池。
`ret = http.request('GET', 'http://www.google.com')`	回傳一個 http Response 物件。

`headers = {`
`"Cookies":"xxxx",`
`"User-Agent":"xxxx"`
`}`
`ret = http.request('GET', url, headers=headers)`
	傳遞 header 訊息。

`proxy = urllib3.ProxyManager('http://127.0.0.1:1080/')` `proxy.request('GET', 'http://www.google.com/')`	使用 proxy 代理。
`print(ret.data.decode('utf-8'))`	以 utf-8 解碼輸出。

16.3 BeautifulSoup

BeautifulSoup 是一個 Python 的函式庫模組，讓開發者僅須撰寫非常少量的程式碼，就可以快速解析網頁 HTML 碼，從中萃取出使用者有興趣的資料、去蕪存菁，降低網路爬蟲程式的開發門檻、加快程式撰寫速度。

BeautifulSoup 的運作方式就是讀取 HTML 原始碼，自動進行解析並產生一個 BeautifulSoup 物件，此物件中包含了整個 HTML 文件的結構樹，有了這個結構樹之後，就可以輕鬆找出任何有興趣的資料了。BeautifulSoup 套件的使用說明，如表 16-4 所示。

表 16-4　BeautifulSoup 套件的使用說明

BeautifulSoup 呼叫過程	說明
`import bs4 from BeautifulSoup`	載入套件
`soup = BeautifulSoup(html_doc, 'html.parser')`	soup 是 html_doc 這 HTML 程式原始碼解析完成後，所產生的結構樹物件，接下來所有資料的搜尋、萃取等操作都會透過這個物件來進行。
`print(soup.title)`	印出網頁標題標籤。
`print(soup.title.string)`	HTML 標籤節點的文字內容，可以透過 string 屬性或 text 屬性存取。

BeautifulSoup 呼叫過程	說明

`a_tags = soup.find_all('a')`
`for tag in a_tags:`
`    #輸出超連結的文字`
`    print(tag.string)`
`    # 輸出超連結網址`
`    print(tag.get('href'))`
	使用 find_all 找出所有特定的 HTML 標籤節點，再以迴圈來依序輸出每個超連結的文字與網址。

`link2_tag = soup.find(id='link2')` `print(link2_tag)`	根據網頁 HTML 元素的 id 屬性來萃取指定的 HTML 節點。
`a_tag = soup.find_all("a", {"href": "/customLink"})` `print(a_tag)`	可以結合 HTML 節點的名稱與屬性進行更精確的搜尋，例如搜尋 href 為/customLink 的 a 節點。

16.4 Selenium

Selenium 提供利用瀏覽器對 Web 進行操作測試。

首先必須已安裝好 Chrome 瀏覽器，再到以下的網頁下載 ChromeDriver：

```
https://sites.google.com/a/chromium.org/chromedriver/downloads
```

下載完畢之後進行解壓縮，會有 chromedriver.exe 的執行檔，接下來，把此檔案放在 C:\selenium_driver_chrome\chromedriver.exe。

表 16-5

呼叫 BeatuifulSoup 過程	說明
`import bs4 from BeautifulSoup`	載入套件
`soup = BeautifulSoup(html_doc, 'html.parser')`	soup 是 html_doc 這 HTML 程式原始碼解析完成後，所產生的結構樹物件，接下來所有資料的搜尋、萃取等操作都會透過這個物件來進行。
`print(soup.title)`	印出網頁標題標籤。
`print(soup.title.string)`	HTML 標籤節點的文字內容，可以透過 string 屬性或 text 屬性存取。

表 16-6

selenium 呼叫過程	說明
`from selenium import webdriver`	載入套件。
`web = webdriver.Chrome(chrome_path)`	開啟 Chrome 瀏覽器（chrome_path 為前面設定好的 chromedriver.exe 之路徑）。
`web.get('http://www.cwb.gov.tw/V7/')`	前往指定網站。
`element = web.find_element_by_name(name)`	根據標籤的 name 屬性搜尋元素。
`element = web.find_element_by_id(id)`	根據標籤的 id 屬性搜尋元素。
`element.click()`	點擊所抓取的元素。
`element.send_keys(key)`	給所抓取的元素輸入資料。

16.5 範例集錦

16.5.1 新北市公共自行車租賃系統(YouBike)

1. 問題描述：利用新北市政府開放資料平台所提供的 YouBike 即時資訊介接 API 抓取新北市的 YouBike 即時資訊。
2. 資料來源：新北市政府開放資料平台“新北市公共自行車租賃系統(YouBike)”。

   https://data.ntpc.gov.tw/datasets/71CD1490-A2DF-4198-BEF1-318479775E8A

3. 本範例採用的資料格式：JSON。

範例程式：YouBike 新北市公共自行車即時資訊.py

```
01  import requests as rq    #載入 requests 套件，縮寫rq
02
03  #開放資料：'YouBike 臺北市公共自行車即時資訊'
04  url = 'https://data.ntpc.gov.tw/api/datasets/71CD1490-A2DF-4198-BEF1-
05  318479775E8A/json/preview'
06
07  json_data = html_content.json()    #將回傳內容轉換成json 格式
08
09  '''
10  #資料欄位說明
11  sno：站點代號
12  sna：場站名稱(中文)
13  tot：場站總停車格
14  sbi：場站目前車輛數量
```

```
15  sarea：場站區域(中文)
16  mday：資料更新時間
17  lat：緯度
18  lng：經度
19  ar：地(中文)
20  sareaen：場站區域(英文)
21  snaen：場站名稱(英文)
22  aren：地址(英文)
23  bemp：空位數量
24  act：全站禁用狀態
25  '''
26
27  #item_detail 是 tuple 的第二個元素，形態為字典
28  for item_detail in json_data:
29      print_info = '站點：' + item_detail['sna'] + '，' + \
30                   '地址：' + item_detail['ar'] + '，' + \
31                   '總停車格：' + item_detail['tot'] + '，' + \
32                   '場站目前車輛數量：' + item_detail['sbi'] + '，' + \
33                   '空位數量：' + item_detail['bemp'] + '，' + \
34                   '資料更新時間：' + item_detail['mday']
35      print(print_info)    #顯示結果
```

輸出結果

```
站點：大鵬華城，地址：新北市新店區中正路700巷3號，總停車格：
38，場站目前車輛數量：21，空位數量：17，資料更新時間：
20180729152845
站點：汐止火車站，地址：南昌街/新昌路口(西側廣場)，總停車
格：56，場站目前車輛數量：15，空位數量：41，資料更新時間：
20180729152818
站點：汐止區公所，地址：新台五路一段/仁愛路口(新台五路側汐止
地政事務所前機車停車場)，總停車格：46，場站目前車輛數量：
29，空位數量：17，資料更新時間：20180729152835
站點：國泰綜合醫院，地址：建成路78號對面停車場，總停車格：
56，場站目前車輛數量：33，空位數量：22，資料更新時間：
20180729152827
```

16.5.2　新北市電影院名冊

1. 問題描述：利用新北市政府開放資料平台所提供的介接 API 抓取新北市的電影院聯絡名冊。
2. 資料來源：新北市政府開放資料平台“新北市電影院名冊”。

   https://data.ntpc.gov.tw/datasets/61C99F42-8A90-4ADC-9C40-BA9E0EA097AA

3. 本範例採用的資料格式：CSV。

範例程式：新北市電影院名冊.py

```
01  import requests as rq    #載入 requests 套件，縮寫為 rq
02  import csv    #載入 csv 套件，以處理 csv 格式
03  import pandas as pd    #載入 pandas 套件，縮寫為 pd
04
05  #新北市電影院名冊
```

```
06  url = \
07  'https://data.ntpc.gov.tw/api/datasets/61C99F42-8A90-4ADC-9C40-
08  BA9E0EA097AA/csv/preview '
09
10  r = rq.request('GET', url)   #對url發出get請求
11
12  data = list(csv.reader(r.text.split('\n'), delimiter = ',', quotechar='"'))
13  #將csv格式的字串轉換成二維串列
14
15  df = pd.DataFrame(data[1:len(data)-1], columns=['名稱','地址','電話號碼','廳數'])
16  #將資料集串列轉換成Data Frame
17  df.index += 1   #資料順序從1開始
18  print(df)
```

輸出結果

	名稱	地址	電話號碼	廳數
1	幸福影城	三重區三和路4段163巷12號	22865540	6
2	天台影城	三重區重新路2段78號4樓	29787700	5
3	林園電影城	板橋區府中路175號3樓	29605333	3
4	華麗電影院	板橋區府中路175號5樓	29605333	2
5	鴻金寶	新莊區民安路188巷5號4樓	22070222	5
6	中和國賓	中和區中山路3段122號4樓	22268088	7
7	威秀影城	板橋區新站路28號10樓	77386608	9
8	板橋秀泰	板橋區縣民大道二段3號2、3、4樓	29685588	17
9	林口威秀	新北市林口區文化三路一段356號3樓、4樓	87801166	9
10	新莊國賓	新莊區五工路66號3、4F	85216517	13
11	林口國賓	林口區文化三路一段402巷2號4樓	26080011	8

16.5.3 新北市觀光工廠

1. 問題描述：利用新北市政府開放資料平台所提供的介接 API 抓取新北市政府經濟發展局所提供的觀光工廠相關資訊。

2. 資料來源：新北市政府開放資料平台“新北市觀光工廠”。

   https://data.ntpc.gov.tw/datasets/57EB9B00-979C-44BB-A4EE-CC55BDF1488A

3. 本範例採用的資料格式：XML。

範例程式：新北市觀光工廠.py

```
01  import requests as rq    #載入 requests 套件，縮寫為 rq
02  from xml.etree import ElementTree    #載入 ElementTree 套件
03  import pandas as pd    #載入 pandas 套件，縮寫為 pd
04
05  #新北市觀光工廠
06  url = 'https://data.ntpc.gov.tw/api/datasets/57EB9B00-979C-44BB-A4EE-
07  CC55BDF1488A/xml/preview'
08  r = rq.request('GET', url)    #對 url 發出 get 請求
09
10  #將資料的內容轉換成一棵元素樹（ElementTree）
```

```
11  tree = ElementTree.fromstring(r.content)
12  list_data = []   #用以存放轉換成串列的資料
13  for i in tree.iter('row'):   #針對ElementTree 的每一個row 標籤
14      single_record = []   #儲存一筆轉換成串列的資料
15      for j in i.iter():   #再針對裡面包含的每一個標籤
16          #只需要'名稱'、'特色'、'電話'、'地址'
17          if j.tag == 'title' or j.tag =='features' or j.tag =='tel' or j.tag
18                  == 'address':
19              #將符合條件的資料加入串列中
20              single_record.append(j.text)
21          #將每一筆已轉換成串列的資料加入整個資料集的串列
22  list_data.append(single_record)
23
24  #將資料轉換成Data Frame
25  df = pd.DataFrame(list_data, columns=['名稱','特色','電話','地址'])
26  df.index += 1   #資料順序從1 開始
27  print(df)   #顯示結果
```

輸出結果

	名稱	特色	電話	地址
1	玉美人孕婦裝觀光工廠	台灣媽咪MIT好"孕"到	(02)89669762	新北市板橋區四川路2段16巷10號5樓
2	大黑松小倆口牛軋糖博物館	濃純潔白的愛情物語	(02)22687222	新北市土城區自強街31-2號
3	維格餅家鳳梨酥夢工場	鳳梨小金磚好運旺旺來	(02)22919131	新北市五股區成泰路1段87號
4	茶山房肥皂文化體驗館	練過輕功的天然肥皂	(02)26714400	新北市三峽區白雞路64-11號
5	琉傳天下藝術館	光與熱共舞的華麗演出	(02)26256972	新北市淡水區忠寮里口湖子1-7號
6	手信坊創意和菓子文化館	觸動五感的日本文化享受	(02)82620506	新北市土城區國際路55號
7	許新旺陶瓷紀念博物館	你儂我儂陶藝傳情	(02)26789571	新北市鶯歌區尖山埔路81號
8	宏洲磁磚觀光工廠	把泥土變黃金的超大印鈔機	(02)86782786	新北市鶯歌區中正三路230巷16號
9	工研益壽多文化館	酸溜溜的健康祕寶	(02)27781981	新北市淡水區埤島里46-7號

16.5.4 犯罪資料

1. 問題描述：利用新北市政府開放資料平台所提供的介接 API 抓取住宅竊盜、汽車竊盜、機車竊盜、自行車等案類犯罪受理資料(本資料為內政部警政署每季初步統計提供，僅供參考，正確統計數字仍以內政部警政署年度刑案統計資料為準)。
2. 資料來源：新北市政府開放資料平台“犯罪資料”。

   https://data.ntpc.gov.tw/datasets/8A32C6B5-46FC-4FAC-B3A4-317B9998BFD7

3. 本範例採用的資料格式：XML。

範例程式：犯罪資料.py

```
01  import requests as rq    #載入requests套件，縮寫為rq
02  import pandas as pd    #載入pandas套件，縮寫為pd
03
04  #載入ElementTree套件，縮寫為ET
05  from xml.etree import ElementTree as ET
06
07  #犯罪資料
08  url = 'https://data.ntpc.gov.tw/api/datasets/8A32C6B5-46FC-4FAC-B3A4-
09  317B9998BFD7/xml/previe '
10  r = rq.request('GET', url)    #對url發出get請求
11
12  #將得到的資料轉換成一棵元素樹（ElementTree）
13  xml_data = ET.fromstring(r.content)
14
```

```
15    list_data = []   #用以存放全部資料的資料集串列
16    for record in xml_data.iter('row'):   #針對每一筆資料
17        lst = []   #存放每一筆資料的內容
18        #將單一個'row'標籤中的每一個標籤的內容加到串列中
19    for col in record.iter():
20            lst.append(col.text)
21        #將已經轉換成串列的每一筆資料加入到資料集串列，去掉第0筆（內容空白）
22        list_data.append(lst[1:4])
23
24    #將資料集串列轉換成Data Frame
25    df = pd.DataFrame(list_data, columns=['案類','發生日期','發生地區'])
26    df.index += 1   #資料順序從1開始
27    print(df)
```

輸出結果

```
        案類      發生日期      發生地區
1     住宅竊盜   1050401   新北市三重區
2     住宅竊盜   1050401   新北市中和區
3     住宅竊盜   1050401   新北市樹林區
4     汽車竊盜   1050401   新北市中和區
5     機車竊盜   1050401      新北市
```

16.5.5　台積電(2330)2021-12 的 K 線圖

1. 問題描述：請先利用 "pip install --upgrade mplfinance" 指令下載繪 K 線圖套件。
2. 資料來源：利用以下網址抓取 2021/12 台積電 (2330) 的股票每日成交資訊並繪出 K 線圖：

   https://www.twse.com.tw/exchangeReport/STOCK_DAY?response=csv&date=202112&stockNo=2330

範例程式：16.5.05_台積電(2330)2021-12 的 K 線圖.py

```
01    import io
02    import pandas as pd
03    import requests
04    import mplfinance as mpf
05
```

```
06  url=\
07  'https://www.twse.com.tw/exchangeReport/STOCK_DAY?response=csv&date={}{}01
08  &stockNo={}'
09  year = 2021 # 年份
10  month = 12 # 月份
11  stockId = 2330 # 股票代碼
12  
13  # 請求資料
14  response = requests.get(url.format(year, month, stockId))
15  
16  # 利用 pandas 讀入 csv 格式的資料
17  df = pd.read_csv(io.StringIO(response.content.decode('big5')), header=1)
18  
19  # 取代 column names，為了讓 mplfinance 套件的函式識別得出來
20  df = df.rename(columns={
21      '日期': 'Date',
22      '開盤價': 'Open',
23      '最高價': 'High',
24      '最低價': 'Low',
25      '收盤價': 'Close',
26      '成交筆數': 'Volume'
27  })
28  
29  # 截取有用的 rows 和 columns
30  df = df.iloc[:-4, [0, 3, 4, 5, 6, 8]]
31  
32  # 以西元年取代民國
33  df['Date'] = df['Date'].str.replace(str(year-1911), str(year))
34  
35  # 轉換資料型態
36  df['Date'] = pd.to_datetime(df['Date']) # 轉換成 Datetime
37  df['Volume'] = df['Volume'].str.replace(',', '').astype(float) # 轉換成浮點數
38  
39  # 以 Date 欄位作為 Index
40  df.set_index('Date', inplace=True)
41  
42  # 設定 K 線圖的 style
43  marketColors = mpf.make_marketcolors(up='r', down='g', inherit=True)
44  style = mpf.make_mpf_style(base_mpf_style='yahoo', marketcolors=marketColors)
```

```
45
46  # 繪圖
47  mpf.plot(df, type='candle', volume=True, style=style)
```

輸出結果

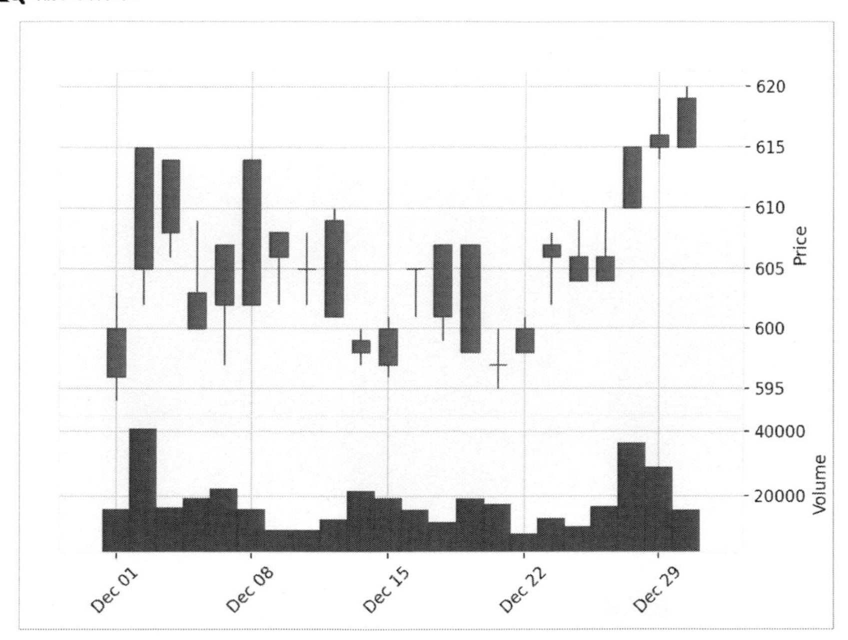

16.5.6 臺北市醫療違規裁處案件統計

1. 問題描述：利用臺北市政府開放資料平台所提供的介接 API 抓取臺北市醫療違規裁處案件統計。
2. 資料來源：臺北政府開放資料平台“臺北市醫療違規裁處案件統計”。

   https://quality.data.gov.tw/dq_download_json.php?nid=121556&md5_url=49a52bcc914b76d43c2eb3744879ddb3'

3. 本範例採用的資料格式：JSON。

範例程式：臺北市醫療違規裁處案件統計.py

```
01  import requests as rq    #載入 requests 套件
02
03  #臺北市醫療違規裁處案件統計
04  #url = 'http://data.taipei/opendata/datalist/apiAccess?scope=resourceAquire&rid
05  =3761afee-9059-4630-bb41-1c57682cff10'
06  url = 'https://quality.data.gov.tw/dq_download_json.php?nid=121556&
07  md5_url=49a52bcc914b76d43c2eb3744879ddb3'
08  r = rq.request('GET', url)    #對 url 發出 GET 請求
09
10  j = r.json()    #將資料轉換成 json 格式
11
12  #取出原始資料中的主要資料，得到的結果是一個串列
13  for i in range(len(j)):
14      #抓取罰鍰金額大於六萬元的案子
15      if eval(record['罰鍰金額'].replace(',', '')) >= 60000:
16          print('違規情節：', j[i]['違規情節'])
17          print('------------------------------------------------------------')
```

輸出結果

```
區域： 臺北市大安區
違規情節： 受處分人陳0穎係「0000美診所(機構代碼:350102****)」負責醫師，案
經民眾104年11月6日致本局檢舉該診所於網站刊登及利用通訊軟體Line傳送廣告內容
略以：「000年終慶...回春拉提...羽毛線拉提75折...微整及拉提滿萬折500...」
及「...000年終慶...雷射光療：C9淨膚雷射5堂贈1堂、10堂贈3堂、15堂贈5堂；
Fraxel二代飛梭雷射6999：3堂贈1輕飛梭、6堂贈2輕飛梭、9堂贈3輕飛梭；膠原美白
針(10次)6999：10贈1、20贈3、30贈6；極緻美白針(10次)7999：10贈1、20贈3、
30贈6；夜貓活力針(10次)7999：10贈1、20贈3、30贈6；極緻抗老針(10
次)14999：10贈1、20贈3、30贈6...」等2則優惠折扣醫療廣告，民眾另於104年11
月11日檢舉該診所於網站刊登及利用通訊軟體Line傳送廣告內容略以：「000年終
慶...回春拉提...羽毛線拉提75折...微整及拉提滿萬折500...」，本次違規廣告計
3則，並刊有診所名稱、地址及電話等資訊，違反醫療法第61條規定。
------------------------------------------------------------
```

16.5.7 不動產成交案件實際資訊

1. 問題描述：利用臺北市政府開放資料平台所提供的介接 API 抓取內政部不動產交易實價查詢服務網(係為產製當時之資料，後續系統維護致資料異動，可利用內政部不動產交易實價查詢服務網(https://lvr.land.moi.gov.tw/)所提供不動產交易實價查詢功能查閱最新實價資訊狀態，該系統會同步更新買賣、預售屋及租賃之交易實價資料。)
2. 資料來源：臺北市政府開放資料平台"不動產成交案件實際資訊"。

   https://data.taipei/#/dataset/detail?id=a9a97996-3a55-46c8-9076-e5ebdefad6dc

實價周報 OD ★★★★☆ 平均4.3 (9人/次投票) 分享：

加入收藏

資料項目	
實價週報	下載 (3329次) 預覽
詮釋資料	
主題分類	地政
政府網站分類	購屋及遷徙
資料集描述	臺北市不動產成交案件實際資訊申報登錄資訊(係為蓋製當時之資料，後續系統維護致資料異動，可利用臺北地政雲(https://cloud.land.gov.taipei/)所提供不動產交易實價查詢功能查閱最新實價資訊狀態，該系統會同步更新買賣、預售屋及租賃之交易實價資料。
關鍵詞	不動產,交易實際資訊,實價查詢,實價登錄
主要欄位說明	成交案件類型(CASE_T)、行政區(DISTRICT)、交易標的/租賃標的(CASE_F)、土地區段位置或建物區門牌(LOCATION)、土地移轉總面積(坪)/土地租賃總面積(坪)(LANDA)、都市土地使用分區(LANDA_Z)、交易年月(SDATE)、交易筆棟數/租賃筆棟數(SCNT)、移轉層次(SBUILD)、總樓層數(TBUILD)、建物型態(BUITYPE)、主要用途(PBUILD)、主要建材(MBUILD)、建築完成年月(FDATE)、建物移轉總面積(坪)/租賃總面積(坪)(FAREA)、建物現況格局_房(BUILD_R)、建物現況格局_廳(BUILD_L)、建物現況格局_衛(BUILD_B)、建物現況格局_隔間(BUILD_P)、有無管理組織(RULE)、有無附傢俱(BUILD_C)、交易總價(萬元)/租賃總價(萬元)(TPRICE)、交易單價(萬元/坪)/租賃單價(元/坪)(UPRICE)、單價是否含車位(UPNOTE)、車位類別及數量(PARKTYPE)、車位移轉總面積(坪)/車位租賃總面積(坪)(PAREA)、車位移轉總價(萬元)/車位租賃總價(元)(PPRICE)、有無電梯(ELEVATOR)、主建物總面積(MB_AREA)、附屬建物總面積(SB_AREA)、共有部分總面積(PU_AREA)、備註(RMNOTE)
國發會政府資料開放平台資料集類型	原始資料
最後更新時間	2022-01-05 06:16:22
資料量	779
發布時間	2019-03-06
更新頻率	每週
授權方式	依政府資料開放授權條款-第1版 https://data.taipei/#/rule

3. 本範例採用的資料格式：XML。

範例程式：不動產成交案件實際資訊.py

```
01  import requests as rq    #載入requests 套件，縮寫為rq
02  import pandas as pd    #載入pandas 套件，縮寫為pd
03  from xml.etree.ElementTree import fromstring, ElementTree #載入fromstring 和
04  EementTree 套件
05  # "不動產成交案件實際資訊" 介接網址
06  url = 'https://data.taipei/api/getDatasetInfo/downloadResource?id=
07  a9a97996-3a55-46c8-9076-e5ebdefad6dc&rid=2979c431-7a32-4067-9af2-e716cd825c4b'
08  r = rq.request("GET", url)    #發出HTML GET 請求
09
```

```
10  #將得到的內容(XML 格式)轉換成 ElementTree，並取得第四層資料節點
11  data = ElementTree(fromstring(r.content)).getroot()[0][0][0][0]
12  lst = [] #用以存放所有資料的串到
13  
14  #使用 for 取得 data 內標籤 DISTRICT 不為 None 的值
15  for i in range(sum(1 for _ in data.iter() if _.get('DISTRICT')!=None)):
16      record = [] #用以存放單筆資料的串列
17      record.append(data[i][1].attrib['DISTRICT']) #將標籤中的內容加入串列 recod
18      record.append(data[i][22].attrib['UPRICE'])  #將標籤中的內容加入串列 recod
19      lst.append(record) #將一筆資料加入串列 lst
20  
21  #備註-中文欄位名稱
22  '''
23  成交案件類型(CASE_T)、行政區(DISTRICT)、交易標的/租賃標的(CASE_F)、土地區段
24  位置或建物區門牌(LOCATION)、土地移轉總面積(坪)/土地租賃總面積(坪)(LANDA)、都市土地
25  使用分區(LANDA_Z)、交易年月(SDATE)、交易筆棟數/租賃筆棟數(SCNT)、移轉層次(SBUILD)
26  、總樓層數(TBUILD)、建物型態(BUITYPE)、主要用途(PBUILD)、主要建材(MBUILD)、建築完
27  成年月(FDATE)、建物移轉總面積(坪)/租賃總面積(坪)(FAREA)、建物現況格局_房(BUILD_R)
28  、建物現況格局_廳(BUILD_L)、建物現況格局_衛(BUILD_B)、建物現況格局_隔間(BUILD_P)、
29  有無管理組織(RULE)、有無附傢俱(BUILD_C)、交易總價(萬元)/租賃總價(萬元)(TPRICE)、
30  交易單價(萬元/坪)/租賃單價(元/坪)(UPRICE)、單價是否含車位(UPNOTE)、車位類別及數量
31  (PARKTYPE)、車位移轉總面積(坪)/車位租賃總面積(坪)(PAREA)、車位移轉總價(萬元)/車位
32  租賃總價(元)(PPRICE)、備註(RMNOTE)
33  '''
34  #欄位名稱
35  fields = ['行政區','交易單價(萬元/坪)/租賃單價(元/坪)']
36  #將資料轉換成 DataFrame
37  df = pd.DataFrame(lst, columns=fields)
38  df.index += 1 #資料的順序從 1 開始
39  
40  #先將欄位“交易單價(萬元/坪)/租賃單價(元/坪)”的值轉換成浮點數
41  df['交易單價(萬元/坪)/租賃單價(元/坪)'] = df['交易單價(萬元/坪)/租賃單價(元/坪)'].
42  astype('float32')
43  
44  #獲得各區域的交易單價(萬元/坪)/租賃單價(元/坪)
45  result = df.groupby(by=['行政區'])['交易單價(萬元/坪)/租賃單價(元/坪)'].sum()
46  print(result)
```

輸出結果

```
行政區
              0.000000
中山區    117898.414062
中正區     40015.667969
信義區     49022.031250
內湖區     41678.910156
北投區     22073.099609
南港區      7584.350098
士林區     45279.257812
大同區     25438.339844
大安區     66580.742188
文山區      5306.520020
松山區     61421.328125
萬華區     16897.810547
Name: 交易單價(萬元/坪)/租賃單價(元/坪), dtype: float32
```

16.5.8 日成交量前二十名證券

1. 問題描述：抓取證券所的日成交量前二十名證券。
2. 資料來源：證券所的“日成交量前二十名證券”。

   http://www.twse.com.tw/zh/page/trading/exchange/MI_INDEX20.html

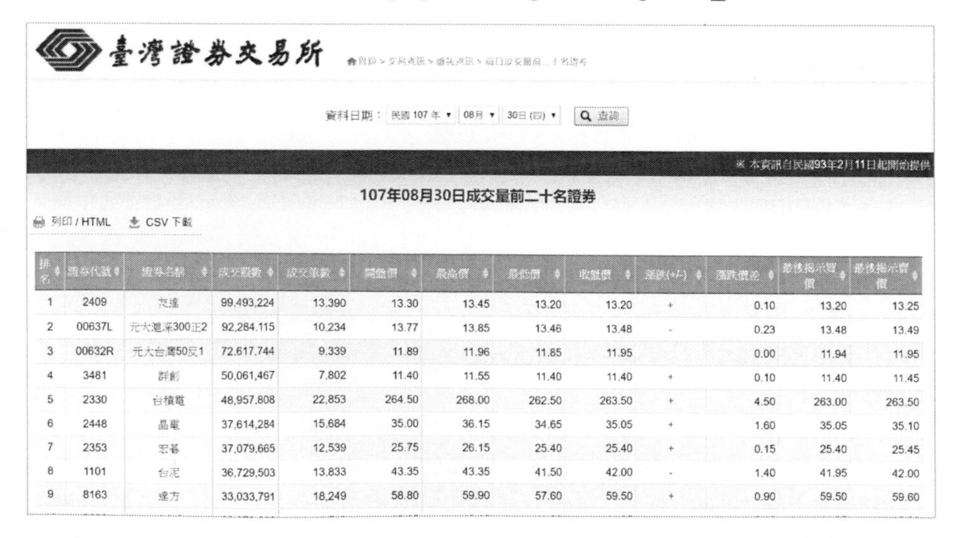

臺灣證券交易所

資料日期：民國 107 年 08月 30日 (四) 查詢

※ 本資訊自民國93年2月11日起開始提供

107年08月30日成交量前二十名證券

列印 / HTML　CSV 下載

排名	證券代號	證券名稱	成交股數	成交筆數	開盤價	最高價	最低價	收盤價	漲跌(+/-)	漲跌價差	最後揭示買價	最後揭示賣價
1	2409	友達	99,493,224	13,390	13.30	13.45	13.20	13.20	+	0.10	13.20	13.25
2	00637L	元大滬深300正2	92,284,115	10,234	13.77	13.85	13.46	13.48	-	0.23	13.48	13.49
3	00632R	元大台灣50反1	72,617,744	9,339	11.89	11.96	11.85	11.95		0.00	11.94	11.95
4	3481	群創	50,061,467	7,802	11.40	11.55	11.40	11.40	+	0.10	11.40	11.45
5	2330	台積電	48,957,808	22,853	264.50	268.00	262.50	263.50	+	4.50	263.00	263.50
6	2448	晶電	37,614,284	15,684	35.00	36.15	34.65	35.05	+	1.60	35.05	35.10
7	2353	宏碁	37,079,665	12,539	25.75	26.15	25.40	25.40	+	0.15	25.40	25.45
8	1101	台泥	36,729,503	13,833	43.35	43.35	41.50	42.00	-	1.40	41.95	42.00
9	8163	達方	33,033,791	18,249	58.80	59.90	57.60	59.50	+	0.90	59.50	59.60

3. 本範例採用的資料格式：JSON。

範例程式：日成交量前二十名證券.py

```
01  import pandas as pd   #載入pandas 套件，縮寫為pd
02  import requests as rq   #載入requests 套件，縮寫為rq
03
04  # "日成交量前二十名證券" 資料來源
05  url = 'http://www.twse.com.tw/exchangeReport/MI_INDEX20?response=json&date=&_=
06  1513501982216'
07  r = rq.get(url)   #發出 html get 請求
08
09  #將請求結果轉換成json 格式並顯示查看轉換結果
10  json_data = r.json()
11
12  #將json 資料轉換成 pandas DataFrame 型態 （參數1：資料內容，型態為 list；參數columns
13  ：指定欄位名稱，型態為 list）
14  df = pd.DataFrame(json_data['data'], columns=json_data['fields'])
15  print(df)
16
17  #顯示'漲跌(+/-)'欄位
18  print(df['漲跌(+/-)'])
19
20  #處理'漲跌(+/-)'欄位：去掉'+'或'-'以外的字元
21  for i in range(len(df['漲跌(+/-)'])):
22          #檢查該筆資料的'漲跌(+/-)'欄位是否為空
23      if df['漲跌(+/-)'][i] == '':
24              #若是，則跳過這筆資料
25          continue
26      else:   #否則，進行處理
27          #抓出該筆資料'+'或'-'的索引位置
28          index_of_target = df['漲跌(+/-)'][i].index('>') + 1
29          #取得'+'或'-'單一字元
30          target = df['漲跌(+/-)'][i][index_of_target]
31          #以取得的字元將整比資料替換掉
32          df['漲跌(+/-)'][i] = target
33  print(df)   #顯示處理後結果
```

輸出結果

	排名	證券代號	證券名稱	成交股數	成交筆數	開盤價	最高價	最低價	收盤價	漲跌(+/-)	漲跌價差	最後揭示買價	最後揭示賣價
0	1	3481	群創	158,101,481	19,556	14.20	14.25	13.90	13.95	<span style='color:green'>-</span>	0.10	13.90	13.95
1	2	00637L	元大滬深300正2	140,619,473	13,759	22.49	22.78	22.26	22.35	<span style='color:red'>+</span>	0.15	22.34	22.35
2	3	2409	友達	102,375,418	12,401	13.25	13.25	13.05	13.05	<span style='color:green'>-</span>	0.10	13.05	13.10
3	4	00632R	元大台灣50反1	96,261,682	12,038	12.66	12.70	12.59	12.65	<span style='color:green'>-</span>	0.12	12.65	12.66
4	5	2371	大同	77,854,587	17,785	27.55	27.85	25.10	25.40	<span style='color:green'>-</span>	1.95	25.40	25.45
5	6	2888	新光金	68,510,267	8,105	10.70	10.80	10.65	10.75	<span style='color:red'>+</span>	0.15	10.75	10.80
6	7	2317	鴻海	56,382,825	24,836	94.10	94.80	93.80	93.80	<span style='color:red'>+</span>	0.40	93.80	93.90
7	8	2883	開發金	52,934,568	9,069	10.90	10.95	10.85	10.90	<span style='color:red'>+</span>	0.10	10.85	10.90
8	9	6153	嘉聯益	51,428,730	20,430	48.00	48.40	45.30	45.30	<span style='color:green'>-</span>	0.60	45.30	45.35
9	10	2330	台積電	50,119,952	19,482	245.00	250.00	245.00	248.50	<span style='color:red'>+</span>	6.50	248.50	249.00
10	11	00710B	FH彭博高收益債	48,001,000	2	19.78	19.78	19.78	19.78	<span style='color:green'>-</span>	0.01	19.75	19.79
11	12	6116	彩晶	47,100,685	7,744	10.80	10.90	10.40	10.40	<span style='color:green'>-</span>	0.30	10.40	10.45
12	13	2353	宏碁	46,154,704	14,818	27.60	27.70	27.10	27.20		0.00	27.20	27.25
13	14	2344	華邦電	40,500,321	10,209	23.50	23.65	23.25	23.35	<span style='color:red'>+</span>	0.05	23.35	23.40
14	15	2303	聯電	40,184,881	6,872	14.30	14.40	14.30	14.30		0.00	14.30	14.35
15	16	2448	晶電	39,119,514	16,451	56.30	56.90	53.80	53.90	<span style='color:green'>-</span>	1.00	53.80	53.90
16	17	1314	中石化	37,875,131	6,582	15.75	15.85	15.55	15.55	<span style='color:green'>-</span>	0.10	15.55	15.60
17	18	2603	長榮	35,416,811	6,188	18.00	18.25	17.90	18.10	<span style='color:red'>+</span>	0.05	18.05	18.10
18	19	2891	中信金	35,139,242	6,826	22.00	22.15	21.90	21.90	<span style='color:green'>-</span>	0.10	21.90	21.95
19	20	2367	燿華	35,129,702	10,536	25.45	25.75	24.75	24.80	<span style='color:green'>-</span>	0.45	24.80	24.85

```
0     <span style='color:green'>-</span>
1       <span style='color:red'>+</span>
2     <span style='color:green'>-</span>
3     <span style='color:green'>-</span>
4     <span style='color:green'>-</span>
5       <span style='color:red'>+</span>
6       <span style='color:red'>+</span>
7       <span style='color:red'>+</span>
8     <span style='color:green'>-</span>
9       <span style='color:red'>+</span>
10    <span style='color:green'>-</span>
11    <span style='color:green'>-</span>
12
13      <span style='color:red'>+</span>
14
15    <span style='color:green'>-</span>
16    <span style='color:green'>-</span>
17      <span style='color:red'>+</span>
18    <span style='color:green'>-</span>
19    <span style='color:green'>-</span>
Name: 漲跌(+/-), dtype: object
```

	排名	證券代號	證券名稱	成交股數	成交筆數	開盤價	最高價	最低價	收盤價	漲跌(+/-)	漲跌價差	最後揭示買價	最後揭示賣價
0	1	3481	群創	158,101,481	19,556	14.20	14.25	13.90	13.95	-	0.10	13.90	13.95
1	2	00637L	元大滬深300正2	140,619,473	13,759	22.49	22.78	22.26	22.35	+	0.15	22.34	22.35
2	3	2409	友達	102,375,418	12,401	13.25	13.25	13.05	13.05	-	0.10	13.05	13.10
3	4	00632R	元大台灣50反1	96,261,682	12,038	12.66	12.70	12.59	12.65	-	0.12	12.65	12.66
4	5	2371	大同	77,854,587	17,785	27.55	27.85	25.10	25.40	-	1.95	25.40	25.45
5	6	2888	新光金	68,510,267	8,105	10.70	10.80	10.65	10.75	+	0.15	10.75	10.80
6	7	2317	鴻海	56,382,825	24,836	94.10	94.80	93.80	93.80	+	0.40	93.80	93.90
7	8	2883	開發金	52,934,568	9,069	10.90	10.95	10.85	10.90	+	0.10	10.85	10.90
8	9	6153	嘉聯益	51,428,730	20,430	48.00	48.40	45.30	45.30	-	0.60	45.30	45.35
9	10	2330	台積電	50,119,952	19,482	245.00	250.00	245.00	248.50	+	6.50	248.50	249.00
10	11	00710B	FH彭博高收益債	48,001,000	2	19.78	19.78	19.78	19.78	-	0.01	19.75	19.79
11	12	6116	彩晶	47,100,685	7,744	10.80	10.90	10.40	10.40	-	0.30	10.40	10.45
12	13	2353	宏碁	46,154,704	14,818	27.60	27.70	27.10	27.20		0.00	27.20	27.25
13	14	2344	華邦電	40,500,321	10,209	23.50	23.65	23.25	23.35	+	0.05	23.35	23.40
14	15	2303	聯電	40,184,881	6,872	14.30	14.40	14.30	14.30		0.00	14.30	14.35
15	16	2448	晶電	39,119,514	16,451	56.30	56.90	53.80	53.90	-	1.00	53.80	53.90
16	17	1314	中石化	37,875,131	6,582	15.75	15.85	15.55	15.55	-	0.10	15.55	15.60
17	18	2603	長榮	35,416,811	6,188	18.00	18.25	17.90	18.10	+	0.05	18.05	18.10
18	19	2891	中信金	35,139,242	6,826	22.00	22.15	21.90	21.90	-	0.10	21.90	21.95
19	20	2367	燿華	35,129,702	10,536	25.45	25.75	24.75	24.80	-	0.45	24.80	24.85

16.5.9 每月新北市 A1 類道路交通事故——肇事時間別

1. 問題描述：利用新北市政府開放資料平台所提供的介接 API 抓取每月新北市 A1 類道路交通事故－肇事時間別。
2. 資料來源：新北市政府開放資料平台“每月新北市 A1 類道路交通事故－肇事時間別”。

   https://data.ntpc.gov.tw/datasets/5992155D-41DD-4466-98F3-CA2463835999

3. 本範例採用的資料格式：XML。

範例程式：每月新北市 A1 類道路交通事故－肇事時間別.py

```
01  import requests as rq    #載入 requests 套件，縮寫為 rq
02  import pandas as pd    #載入 pandas 套件，縮寫為 pd
03
04  #載入 ElementTree 套件，縮寫為 ET
05  from xml.etree import ElementTree as ET
06
07  #每月新北市 A1 類道路交通事故－肇事時間別
08  url = 'https://data.ntpc.gov.tw/api/datasets/5992155D-41DD-4466-98F3-
09  CA2463835999/xml/preview'
10  r = rq.request('GET', url)    #發出 GET 請求
11
```

```
12  #將得到的內容（XML 格式）轉換成ElementTree
13  data = ET.fromstring(r.content)
14  
15  lst = []    #用以存放所有資料的串列
16  for i in data.iter('row'):    #針對每一筆'row'標籤
17      record = []    #用以存放單筆資料的串列
18      for j in i.iter():    #針對一個'row'中的每一個標籤
19          record.append(j.text)  #將標籤中的內容加入串列record
20      #將一筆資料加入串列lst（不要record 的第0 個元素，因為它是空白）
21      lst.append(record[1:])
22  
23  #定義欄位名稱
24  fields = ['年月', '機關', '0-2', '2-4', '4-6', '6-8', '8-10', '10-12',
25            '12-14', '14-16', '16-18', '18-20', '20-22', '22-24']
26  
27  #將資料轉換成DataFrame
28  df = pd.DataFrame(lst, columns=fields)
29  df.index += 1    #資料的順序從1 開始
30  
31  result = []    #用以存取每一個時間別所發生交通意外次數的串列
32  for i in range(2, 14):
33      #將每一個時間別欄位的數據加總並加入串列result
34      result.append(df[fields[i]].astype('double').sum())
35      print(fields[i]+':', result[i-2])    #顯示加總的結果
36  
37  #顯示最常發生交通事故的時間別
38  print('每月新北市A1 類道路最常發生交通事故的時間別是：%s(%d)' % (fields[result.
39  index(max(result))+2], max(result)))
```

輸出結果

```
0-2: 30
2-4: 25
4-6: 27
6-8: 45
8-10: 59
10-12: 45
12-14: 33
14-16: 34
16-18: 60
18-20: 33
20-22: 43
22-24: 31
每月新北市A1類道路最常發生交通事故的時間別是：16-18(60)
```

16.5.10 氣象局開放資料的擷取

1. 問題描述：利用台北市政府開放資料 / 「今日氣象資訊」API 存取台北市各各行政區的氣象資訊。
2. 資料來源：台北市政府開放資料 / 「今日氣象資訊」API 存取。

   http://data.taipei/opendata/datalist/apiAccess?scope=resourceAquire&rid=1f1aaba5-616a-4a33-867d-878142cac5c4"

3. 本範例採用的資料格式：JSON。

範例程式：氣象局開放資料的擷取.py

```
01  import requests
02  import csv
03  # 網站每 3 小時更新一次資訊
04  # 因此以將本程序掛載於排程中
05  # 即可長期收集氣溫資料 (以下僅保留松山區為例)
06
07  url=\
08  "http://data.taipei/opendata/datalist/apiAccess?scope=resourceAquire&rid=1f1aa
09  ba5-616a-4a33-867d-878142cac5c4"
10
11  jsondata = requests.get(url).json()
12
13  # 資料輸出檔案儲存位置
14  csv_output = 'C:\\Users\\Bright\\Desktop\\output.csv'
15
16  # 以附加模式(append)輸出至檔案
17  with open(csv_output, 'a', newline='') as out:
18      writer = csv.writer(out, delimiter=',', quotechar="'", quoting=csv.QUOTE_NONE)
19      # write header
20      writer.writerow(['dataTime', 'locationName', 'geocode', 'value'])
21      for row in jsondata["result"]["results"]:
22          locationName = row["locationName"]
23          geocode = row["geocode"]
24          value = row["value"]
25          dataTime = row["dataTime"]
26
27          # 螢幕顯示
28          print("loc:", dataTime, " " , locationName, " ",
29                                    geocode, " ", value)
30          if(locationName=='松山區'):
31              # 寫入至檔案
32              writer.writerow([dataTime, locationName, geocode, value])
```

程式解析

本範例使用之資料格式為 JSON，並以網際網路讀取方式。

第 17 行：開啟輸出檔案，a 表示為 append，表示當檔案存在時，以附加的方式接續寫入。

第 18 行：利用 CSV 套件指定寫入方式。

第 20 行：寫入表頭。

第 21-25 行：逐筆取得資料集記錄。

第 30-32 行：判斷 locationName 是否為松山區，若是則寫入檔案。

最後，則輸入的檔案將形成只有松山區的資料，以此達成資料過濾的目的。

輸出結果樣本

```
loc: 2018-08-29T06:00:00+08:00    松山區    6300100    25
loc: 2018-08-29T09:00:00+08:00    松山區    6300100    29
loc: 2018-08-29T12:00:00+08:00    松山區    6300100    33
loc: 2018-08-29T15:00:00+08:00    松山區    6300100    31
loc: 2018-08-29T18:00:00+08:00    松山區    6300100    29
loc: 2018-08-29T21:00:00+08:00    松山區    6300100    28
loc: 2018-08-30T00:00:00+08:00    松山區    6300100    27
loc: 2018-08-30T03:00:00+08:00    松山區    6300100    26
loc: 2018-08-30T06:00:00+08:00    松山區    6300100    26
loc: 2018-08-30T09:00:00+08:00    松山區    6300100    30
loc: 2018-08-30T12:00:00+08:00    松山區    6300100    32
loc: 2018-08-30T15:00:00+08:00    松山區    6300100    31
loc: 2018-08-30T18:00:00+08:00    松山區    6300100    29
loc: 2018-08-30T21:00:00+08:00    松山區    6300100    28
loc: 2018-08-31T00:00:00+08:00    松山區    6300100    27
loc: 2018-08-31T03:00:00+08:00    松山區    6300100    27
loc: 2018-08-31T06:00:00+08:00    松山區    6300100    26
loc: 2018-08-31T09:00:00+08:00    松山區    6300100    30
```

16.5.11 台北市 UBike 開放資料的擷取

1. 問題描述：台北市公共自行車即時的可借與可停的資訊。
2. 資料來源：台北市政府交通局 / YouBike 台北市公共自行車即時資訊。

   https://data.taipei/#/dataset/detail?id=c6bc8aed-557d-41d5-bfb1-8da24f78f2fb

YouBike2.0臺北市公共自行車即時資訊 OD　★★★☆☆ 平均3.4 (9人/次投票)　分享：

加入收藏

資料項目

YouBike2.0臺北市公共自行車即時資訊　下載 (0次)　預覽

詮釋資料

主題分類	交通
政府網站分類	交通及通訊
資料集描述	為提供更優質之資料服務，YouBike臺北市公共自行車即時資訊介接網址為 https://tcgbusfs.blob.core.windows.net/dotapp/youbike/v2/youbike_immediate.json，檔案格式為json檔。
關鍵詞	
主要欄位說明	sno(站點代號)、sna(場站中文名稱)、tot(場站總停車格)、sbi(場站目前車輛數量)、sarea(場站區域)、mday(資料更新時間)、lat(緯度)、lng(經度)、ar(地點)、sareaen(場站區域英文)、snaen(場站名稱英文)、aren(地址英文)、bemp(空位數量)、act(全站禁用狀態)、srcUpdateTime、updateTime、infoTime、infoDate
國發會政府資料開放平台資料集類型	原始資料
最後更新時間	2021-04-14 17:43:53
資料量	
發布時間	2020-10-20
更新頻率	每分鐘

3. 本範例採用的資料格式：JSON。

範例程式：Ubike.py

```
01  import sys
02  import json
03  import requests
04
05  url = 'https://tcgbusfs.blob.core.windows.net/dotapp/youbike/v2/
06  youbike_immediate.json'
07  data = requests.get(url).content.decode("utf-8")
08
09  jsondata = json.loads(data)
10  #sno：站點代號
11  #sna：場站名稱(中文)
12  #tot：場站總停車格
13  #sbi：場站目前車輛數量
14  #sarea：場站區域(中文)
15  #mday：資料更新時間
```

```
16  #lat：緯度
17  #lng：經度
18  #ar：地(中文)
19  #sareaen：場站區域(英文)
20  #snaen：場站名稱(英文)
21  #aren：地址(英文)
22  #bemp：空位數量
23  #act：全站禁用狀態
24  for i in range(len(jsondata)):
25      detail = jsondata[i]
26      sna = detail['sna']
27      sbi = detail['sbi']
28      bemp = detail['bemp']
29      act = detail['act']
30      mday = detail['mday']
31      row = '站名:' + sna + ',' + '可借:' + str(sbi) + ',' + '可停:' + str(bemp)
32            + ',' + '場站運作中:' + act
33      print(row)
34  print(row.encode(sys.stdin.encoding, "replace").decode(sys.stdin.encoding))
```

程式解析

本範例使用之資料格式為 JSON，並自網際網路讀取開放資料。

第 7 行：讀取開放資料。

第 9 行：以 json 格式解析資料。

第 24-30 行：逐筆擷取 json 資料集傳入各個變數(detail - mday)。

第 31 行：將各變數組合成 "站名:xxx 可借:xxx..." 等資訊。

第 34 行：以格式化顯示變數資訊。

輸出結果樣本

```
站名:0001 捷運市政府站(3號出口) 可借:88 可停:91 場站運作中:1
站名:0002 捷運國父紀念館站(2號出口) 可借:26 可停:22 場站運作中:1
站名:0003 台北市政府 可借:34 可停:6 場站運作中:1
站名:0004 市民廣場 可借:54 可停:6 場站運作中:1
站名:0005 興雅國中 可借:18 可停:41 場站運作中:1
站名:0006 臺北南山廣場 可借:50 可停:28 場站運作中:1
站名:0007 信義廣場(台北101) 可借:30 可停:49 場站運作中:1
站名:0008 世貿三館 可借:38 可停:22 場站運作中:1
站名:0009 松德站 可借:21 可停:19 場站運作中:1
站名:0010 台北市災害應變中心 可借:14 可停:34 場站運作中:1
站名:0011 三張犁 可借:10 可停:55 場站運作中:1
站名:0012 臺北醫學大學 可借:12 可停:35 場站運作中:1
站名:0013 福德公園 可借:19 可停:35 場站運作中:1
站名:0014 榮星花園 可借:12 可停:20 場站運作中:1
站名:0015 饒河夜市 可借:25 可停:34 場站運作中:1
站名:0016 松山家商 可借:7 可停:41 場站運作中:1
站名:0017 民生光復路口 可借:17 可停:17 場站運作中:1
站名:0018 臺北市藝文推廣處 可借:18 可停:18 場站運作中:1
站名:0019 象山公園 可借:21 可停:8 場站運作中:1
```

16.5.12　各縣市月份犯罪統計

1. 問題描述：犯罪統計前五名的縣市與統計前五名月份的件數。
2. 資料來源：政府資料開放平台-內政部警政署。

3. 本範例採用的資料格式：CSV。

範例程式：各縣市月份犯罪統計.py

```
01  import requests
02  import pandas as pd
03  # http://data.gov.tw/node/14200
04  # 每季初步統計提供
05  # 資料集提供機關名稱: 警政署
06
07  #10501-10503
08  "#url = 'https://quality.data.gov.tw/dq_download_csv.php?
09  nid=14200&md5_url=b04f314b8cfbe475e883399846c442f4"
10  url = r"C:\\Users\\Apple\\Desktop\\10501-10503.csv"
11  crime1 = pd.read_csv(url, encoding="utf-8")
12
13  #10504-10506
14  #url = 'https://quality.data.gov.tw/dq_download_csv.php?
15  nid=14200&md5_url=700a8707eca3ba8c8fd409cfe52eeca6'
16  url = r"C:\\Users\\Apple\\Desktop\\10504-10506.csv"
17  crime2 = pd.read_csv(url, encoding="utf-8")
18
19  #10507-10509
20  #url = 'https://quality.data.gov.tw/dq_download_csv.php?
21  nid=14200&md5_url=71255ab2391423f4e725c6b12f3e7652'
22  url = r"C:\\Users\\Apple\\Desktop\\10507-10509.csv"
23  crime3 = pd.read_csv(url, encoding="utf-8")
24  print('3')
25  #10510-10512
26  #url = 'https://quality.data.gov.tw/dq_download_csv.php?
27  nid=14200&md5_url=0f2840bbebd0e3a7c1e3f2a13f528c4f'
28  url = "C:\\Users\\Apple\\Desktop\\10510-10512 犯罪資料.csv"
29  crime4 = pd.read_csv(url, encoding="utf-8")
30
31  # 各季資料合併
32  frames = [pd.DataFrame(crime1), pd.DataFrame(crime2), pd.DataFrame(crime3),
33  pd.DataFrame(crime4)]
34  df = pd.concat(frames)
35
36  # 設定顯示前n 名
37  nShowTop = 5
```

```
38
39  # Sort by Location
40  df['發生地點'] = df['發生地點'].str[0:3]
41  counts_df = pd.DataFrame(df.groupby('發生地點').size().rename('counts'))
42  sorted = counts_df.sort_values(by='counts', ascending=0)
43
44  print('<<<<< 犯罪統計前', nShowTop, '名地區 >>>>>')
45  nLoop = 1;
46  for name, counts in sorted.iterrows():
47      print('第', nLoop, '名 - ', name, ' ', counts[0], '次')
48      nLoop = nLoop + 1
49      if nLoop > nShowTop:
50          break
51  print()
52
53  # Sort by Month
54  df['發生月份'] = df['發生日期'].astype(str).str[3:5]
55  counts_df = pd.DataFrame(df.groupby('發生月份').size().rename('counts'))
56  sorted = counts_df.sort_values(by='counts', ascending=0)
57
58  print('<<<<< 犯罪統計前', nShowTop, '名月份 >>>>>')
59  nLoop = 1;
60  for name, counts in sorted.iterrows():
61      print('第', nLoop, '名 - ', name, ' ', counts[0], '次')
62      nLoop = nLoop + 1
63      if nLoop > nShowTop:
64          break
65  print()
```

程式解析

本範例使用之資料格式為 CSV，並自網際網路讀取開放資料。

第 7-29 行：讀取各季 CSV 資料。

第 32-34 行：將各季資料合併為 df。

第 40-42 行：資料清理及群組加總後排序(以地區別加總及排序)。

第 44-50 行：顯示排序後結果(僅列出指定之資料筆數)。

第 54-56 行：資料清理及群組加總後排序(以月份別加總及排序)。

第 58-64 行：顯示排序後結果(僅列出指定之資料筆數)。

註：第 51 行與第 65 行僅為增加易讀性(畫面上空一行)。

輸出結果樣本

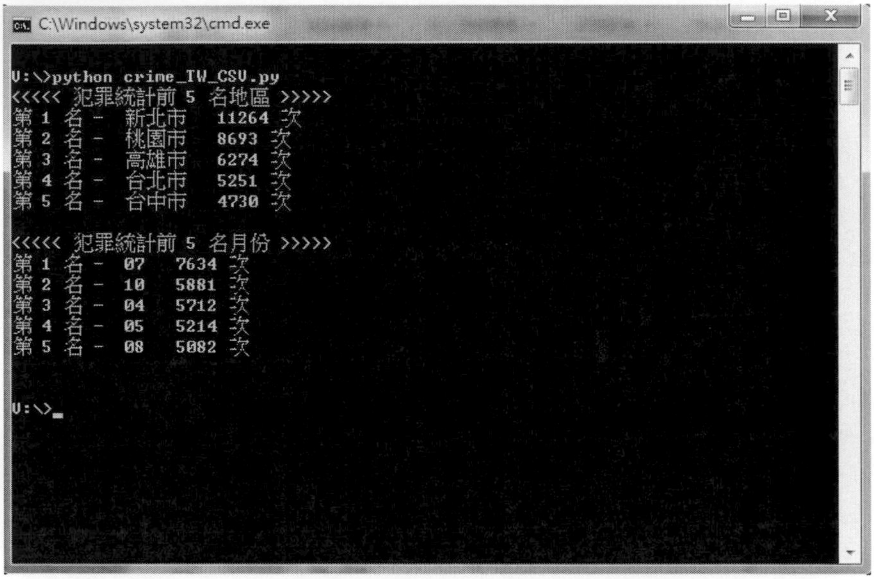

```
C:\Windows\system32\cmd.exe
V:\>python crime_TW_CSV.py
<<<<< 犯罪統計前 5 名地區 >>>>>
第 1 名 -  新北市   11264 次
第 2 名 -  桃園市   8693 次
第 3 名 -  高雄市   6274 次
第 4 名 -  台北市   5251 次
第 5 名 -  台中市   4730 次

<<<<< 犯罪統計前 5 名月份 >>>>>
第 1 名 - 07   7634 次
第 2 名 - 10   5881 次
第 3 名 - 04   5712 次
第 4 名 - 05   5214 次
第 5 名 - 08   5082 次


V:\>_
```

16.5.13 新北市 A1 交通事故各項排名

1. 問題描述：利用新北市政府開放平台輸出 A1 交通事故各項排名。
2. 資料來源：新北市政府開放平台。

   http://data.ntpc.gov.tw

3. 本範例程式的資料格式：JSON。

範例程式：新北市 A1 交通事故各項排名.py

```
01  import json
02  import requests
03  import pandas as pd
04  
05  # 資料來源: http://data.ntpc.gov.tw (新北市政府資料開放平台)
06  # A1 類：造成人員當場或二十四小時內死亡之交通事故。
07  
08  # 設定顯示前 n 名
09  nShowTop = 5
10  
11  def DisplayTopN(Title, Captions, Data):
12      print('<<<<< ', Title, '前', nShowTop, '名 >>>>>')
13      __nLoop = 1;
14      for __i, __row in sorted.iterrows():
15          print('第', __nLoop, '名 -', Captions[__row.name],
16                  __row[0], '次')
17          __nLoop = __nLoop + 1
18          if __nLoop > nShowTop:
```

```
19                 break
20         print()
21
22     def BuildColumnList(Captions):
23         __cols = []
24         for __i in range(1, len(Captions) - 1):
25             __cols.append("field{0}".format(__i))
26     #    __cols.append("other")
27         return(__cols)
28
29     def LoadJsonAndSort(url, cols):
30         __data = requests.get(url).content.decode("utf-8")
31         __jsondata = json.loads(__data)
32
33         __df = pd.DataFrame(__jsondata, columns = cols)
34         __df = __df.replace([''],[0]).astype(int).sum()
35         __sorted = __df.sort_values(ascending=False).to_frame()
36         return(__sorted)
37
38     # 每月新北市A1 交通事故車輛種類
39     # https://data.ntpc.gov.tw/datasets/03A46914-B774-4C1C-BF75-E6EECE1E311C
40     # yearmonth：年月、organ：機關、field1：營業大客車、field2：自用大客車、field3：
       營業小客車、field3：自用小客車、field5：營業大貨車、field6：自用大貨車、field7：
       營業小貨車、field8：自用小貨車、field9：重型機車、field10：輕型機車、field11：
       軍用小客車、field12：軍用吉普車、field13：軍用大貨車、other：其他
41     url = 'https://data.ntpc.gov.tw/api/datasets/03A46914-B774-4C1C-BF75-
       E6EECE1E311C/json'
42     captions = {'field1':'營業大客車','field2':'自用大客車','field3':'營業小客車
       ','field4':'自用小客車','field5':'營業大貨車','field6':'自用大貨車','field7':
       '營業小貨車','field8':'自用小貨車','field9':'重型機車','field10':'輕型機車
       ','field11':'軍用小客車','field12':'軍用吉普車','field13':'軍用大貨車','other':'
       其他'}
43     sorted = LoadJsonAndSort(url, BuildColumnList(captions))
44     DisplayTopN('每月新北市A1 交通事故車輛種類', captions, sorted)
45
46     # 每月新北市A1 類道路交通事故－肇事者
47     # https://data.ntpc.gov.tw/datasets/0D1DF0FD-D3C6-4438-8C4C-C2AFDB98B31A
48     # yearmonth:年月organ:機關field1:肇事者(第一當事人)-男field2:肇事者(第一當事人)-
       女field3:肇事者(第一當事人)-不詳field4:死亡-男field5:死亡-女field6:受傷-男
       field7 受傷－女
```

```
49  # https://data.ntpc.gov.tw/api/datasets/0D1DF0FD-D3C6-4438-8C4C-
    C2AFDB98B31A/json
50  url = 'https://data.ntpc.gov.tw/api/datasets/0D1DF0FD-D3C6-4438-8C4C-
    C2AFDB98B31A/json'
51  captions = {'field1':'肇事者(第一當事人)-男','field2':'肇事者(第一當事人)-
    女','field3':'肇事者(第一當事人)-不詳','field4':'死亡-男','field5':'死亡-
    女','field6':'受傷-男','field7':'受傷－女'}
52  sorted = LoadJsonAndSort(url, BuildColumnList(captions))
53  DisplayTopN('每月新北市 A1 類道路交通事故－肇事者', captions, sorted)
54  
55  # 每月新北市 A1 類道路交通事故－肇事時間別
56  # https://data.ntpc.gov.tw/datasets/5992155D-41DD-4466-98F3-CA2463835999
57  # yearmonth:年月、organ:機關、field1:0-2、field2:2-4、field3:4-6、field4:6-8、
    field5:8-10、field6:10-12、field7:12-14、field8:14-16、field9:16-18、
    field10:18-20、field11:20-22、field12:22-24
58  # https://data.ntpc.gov.tw/api/datasets/5992155D-41DD-4466-98F3-
    CA2463835999/json
59  url = 'https://data.ntpc.gov.tw/api/datasets/5992155D-41DD-4466-98F3-
    CA2463835999/json'
60  captions = {'field1':'0-2','field2':'2-4','field3':'4-6','field4':'6-
    8','field5':'8-10','field6':'10-12','field7':'12-14','field8':'14-
    16','field9':'16-18','field10':'18-20','field11':'20-22','field12':'22-24'}
61  sorted = LoadJsonAndSort(url, BuildColumnList(captions))
62  DisplayTopN('每月新北市 A1 類道路交通事故－肇事時間別', captions, sorted)
63  
64  # 每月新北市 A1 類道路交通事故－原因及傷亡
65  # https://data.ntpc.gov.tw/datasets/FFA7DDCD-6B99-4268-A4B0-E35D8542FF45
66  # yearmonth:年月、organ:機關、field1:駕駛人過失-超速失控(含未減速)、field2:駕駛人
    過失-酒後駕車、field3:駕駛人過失-未注意車前狀況、field4:駕駛人過失-肇事逃逸、
    field5:駕駛人過失-未保持行車安全間距、field6:駕駛人過失-未依規定讓車 field7 駕駛人過
    失-行駛疏忽、field8:駕駛人過失－違反號誌管制、field9:駕駛人過失-違反標誌標線、
    field10:駕駛人過失-逆向行駛、field11:駕駛人過失-轉彎不當、field12:駕駛人過失-搶越行
    人穿越道、field13:駕駛人過失-其他、field14:機件故障、field15:行人過失、field16:交
    通管制設施缺陷、other:其他
67  # https://data.ntpc.gov.tw/api/datasets/FFA7DDCD-6B99-4268-A4B0-
    E35D8542FF45/json
68  url = 'https://data.ntpc.gov.tw/api/datasets/FFA7DDCD-6B99-4268-A4B0-
    E35D8542FF45/json'
```

```
69  captions = {'field1':'駕駛人過失-超速失控(含未減速)','field2':'駕駛人過失-酒後駕車
    ','field3':'駕駛人過失-未注意車前狀況','field4':'駕駛人過失-肇事逃逸','field5':'駕
    駛人過失-未保持行車安全間距','field6':'駕駛人過失-未依規定讓車','field7':'駕駛人過
    失-行駛疏忽','field8':'駕駛人過失－違反號誌管制','field9':'駕駛人過失-違反標誌標線
    ','field10':'駕駛人過失-逆向行駛','field11':'駕駛人過失-轉彎不當','field12':'駕駛
    人過失-搶越行人穿越道','field13':'駕駛人過失-其他','field14':'機件故障
    ','field15':'行人過失','field16':'交通管制設施缺陷','other':'其他'}
70  sorted = LoadJsonAndSort(url, BuildColumnList(captions))
71  DisplayTopN('每月新北市A1 類道路交通事故－原因及傷亡', captions, sorted)
72  
73  # 每月新北市A1 類道路交通事故-道路類別
74  # https://data.ntpc.gov.tw/datasets/3D8BF787-F435-4C26-A50F-762A4FC112A5
75  # yearmonth:年月、organ:機關、field1:國道(高速公路)、field2:省道、field3:縣道、
    field4:鄉道、field5:市區道路、field6:村里道路、field7:專用道路、other:其他
76  # https://data.ntpc.gov.tw/api/datasets/3D8BF787-F435-4C26-A50F-
    762A4FC112A5/json
77  url = 'https://data.ntpc.gov.tw/api/datasets/3D8BF787-F435-4C26-A50F-
    762A4FC112A5/json'
78  captions = {'field1':'國道(高速公路)','field2':'省道','field3':'縣道
    ','field4':'鄉道','field5':'市區道路','field6':'村里道路','field7':'專用道路
    ','other':'其他'}
79  sorted = LoadJsonAndSort(url, BuildColumnList(captions))
80  DisplayTopN('每月新北市A1 類道路交通事故-道路類別', captions, sorted)
81  
82  # 每年新北市A1 交通事故道路類別及道路型態別
83  # https://data.ntpc.gov.tw/datasets/041FBDA5-2FA7-4AF8-AB37-3D9A3CFEBCDF
84  # year:年度、organ:機關別、field1:國道、field2:省道、field3:縣道、field4:鄉道、
    field5:市區道路、field6:村里道路、field7:專用道路、field8:其他、 field9:平交道、
    field10:交叉路、field11:隧道、field12:地下道、field13:橋樑、field14:涵洞、
    field15:高道架路、field16:彎曲路及附近、field17:坡路、 field18:巷弄、field19:直
    路、field20:其他、field21:圓環、field22:廣場
85  # https://data.ntpc.gov.tw/api/datasets/041FBDA5-2FA7-4AF8-AB37-
    3D9A3CFEBCDF/json
86  url = 'https://data.ntpc.gov.tw/api/datasets/041FBDA5-2FA7-4AF8-AB37-
    3D9A3CFEBCDF/json'
87  captions = {'field1':'國道','field2':'省道','field3':'縣道','field4':'鄉道
    ','field5':'市區道路','field6':'村里道路','field7':'專用道路','field8':'其他
    ','field9':'平交道','field10':'交叉路','field11':'隧道','field12':'地下道
    ','field13':'橋樑','field14':'涵洞','field15':'高道架路','field16':'彎曲路及附近
    ','field17':'坡路','field18':'巷弄','field19':'直路','field20':'其他
    ','field21':'圓環','field22':'廣場'}
```

```
88  sorted = LoadJsonAndSort(url, BuildColumnList(captions))
89  DisplayTopN('每年新北市A1 交通事故道路類別及道路型態別', captions, sorted)
90
91  # 每月新北市A1 類道路交通事故－乘坐車種及死傷人數
92  # https://data.ntpc.gov.tw/datasets/96AA9966-73B0-445E-A82D-BEBAADC51973
93  # yearmonth:年月、district:區、people:人數、field1:大貨車、field2:小貨車、field3:
    大客車、field4:營業小客車、field5:自用小客車、field6:特種車、field7:機踏車、
    field8:行人、field9:其他
94  # https://data.ntpc.gov.tw/api/datasets/96AA9966-73B0-445E-A82D-
    BEBAADC51973/json
95  url = 'https://data.ntpc.gov.tw/api/datasets/96AA9966-73B0-445E-A82D-
    BEBAADC51973/json'
96  captions = {'field1':'大貨車','field2':'小貨車','field3':'大客車','field4':'營業
    小客車','field5':'自用小客車','field6':'特種車','field7':'機踏車','field8':'行人
    ','field9':'其他'}
97  sorted = LoadJsonAndSort(url, BuildColumnList(captions))
98  DisplayTopN('每月新北市A1 類道路交通事故－乘坐車種及死傷人數', captions, sorted)
99
100 # 每月新北市A1 類道路交通事故-道路型態別
101 # https://data.ntpc.gov.tw/datasets/42DBA8D0-1A44-48A3-9382-A864497A64FC
102 # yearmonth:年月、organ:機關、field1:隧道、field2:橋樑、field3:高架道路、field4:
    彎曲路及附近、field5:坡路、field6:巷道、field7:直路、field8:其他、field9:圓環、
    field10:廣場
103 # https://data.ntpc.gov.tw/api/datasets/42DBA8D0-1A44-48A3-9382-
    A864497A64FC/json
104 url = 'https://data.ntpc.gov.tw/api/datasets/42DBA8D0-1A44-48A3-9382-
    A864497A64FC/json'
105 captions = {'field1':'隧道','field2':'橋樑','field3':'高架道路','field4':'彎曲路
    及附近','field5':'坡路','field6':'巷道','field7':'直路','field8':'其他
    ','field9':'圓環','field10':'廣場'}
106 sorted = LoadJsonAndSort(url, BuildColumnList(captions))
107 DisplayTopN('每月新北市A1 類道路交通事故-道路型態別', captions, sorted)
```

程式解析

本範例使用之資料格式為 JSON，並自網際網路讀取開放資料。

第 12-20 行：函式，主要功能為顯示前 N 筆資料集。

第 22-27 行：函式，標頭(Captions)的解析。

第 29-36 行：函式，自 URL 讀取 JSON 封包資料後進行由大到小排序。

第 38-44 行：顯示每月新北市 A1 交通事故車輛種類。

第 46-53 行：顯示每月新北市 A1 交通事故肇事者性別。

第 55-62 行：顯示每月新北市 A1 交通事故肇事時間統計。

輸出結果

```
<<<<<  每月新北市A1交通事故車輛種類 前 5 名 >>>>>
第 1 名 - 重型機車 224 次
第 2 名 - 自用小客車 95 次
第 3 名 - 自用小貨車 43 次
第 4 名 - 營業大貨車 25 次
第 5 名 - 營業小客車 24 次

<<<<<  每月新北市A1類道路交通事故-肇事者 前 5 名 >>>>>
第 1 名 - 肇事者(第一當事人)-男 445 次
第 2 名 - 死亡-男 337 次
第 3 名 - 死亡-女 155 次
第 4 名 - 肇事者(第一當事人)-女 91 次
第 5 名 - 肇事者(第一當事人)-不詳 5 次

<<<<<  每月新北市A1類道路交通事故-肇事時間別 前 5 名 >>>>>
第 1 名 - 16-18 70 次
第 2 名 - 8-10 64 次
第 3 名 - 6-8 56 次
第 4 名 - 10-12 50 次
第 5 名 - 14-16 38 次

<<<<<  每月新北市A1類道路交通事故-原因及傷亡 前 5 名 >>>>>
第 1 名 - 駕駛人過失-其他 118 次
第 2 名 - 駕駛人過失-未注意車前狀況 96 次
第 3 名 - 駕駛人過失-未依規定讓車 55 次
第 4 名 - 駕駛人過失-違反標誌標線 48 次
第 5 名 - 駕駛人過失-違反號誌管制 46 次

<<<<<  每月新北市A1類道路交通事故-道路類別 前 5 名 >>>>>
第 1 名 - 市區道路 428 次
第 2 名 - 省道 42 次
第 3 名 - 縣道 18 次
第 4 名 - 村里道路 7 次
第 5 名 - 鄉道 3 次

<<<<<  每年新北市A1交通事故道路類別及道路型態別 前 5 名 >>>>>
第 1 名 - 市區道路 628 次
第 2 名 - 直路 356 次
第 3 名 - 交叉路 342 次
第 4 名 - 彎曲路及附近 119 次
第 5 名 - 縣道 62 次
```

```
<<<<<  每月新北市A1類道路交通事故－乘坐車種及死傷人數 前 5 名 >>>>>
第 1 名 - 機路車 320 次
第 2 名 - 自用小客車 78 次
第 3 名 - 小貨車 18 次
第 4 名 - 營業小客車 5 次
第 5 名 - 大貨車 5 次

<<<<<  每月新北市A1類道路交通事故-道路型態別 前 5 名 >>>>>
第 1 名 - 直路 283 次
第 2 名 - 彎曲路及附近 70 次
第 3 名 - 其他 54 次
第 4 名 - 橋樑 22 次
第 5 名 - 高架道路 15 次
```

16.6 本章習題

1. BeautifulSoup 應用：至台灣彩券首頁將當期的大樂透的開出順序、大小順序及特別號輸出。

   資料來源：http://www.taiwanlottery.com.tw/

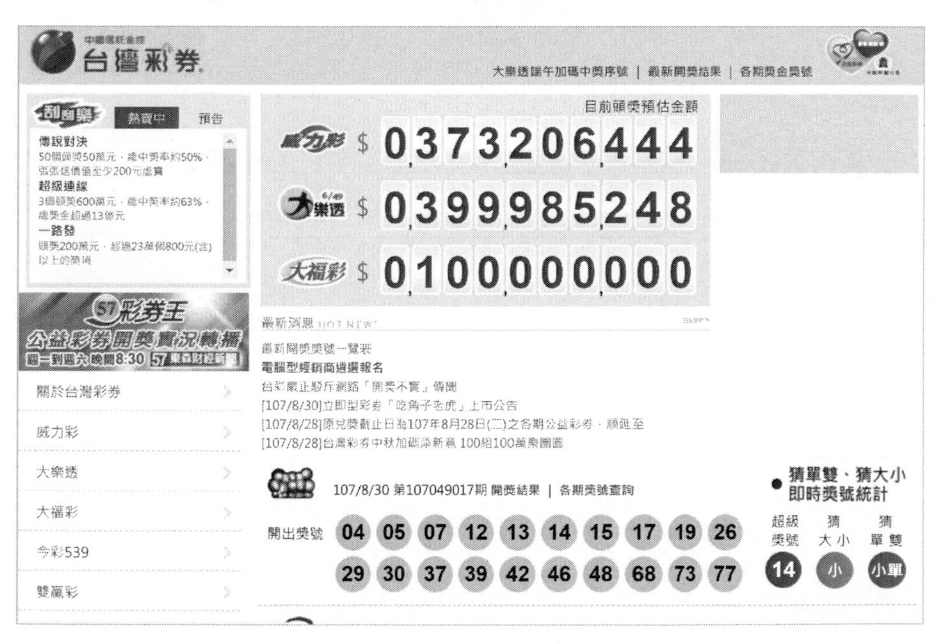

2. Selenium 應用：爬台灣大樂透 106 年度的所有開獎號碼（未含特別號）並計算每個號碼的開獎次數，最後以長條圖表示。

   資料來源：http://www.taiwanlottery.com.tw/lotto/Lotto649/history.aspx

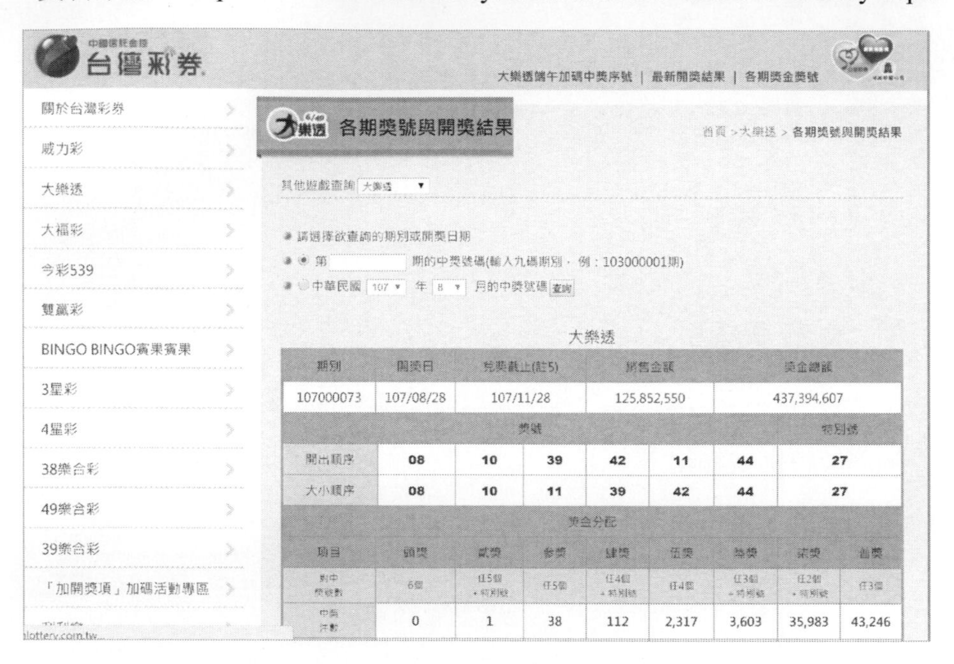

3. 請利用 Requests 套件抓取政府 AQI 開放資料，API 連結如下：

   http://opendata2.epa.gov.tw/AQI.json

   輸出結果需求：

   (a) 回傳內容長度

   (b) 新北市每一個地區的相關訊息：地區名稱、AQI 指數、PM2.5 指數、PM10 指數、資料更新時間。

4. 請利用 Requests 套件抓取新北市政府重要地表資訊開放資料，API 連結如下：

   https://data.ntpc.gov.tw/api/datasets/6DCFF24A-838C-40FB-A9DF-F1160AFAFE84/json/preview

   輸出結果需求：

   (a) 新北市每一所大專院校的相關訊息：名稱、地址、聯絡電話、網站、以及資料更新時間。

5. 請利用 Urllib3 套件抓取空氣品質監測網開放資料，API 連結如下：

   https://data.epa.gov.tw/api/v1/aqx_p_432?format=json&limit=5&api_key=9be7b239-557b-4c10-9775-78cadfc555e9

   提示使用者輸入監測站名稱，再根據以下需求輸出：

   (a) 使用者請求的監測站的相關訊息：測站地址、CO 指數、NO2 指數、O3 指數、SO2 指數、PM10 指數、PM2.5 指數、AQI 指數、資料更新時間。

   (b) 若找不到該監測站，則輸出"查無此資料"。

6. 請利用 Urllib3 套件抓取警廣即時路況資訊開放資料，API 連結如下：

   https://od.moi.gov.tw/data/api/pbs

   輸出路況為"阻塞"、方向為"南下"、發生日期為今日的路況描述、發生時間以及資料來源。

7. 請以 Selenium 和 BeautifulSoup 套件實作一網路爬蟲，需求如下：

   於台灣 Yahoo 電子商城搜尋"耳機"，並將搜尋結果第一頁價格小於等於 1000 的商品名稱和價格根據價格由小到大輸出。

8. 請以 Selenium 和 BeautifulSoup 套件實作一網路爬蟲，需求如下：

   於台灣 Dcard 論壇搜尋"Python"，並輸出搜尋結果中文章分類為"廢文"的文章標題、按讚次數以及文章連接絕對路徑。

各章習題參考解答

第 1 章　習題參考解答

1.

```
>>> (9 * 4.2 - 2.1 * 3 + 6 * 2.2) / (13 - 3.2)
4.561224489795919
```

2.

```
>>> print('Area:', 5 * 3.1416 * 3.1416)
Area: 49.3482528
>>> print('perimeter:', 2 * 3.1416 * 5)
perimeter: 31.416
```

3.

```
>>> print('Rectangle area:', 3 * 9)
Rectangle area: 27
>>> print('Rectangle perimeter:', 2 * (3 + 9))
Rectangle perimeter: 24
```

4.

```
>>> print('1 feet = ', 10 * 2.54, 'cm')
1 feet =  25.4 cm
```

5.

```
>>> print('C: 26  = F:', 26 * (9/5) + 32)
C: 26  = F: 78.80000000000001
```

第 2 章　習題參考解答

1.

參考解答程式：exercise2-1.py

```
01  length = eval(input('Enter a length: '))
02  width = eval(input('Enter a width: '))
03  rect_area = length * width
04  rect_perimeter = 2 * (length + width)
05  print('length and width of the rectangle is %d and %d'%(length, width))
06  print('area is %d, perimeter is %d'%(rect_area, rect_perimeter))
```

輸出結果樣本

```
Enter a length: 5
Enter a width: 10
length and width of the rectangle is 5 and 10
area is 50, perimeter is 30
```

2.

範例程式：exercise 2-2.py

```
01  import math
02  num = eval(input('How many sides: '))
03  side = eval(input('Enter lengthe of a side: '))
04  area = (num * side ** 2) / (4 * math.tan(math.pi/num))
05  print('Area of n-side is %.2f'%(area))
```

輸出結果

```
How many sides: 5
Enter lengthe of a side: 5.5
Area of n-side is 52.04
```

3.

參考解答程式：exercise 2-3.py

```
01  n = eval(input('Enter a 6-digit: '))
02  print(n % 10, end = '')
03  n1 = n // 10
```

```
04    print(n1 % 10, end = '')
05    n2 = n1 // 10
06    print(n2 % 10, end = '')
07    n3 = n2 // 10
08    print(n3 % 10, end = '')
09    n4 = n3 // 10
10    print(n4 % 10, end = '')
11    n5 = n4 // 10
12    print(n5)
```

輸出結果樣本(一)

```
Enter a 6-digit: 123456
654321
```

輸出結果樣本(二)

```
Enter a 6-digit: 654321
123456
```

4.

參考解答程式：exercise 2-4.py

```
01    import math
02    #print sin
03    print('sin(0): %.2f'%(math.sin(0)))
04    print('sin(90): %.2f'%(math.sin((math.pi) / 2)))
05    print('sin(180): %.2f'%(math.sin(math.pi)))
06    print('sin(270): %.2f'%(math.sin((3 * math.pi) / 2)))
07    print('sin(360): %.2f'%(round(math.sin(2 * math.pi))))
08    print()
09
10    #print cos
11    print('cos(0): %.2f'%(math.cos(0)))
12    print('cos(90): %.2f'%(math.cos((math.pi) / 2)))
13    print('cos(180): %.2f'%(math.cos(math.pi)))
14    print('cos(270): %.2f'%(round(math.cos((3 * math.pi) / 2))))
15    print('cos(360): %.2f'%(math.cos(2 * math.pi)))
```

輸出結果樣本

```
sin(0): 0.00
sin(90): 1.00
sin(180): 0.00
sin(270): -1.00
sin(360): 0.00
-2.4492935982947064e-16

cos(0): 1.00
cos(90): 0.00
cos(180): -1.00
cos(270): 0.00
cos(360): 1.00
```

說明：你可將程式中的 round 刪除，看看程式的結果為何？

(a) sin 函式圖形

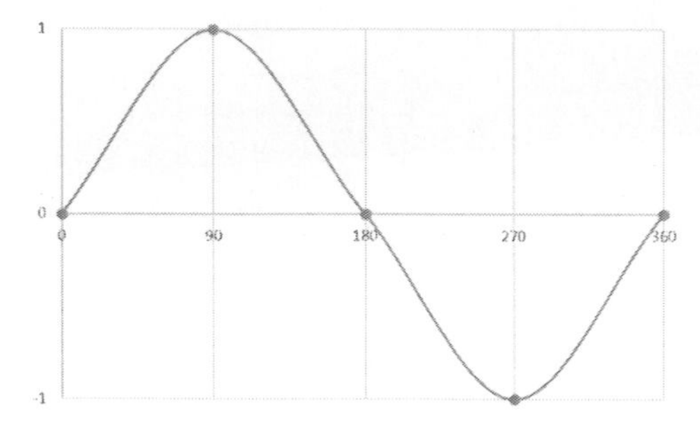

(b) cos 函式圖形

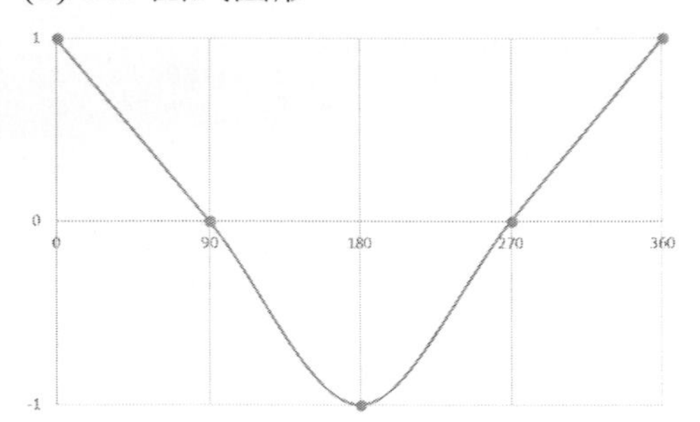

5.

參考解答程式：exercise 2-5.py

```
01  rate = eval(input('Annual rate: '))
02  amount = eval(input('Enter loan amount: '))
03  year = eval(input('Enter number of years: '))
04
05  monthlyInterestRate = rate / 1200
06  monthlyPay = amount * monthlyInterestRate / (1 - (1 /
07                                      pow(1+monthlyInterestRate, year * 12)))
08  totalPay = monthlyPay * year * 12
09
```

```
10  print('Monthly payment: %.2f'%(monthlyPay))
11  print('Total payment: %.2f'%(totalPay))
```

輸出結果樣本

```
Annual rate: 2.85
Enter loan amount: 1000000
Enter number of years: 10
Monthly payment: 9586.99
Total payment: 1150438.64
```

說明：表示年利率是 2.85%，貸款 10 年，貸款金額 1000000，則每月支付額為 9586.99，最後的總支付額為 1150438.64。

程式中的月利率為年利率除以 1200，因為一年有 12 個月，年利率為 2.85%(2.85/100)。

第 3 章　習題參考解答

1.

參考解答程式：exercise3-1.py

```
01  a, b, c = eval(input('Enter a, b, c: '))
02  if a + b > c and a + c > b and b + c > a:
03      print('Valid triangle')
04  else:
05      print('Invalid triangle')
06
07
08  Enter a, b, c: 1, 3, 1
09  Invalid triangle
10
11  Enter a, b, c: 2, 2, 1
12  Valid triangle
```

2.

參考解答程式：exercise3-2.py

```
01  import math
02  x, y = eval(input('Enter a coordinate(x, y): '))
```

```
03    distance = math.sqrt((x-0) ** 2 + (y-0) ** 2)
04    if distance <= 10:
05        print('(%d, %d) is in the circle.'%(x, y))
06    else:
07        print('(%d, %d) is not in the circle.'%(x, y))
08
09
10    Enter a coordinate(x, y): 9, 8
11    (9, 8) is not in the circle.
12
13    Enter a coordinate(x, y): 5, 6
14    (5, 6) is in the circle.
```

3.

參考解答程式：exercise3-3.py

```
01    num = eval(input('Enter a number: '))
02    if num == 10:
03        print('10 ---> A')
04    elif num == 11:
05        print('11 ---> B')
06    elif num == 12:
07        print('12 ---> C')
08    elif num == 13:
09        print('13 ---> D')
10    elif num == 14:
11        print('14 ---> E')
12    elif num == 15:
13        print('15 ---> F')
14    else:
15        print('%d ---> %d'%(num, num))
```

輸出結果

```
Enter a number: 12
12 ---> C

Enter a number: 8
8 ---> 8
```

```
Enter a number: 15
15 ---> F
```

4.

參考解答程式：exercise3-4.py

```
01  a, b, c = eval(input('a, b, c : '))
02  s = b**2 - 4*a*c
03  d = s**0.5
04  if s < 0:
05      print('No real number root')
06  elif s == 0:
07      root = (-b + d) / 2*a
08      print('root is %.1f'%(root))
09  else:
10      root1 = (-b + d) / 2*a
11      root2 = (-b - d) / 2*a
12      print('root is %.1f and %.1f'%(root1, root2))
```

輸出結果

```
a, b, c : 1, 4, 4
root is -2.0
```

5.

參考解答程式：exercise3-5.py

```
01  import sys
02  number = 0
03  
04  question1 = '1.你的數字有在下面嗎?\n' + \
05  '1  3  5  7  9  11 13 15 17 19\n' + \
06  '21 23 25 27 29 31 33 35 37 39\n' + \
07  '41 43 45 47 49 51 53 55 57 59\n' + \
08  '61 63 65 67 69 71 73 75 77 79\n' + \
09  '81 83 85 87 89 91 93 95 97 99\n' + \
10  '\如果有請按1 如果沒有請按0: '
11  answer = eval(input(question1))
12  if answer == 1:
```

```
13        number += 1
14    elif answer == 0:
15        number += 0
16    else:
17        print('請不要亂按')
18        sys.exit()
19
20    question2 = '\n2.你的數字有在下面嗎?\n' + \
21    '2  3  6  7  10 11 14 15 18 19\n' + \
22    '22 23 26 27 30 31 34 35 38 39\n' + \
23    '42 43 46 47 50 51 54 55 58 59\n' + \
24    '62 63 66 67 70 71 74 75 78 79\n' + \
25    '82 83 86 87 90 91 94 95 98 99\n' + \
26    '\如果有請按1 如果沒有請按0: '
27    answer = eval(input(question2))
28    if answer == 1:
29        number += 2
30    elif answer == 0:
31        number += 0
32    else:
33        print('請不要亂按')
34        sys.exit()
35
36
37    question3 = '\n3.你的數字有在下面嗎?\n' + \
38    '4  5  6  7  12 13 14 15 20 21\n' + \
39    '22 23 28 29 30 31 36 37 38 39\n' + \
40    '44 45 46 47 52 53 54 55 60 61\n' + \
41    '62 63 68 69 70 71 76 77 78 79\n' + \
42    '84 85 86 87 92 93 94 95 100\n' + \
43    '\如果有請按1 如果沒有請按0: '
44    answer = eval(input(question3))
45    if answer == 1:
46        number += 4
47    elif answer == 0:
48        number += 0
49    else:
50        print('請不要亂按')
51        sys.exit()
```

```
52
53    question4 = '\n4.你的數字有在下面嗎?\n' + \
54    '8  9  10 11 12 13 14 15 24 25\n '+ \
55    '26 27 28 29 30 31 40 41 42 43\n' + \
56    '44 45 46 47 56 57 58 59 60 61\n' + \
57    '62 63 72 73 74 75 76 77 78 79\n' + \
58    '88 89 90 91 92 93 94 95\n'+\
59    '\如果有請按1 如果沒有請按0: '
60    answer = eval(input(question4))
61    if answer == 1:
62        number += 8
63    elif answer == 0:
64       number += 0
65    else:
66        print('請不要亂按')
67        sys.exit()
68
69    question5 = '\n5.你的數字有在下面嗎?\n' + \
70    '16 17 18 19 20 21 22 23 24 25\n' + \
71    '26 27 28 29 30 31 48 49 50 51\n' + \
72    '51 53 54 55 56 57 58 59 60 61\n' + \
73    '62 63 80 81 82 83 84 85 86 87\n' + \
74    '88 89 90 91 92 93 94 95\n'+\
75    '\如果有請按1 如果沒有請按0: '
76    answer = eval(input(question5))
77    if answer == 1:
78        number += 16
79    elif answer == 0:
80        number += 0
81    else:
82        print('請不要亂按')
83        sys.exit()
84
85    question6 = '\n6.你的數字有在下面嗎?\n' + \
86    '32 33 34 35 36 37 38 39 40 41\n' + \
87    '42 43 44 45 46 47 48 49 50 51\n' + \
88    '53 54 55 56 57 58 59 60 61 62\n' + \
89    '63 96 97 98 99 100\n'+\
90    '\如果有請按1 如果沒有請按0: '
```

```
91   answer = eval(input(question6))
92   if answer == 1:
93       number += 32
94   elif answer == 0:
95       number += 0
96   else:
97       print('請不要亂按');
98       sys.exit()
99
100  question7 = '\n7.你的數字有在下面嗎?\n' + \
101  '64 65 66 67 68 69 70 71 72 73\n' + \
102  '74 75 76 77 78 79 80 81 82 83\n' + \
103  '84 85 86 87 88 89 90 91 92 93\n' + \
104  '94 95 96 97 98 99 100\n'+\
105  '\如果有請按1 如果沒有請按0: '
106  answer = eval(input(question7))
107  if answer == 1:
108      number += 64
109  elif answer == 0:
110      number += 0
111
112  print('\n 你選的數字是 ', number)
```

輸出結果

```
1.你的數字有在下面嗎?
1  3  5  7  9  11 13 15 17 19
21 23 25 27 29 31 33 35 37 39
41 43 45 47 49 51 53 55 57 59
61 63 65 67 69 71 73 75 77 79
81 83 85 87 89 91 93 95 97 99
如果有請按1 如果沒有請按0: 0

2.你的數字有在下面嗎?
2  3  6  7  10 11 14 15 18 19
22 23 26 27 30 31 34 35 38 39
42 43 46 47 50 51 54 55 58 59
62 63 66 67 70 71 74 75 78 79
82 83 86 87 90 91 94 95 98 99
如果有請按1 如果沒有請按0: 1
```

```
3.你的數字有在下面嗎?
4  5  6  7  12 13 14 15 20 21
22 23 28 29 30 31 36 37 38 39
44 45 46 47 52 53 54 55 60 61
62 63 68 69 70 71 76 77 78 79
84 85 86 87 92 93 94 95 100
如果有請按1 如果沒有請按0: 0

4.你的數字有在下面嗎?
8  9  10 11 12 13 14 15 24 25
 26 27 28 29 30 31 40 41 42 43
44 45 46 47 56 57 58 59 60 61
62 63 72 73 74 75 76 77 78 79
88 89 90 91 92 93 94 95
如果有請按1 如果沒有請按0: 1

5.你的數字有在下面嗎?
16 17 18 19 20 21 22 23 24 25
26 27 28 29 30 31 48 49 50 51
51 53 54 55 56 57 58 59 60 61
62 63 80 81 82 83 84 85 86 87
88 89 90 91 92 93 94 95
如果有請按1 如果沒有請按0: 1

6.你的數字有在下面嗎?
32 33 34 35 36 37 38 39 40 41
42 43 44 45 46 47 48 49 50 51
53 54 55 56 57 58 59 60 61 62
63 96 97 98 99 100
如果有請按1 如果沒有請按0: 0

7.你的數字有在下面嗎?
64 65 66 67 68 69 70 71 72 73
74 75 76 77 78 79 80 81 82 83
84 85 86 87 88 89 90 91 92 93
94 95 96 97 98 99 100
如果有請按1 如果沒有請按0: 1
你選的數字是  90
```

程式解析

程式中呼叫來自 sys 模組的 exit() 函式，其功能為結束程式的執行，注意要將 sys 的模組 import 進來。程式中的 + 表示將字串相連，當一行字串連結下一行字串時，則以 \ 加以連結。

程式提示使用者所猜的數字是否在所列的表格中，若有，則按 1，否則，按 0，程式也加以了若你不是按 1，也不是按 0 的話，則會顯示 '請不要亂按'，並結束結束的執行，以處罰你亂按，此時你必須再重來。

此處只用及 if...elif...else 的選擇敘述而已，其實它並不難，只是繁瑣而已。只要看懂範例集錦的第 5 題之程式解析，相信你就可以迎刃而解了。

你可將上述所列的數字製造成卡片，跟你的朋友玩此遊戲，相信很多人會覺得你很厲害喔！

第 4 章　習題參考解答

1.

參考解答程式：exercise4-1.py

```
01  total = 0
02  i = 2
03  while i <= 100:
04      total += i
05      i += 2
06  print('total = %d'%(total))
```

2.

參考解答程式：exercise4-2.py

```
01  # using for loop statement
02  total = 0
03  for i in range(5, 101, 5):
04      total += i
05  print('total = %d'%(total))
06
07
08  # using while loop statement
09  total = 0
10  i = 5
11  while i <= 100:
12      total += i
13      i += 5
14  print('total = %d'%(total))
```

3.

參考解答程式：exercise4-3.py

```
01  for i in range(1, 10):
02      for j in range(1, i+1):
03          print('%2d  '%(i*j), end = '')
04      print()
```

4.

參考解答程式：exercise4-4.py

```
01  for i in range(7, 0, -1):
02      for j in range(1, i):
03          print('*', end = '')
04      print()
```

5.

參考解答程式：exercise4-5py

```
01  for i in range(1, 10):
02      for j in range(9, i, -1):
03          print(' ', end = '')
04
05      for k in range(1, i+1):
06          print(k, end = ' ')
07      print()
```

6.

參考解答程式：exercise4-6.py

```
01  import random
02  for i in range(1, 51):
03      randNum = random.randint(1, 49)
04      print('%4d'%(randNum), end = ' ')
```

參考輸出結果

```
42  27  17   7  26  47  17  37  14  31   6  30  23  29  12  11
11  21  33  34   3  36   4   4   3  25  41  29   2  46  18   2
41  48  12  30  19  19  36   6  35  18  28  21  22  45  17   6
17  42
```

第 5 章　習題參考解答

1.

參考解答程式：exercise5-1.py

```
01  #(定數迴圈)
02  total = 0
03  for i in range(1, 6):
04      a = eval(input('Enter a number: '))
05      total += a
06  print('total = %d'%(total))
07
08  #(不定數迴圈)
09  total = 0
10  for i in range(1, 1000000000):
11      a = eval(input('Enter a number: '))
12      if a != -999:
13          total += a
14      else:
15          break
16  print('total = %d'%(total))
```

程式解析

基本上 for 迴圈比較少用在無窮迴圈，但可用模擬它執行很多很多次來表示。此程式執行的次數是很大的，若以正常的情況是不會做到的。因此，使用

```
for i in range(1, 1000000000):
```

表示做很多很多次，而且假設你不會做那麼多次。這個以

```
while True:
```

來表示更顯得簡潔有力。

2.

參考解答程式：exercise5-2.py

```
01  import random
02  data = random.randint(1, 1000)
03  isPrime = True
04  divisor = 2
05  while divisor <= data / 2:
06      if data % divisor == 0:
07          isPrime = False
08          break
09      divisor += 1
10  if isPrime:
11      print('%d is a prime number.'%(data))
12  else:
13      print('%d is not a prime number.'%(data))
```

3.

參考解答程式：exercise5-3.py

```
01  import random
02  even = 0
03  multiple5 = 0
04  for i in range(1, 1001):
05      randNum = random.randint(1, 200)
06      if randNum % 2 == 0:
07          even += 1
08      if randNum % 5 == 0:
09          multiple5 += 1
10  print('even number = %d'%(even))
11  print('odd number = %d'%(1000-even))
12  print('even number = %d'%(multiple5))
```

輸出結果樣本

```
even number = 524
odd number = 476
even number = 199
```

4.

參考解答程式：exercise5-4.py

```
01  count = 0
02  i = 2
03  while True:
04      divisor = 2
05      isPrime = True
06  
07      while divisor <= i / 2:
08          if i % divisor == 0:
09              isPrime = False
10              break
11          divisor += 1
12      if isPrime:
13          count += 1
14          if count % 10 != 0:
15              print('%3d'%(i), end = ' ')
16          else:
17              print('%3d'%(i))
18      i += 1
19      if count == 100:
20          Break
```

輸出結果

```
  2   3   5   7  11  13  17  19  23  29
 31  37  41  43  47  53  59  61  67  71
 73  79  83  89  97 101 103 107 109 113
127 131 137 139 149 151 157 163 167 173
179 181 191 193 197 199 211 223 227 229
233 239 241 251 257 263 269 271 277 281
283 293 307 311 313 317 331 337 347 349
353 359 367 373 379 383 389 397 401 409
```

```
419 421 431 433 439 443 449 457 461 463
467 479 487 491 499 503 509 521 523 541
```

程式解析

程式利用 i，從 2 開始判斷並累加。count 是用來代表目前產生了多少質數，印出時，利用是否整除 10，決定是否要跳行。其餘的和內文中所討論判斷是否為質數的程式片段相同。

5.

參考解答程式：exercise5-5.py

```
01  gcd = 1
02  n = 2
03  
04  x, y = eval(input('Enter a fraction(x/y): '))
05  p, q = eval(input('Enter a fraction(p/q): '))
06  a = x*q + p*y
07  b = y*q
08  while n <= a and n <= b:
09      if a % n == 0 and b % n == 0:
10          gcd = n
11      n += 1
12  print('GCD(%d, %d) = %d'%(a, b, gcd))
13  fa = a // gcd
14  fb = b // gcd
15  print('%d/%d + %d/%d = %d/%d'%(x, y, p, q, fa, fb))
```

輸出結果

```
Enter a fraction(x/y): 1, 2
Enter a fraction(p/q): 1, 6
GCD(8, 12) = 4
1/2 + 1/6 = 2/3
```

程式解析

兩數相加 x/y + p/q = (x*q + p*y) / y *q

接著求出 gcd，最後再將分子和分母約分，亦即將分子和分母各除以 gcd。

第 6 章　習題參考解答

1.

參考解答程式：exercise6-1.py

```
01  def S(x):
02      tot = 0
03      for i in range(1, x+1):
04          tot += i/(i+1)
05          print('%2d: %10.2f'%(i, tot))
06
07  def main():
08      x = eval(input('Enter a number: '))
09      print('%2s %10s'%('x', 'S(x)'))
10      for i in range(14):
11          print('-', end = '')
12      print()
13
14      S(x)
15
16  main()
```

輸出結果樣本

```
Enter a number: 20
 X       S(x)
--------------
 1:       0.50
 2:       1.17
 3:       1.92
 4:       2.72
 5:       3.55
 6:       4.41
 7:       5.28
 8:       6.17
 9:       7.07
10:       7.98
11:       8.90
12:       9.82
13:      10.75
14:      11.68
```

```
15:       12.62
16:       13.56
17:       14.50
18:       15.45
19:       16.40
20:       17.35
```

2.

參考解答程式：exercise6-2.py

```
01  def pi(x):
02      sum = 0
03      for i in range(1, x+2, 100):
04          for j in range(1, i+1):
05              sum += 4 * (pow(-1, j+1) / (2*j - 1))
06          print('%4d %10.5f'%(i, sum))
07          sum = 0
08  
09  def main():
10      x = eval(input('Enter a number: '))
11      print('%4s %10s'%('x', 'pi(x)'))
12      for i in range(15):
13          print('-', end = '')
14      print()
15  
16      pi(x)
17  
18  main()
```

輸出結果樣本

```
Enter a number: 2000
 X        pi(x)
---------------
   1    4.00000
 101    3.15149
 201    3.14657
 301    3.14491
 401    3.14409
 501    3.14359
```

```
 601    3.14326
 701    3.14302
 801    3.14284
 901    3.14270
1001    3.14259
1101    3.14250
1201    3.14243
1301    3.14236
1401    3.14231
1501    3.14226
1601    3.14222
1701    3.14218
1801    3.14215
1901    3.14212
2001    3.14209
```

3.

參考解答程式：exercise6-3.py

```
01  import math
02  def distance(x1, y1, x2, y2):
03      dist = math.sqrt((x2-x1)**2 + (y2-y1)**2)
04      return dist
05
06  def main():
07      x1, y1 = eval(input('Enter x1, y1: '))
08      x2, y2 = eval(input('Enter x2, y2: '))
09      while x1 != -999 and y1 != -999:
10          result = distance(x1, y1, x2, y2)
11          print('Distance of (%d, %d), (%d, %d) is %.2f'%(x1, y1, x2, y2,
12          result0, ))
13          x1, y1 = eval(input('Enter x1, y1: '))
14          x2, y2 = eval(input('Enter x2, y2: '))
15
16  main()
```

輸出結果樣本

```
Enter x1, y1: 0, 0
Enter x2, y2: 10, 10
```

```
Distance of (0, 0), (10, 10) is 14.14
Enter x1, y1: 1, 1
Enter x2, y2: 5, 5
Distance of (1, 1), (5, 5) is 5.66
Enter x1, y1: 0, 0
Enter x2, y2: 6, 8
Distance of (0, 0), (6, 8) is 10.00
Enter x1, y1: -999, -999
Enter x2, y2: 0, 0
```

程式解析

此程式利用不定數迴圈運算兩點的距離。當 x1 或 y1 為 -999 時，迴圈將結束。

4.

參考解答程式：exercise6-4.py

```
01  def FconvertToC(start, end):
02      for i in range(start, end+1, 5):
03          C = (5/9*(i-32))
04          print('%15d %10.2f'%(i, C))
05  
06  def main():
07      start, end = eval(input('start, end: '))
08      print('%15s %10s'%('Fahrenheit', 'Celsius'))
09      degree = FconvertToC(start, end)
10  
11  main()
```

輸出結果樣本

```
start, end: 20, 100
     Fahrenheit    Celsius
             20      -6.67
             25      -3.89
             30      -1.11
             35       1.67
             40       4.44
             45       7.22
             50      10.00
             55      12.78
```

```
        60      15.56
        65      18.33
        70      21.11
        75      23.89
        80      26.67
        85      29.44
        90      32.22
        95      35.00
       100      37.78
```

5.

參考解答程式：exercise6-5.py

```
01  def menu():
02      print('1、小柯')
03      print('2、小丁')
04      print('3、小姚')
05  
06  def candicate(n):
07      n1 = n2 = n3 = others = 0
08      for i in range(n):
09          menu()
10          who = eval(input('Enter your choice: '))
11          if who == 1:
12              n1 += 1
13          elif who == 2:
14              n2 += 1
15          elif who == 3:
16              n3 += 1
17          else:
18              others += 1
19          print('1、小柯: %d 票,  2、小丁: %d 票,  3、小姚: %d 票,  4、廢票: %d 票'
20              %(n1, n2, n3, others))
21          print()
22  
23  def main():
24      candicate(10)
25  
26  main()
```

輸出結果樣本

```
1、小柯
2、小丁
3、小姚
Enter your choice: 1
1、小柯: 1票,  2、小丁: 0票,  3、小姚: 0票,  4、廢票: 0票

1、小柯
2、小丁
3、小姚
Enter your choice: 1
1、小柯: 2票,  2、小丁: 0票,  3、小姚: 0票,  4、廢票: 0票

1、小柯
2、小丁
3、小姚
Enter your choice: 1
1、小柯: 3票,  2、小丁: 0票,  3、小姚: 0票,  4、廢票: 0票

1、小柯
2、小丁
3、小姚
Enter your choice: 2
1、小柯: 3票,  2、小丁: 1票,  3、小姚: 0票,  4、廢票: 0票

1、小柯
2、小丁
3、小姚
Enter your choice: 6
1、小柯: 3票,  2、小丁: 1票,  3、小姚: 0票,  4、廢票: 1票

1、小柯
2、小丁
3、小姚
Enter your choice: 2
1、小柯: 3票,  2、小丁: 2票,  3、小姚: 0票,  4、廢票: 1票

1、小柯
2、小丁
3、小姚
Enter your choice: 1
1、小柯: 4票,  2、小丁: 2票, 3、小姚: 0票, 4、廢票: 1票
```

```
1、小柯
2、小丁
3、小姚
Enter your choice: 1
1、小柯: 5票, 2、小丁: 2票, 3、小姚: 0票, 4、廢票: 1票

1、小柯
2、小丁
3、小姚
Enter your choice: 3
1、小柯: 5票, 2、小丁: 2票, 3、小姚: 1票, 4、廢票: 1票

1、小柯
2、小丁
3、小姚
Enter your choice: 1
1、小柯: 6票, 2、小丁: 2票, 3、小姚: 1票, 4、廢票: 1票
```

第 7 章　習題參考解答

1.

參考解答程式：exercise7-1.py

```
01  def count(s, ch):
02      count = 0
03      for c in s:
04          if ch == c:
05              count += 1
06      return count
07
08  def main():
09      s = input("Enter a string: ").strip()
10      ch = input("Enter a character: ").strip()
11      print(count(s, ch))
12
13  main()
```

輸出結果樣本

```
Enter a string: Python is fun
Enter a character: n
2
```

程式解析

程式中我們自行定義的 count 函式，若使用 Python 系統提供的 count 函式，則為

```
>>> str = 'Python is fun'
>>> str.count('n')
2
```

或

```
>>> 'Python is fun'.count('n')
2
```

得到的答案是相同的。

2.

參考解答程式：exercise7-2.py

```
01  def main():
02      number = input('Enter the first 12 digits of an ISBN-13: ').strip()
03
04      # Calculate checksum
05      sum = 0
06      for i in range(12):
07          sum += int(number[i]) * (1 if i % 2 == 0 else 3)
08
09      checksum = 10 - sum % 10
10      if checksum == 10:
11          checksum = 0
12
13      print('The ISBN-13 number is %s'%(number + str(checksum)))
14
15  main()
```

輸出樣本

```
Enter the first 12 digits of an ISBN-13: 978986476052
The ISBN-13 number is 9789864760527
```

程式解析

因為輸入的資料是字串，所以利用 int 函式將其轉型為整數，以便做數學運算，由於串列的起始索引是 0，此處相當上述公式的 d_1，而索引是 1 相當於 d_2，因此，可視為當索引為奇數時，乘以 3。

3.

參考解答程式：exercise7-3.py

```
01  # Convert a decimal to a hex as a string
02  def decimalToHex(decimal):
03      hex = ''
04  
05      while decimal != 0:
06          hexValue = decimal % 16;
07          hex = toHexChar(hexValue) + hex
08          decimal = decimal // 16
09  
10      return hex
11  
12  # Convert an integer to a single hex digit in a character
13  def toHexChar(hexValue):
14      if hexValue <= 9 and hexValue >= 0:
15          return chr(hexValue + ord('0'))
16      else: # hexValue <= 15 && hexValue >= 10
17          return chr(hexValue - 10 + ord('A'))
18  
19  def main():
20      s = eval(input('Enter a number: '))
21      print('The hex value is', decimalToHex(s))
22  
23  main()
```

輸出結果樣本(一)

```
Enter a number: 100
The hex value is 64
```

輸出結果樣本(二)

```
Enter a number: 248
The hex value is F8
```

4.

參考解答程式：exercise7-4.py

```
01  def decimalToBinary(value):
02      result = ''
03      while value != 0:
04          bit = value % 2
05          result = str(bit) + result
06          value = value // 2
07      return result
08
09  def main():
10      value = eval(input('Enter an integer: '))
11      print('The binary value is', decimalToBinary(value))
12
13  main()
```

輸出結果樣本

```
Enter an integer: 100
The binary value is 1100100
```

5.

參考解答程式：exercise7-5.py

```
01  def main():
02      s = input('Enter a string: ').strip()
03      print('The reversal is', reverse(s))
04
```

```
05  def reverse(s):
06      result = ''
07      for ch in s:
08          result = ch + result
09      return result
10
11  main()
```

輸出結果樣本

```
Enter a string: Python
The reversal is nohtyP
```

程式解析

程式中的 reverse() 函式利用 for 迴圈加以執行，先將 result 設定為空字串，再將每 s 字串中的字元加在 result 字串的前端，這樣子就會形成反轉的字串。

第 8 章　習題參考解答

1.

參考解答程式：exercise8-1.py

```
01  import random
02  lotto = []
03  count = 1
04  while count <= 6:
05      num = random.randint(1, 49)
06      if num not in lotto:
07          lotto.append(num)
08          count += 1
09
10  guess = []
11  count = 1
12  while count <= 6:
13      a = eval(input('Enter a lotto number(1~49): '))
14      if a not in guess:
15          guess.append(a)
```

```
16            count += 1
17
18    lotto.sort()
19    print('The lotto numbers are: ')
20    for x in lotto:
21        print('%3d'%(x), end = ' ')
22    print('\n')
23
24    guess.sort()
25    print('Your guess numbers are: ')
26    for x in guess:
27        print('%3d'%(x), end = ' ')
28    print('\n')
29
30    correct = 0
31    for i in range(len(guess)):
32        if guess[i] in lotto:
33            correct += 1
34    print('Correct number(s) : %d'%(correct))
```

輸出結果樣本

```
Enter a lotto number(1~49): 3
Enter a lotto number(1~49): 4
Enter a lotto number(1~49): 5
Enter a lotto number(1~49): 6
Enter a lotto number(1~49): 7
Enter a lotto number(1~49): 8
The lotto numbers are:
  1   4  13  21  43  46

Your guess numbers are:
  3   4   5   6   7   8

Correct number(s) : 1

Enter a lotto number(1~49): 2
Enter a lotto number(1~49): 4
Enter a lotto number(1~49): 6
Enter a lotto number(1~49): 7
```

```
Enter a lotto number(1~49): 34
Enter a lotto number(1~49): 44
The lotto numbers are:
  1   2   6   7  37  45

Your guess numbers are:
  2   4   6   7  34  44

Correct number(s) : 3
```

程式中利用 not in 來控制串列的元素不會有重複的狀況。

2.

參考解答程式：exercise8-2.py

```
01  import random
02  def randomNum():
03      lst = []
04      for i in range(1, 101):
05          num = random.randint(1, 100)
06          lst.append(num)
07      return lst
08
09  def display(lst2):
10      for i in range(len(lst2)):
11          if (i+1) % 10 == 0:
12              print('%3d'%(lst2[i]))
13          else:
14              print('%3d'%(lst2[i]), end = ' ')
15
16  def biggest(lst2):
17      large = lst2[0]
18      for i in range(1, len(lst2)):
19          if lst2[i] > large:
20              large = lst2[i]
21              index = i
22      return index, large
23
24  def main():
```

```
25        lst2 = randomNum()
26        display(lst2)
27        index, big = biggest(lst2)
28        print('The biggest value is %d, it\'s index is %d'%(big, index))
30
31    main()
```

輸出結果樣本

```
 16  45  19  92  50  51  28  37  36  56
 43  10  97   2  47  81  64  70  52  75
 84  41  24  46  44  89  67   7  40  71
  3  90  44  32  59  85  48  53  40  80
 13  54  12  34  62  86  36  32  47  51
 92  67  56   2  44  83  85  98  20  23
 28  15  57  24  51  54  39   3  45  90
  3  55   7  47  57  35  45  97  32  53
 46  96  42  27  33  56  67  91  64  25
 24  32  51  89  90  34  93  39  27  68
The biggest value is 98, it’s index is 57
```

3.

參考解答程式：exercise8-3.py

```
01    def best(lst2):
02        max = lst2[0]
03        for i in range(len(lst2)):
04            if lst2[i] > max:
05                max = lst2[i]
06        return max
07
08    def grade(g, lst2):
09        for i in range(len(lst2)):
10            if lst2[i] >= g-5:
11                print('score:%2d is grade A'%(lst2[i]))
12            elif lst2[i] >= g-15:
13                print('score:%2d is grade B'%(lst2[i]))
14            elif lst2[i] >= g-25:
15                print('score:%2d is grade C'%(lst2[i]))
16            elif lst2[i] >= g-35:
```

```
17                print('score:%2d is grade D'%(lst2[i]))
18            else:
19                print('score:%2d is grade F'%(lst2[i]))
20
21    def main():
22        scoresLst = []
23        score = eval(input('Enter score: '))
24        while score >= 0:
25            scoresLst.append(score)
26            score = eval(input('Enter score: '))
27        greatest = best(scoresLst)
28        grade(greatest, scoresLst)
29
30    main()
```

輸出結果樣本

```
Enter score: 90
Enter score: 78
Enter score: 67
Enter score: 56
Enter score: 44
Enter score: 32
Enter score: 95
Enter score: 88
Enter score: 82
Enter score: 67
Enter score: 50
Enter score: -1
score:90 is grade A
score:78 is grade C
score:67 is grade D
score:56 is grade F
score:44 is grade F
score:32 is grade F
score:95 is grade A
score:88 is grade B
score:82 is grade B
score:67 is grade D
score:50 is grade F
```

4.

參考解答程式：exercise8-4.py

```
01  import random
02
03  def display(lst2):
04      for n in range(len(lst2)):
05          print('%3d'%(lst2[n]), end = ' ')
06          if (n+1) % 10 == 0:
07              print()
08
09  def sortedDisplay(lst2):
10      print('\nAfter sorted:')
11      lst2.sort()
12      for n in range(len(lst2)):
13          print('%3d'%(lst2[n]), end = ' ')
14          if (n+1) % 10 == 0:
15              print()
16
17  def calculateNum(lst2):
18      lst = 50 * [0]
19      for j in range(len(lst2)):
20          lst[lst2[j]] += 1
21      print('\n')
22      for k in range(1, len(lst)):
23          print('%2d: %d  '%(k, lst[k]), end = '')
24          if k % 10 == 0:
25              print()
26
27  def main():
28      lottoNum = []
29      for i in range(100):
30          num = random.randint(1, 49)
31          lottoNum.append(num)
32      display(lottoNum)
33      sortedDisplay(lottoNum)
34      calculateNum(lottoNum)
35
36  main()
```

輸出結果樣本

```
49  32  13  46  40  25  34  12  10   4
 4  24  35  45  27  19  28  45   7  30
49   8  32  47   9  27   6   6  37   3
 3  40  11  12  39  37  27  27  20   7
26  45   5  13  39  41   1  13   4  33
 9  36  19  38  29  40  40  12  44   6
10  21  45  45  10  34  28   8   9  24
 1  29   3  26   6  11   7  12  38  25
40   3  36  11  32  34  49   8  48  33
45  11  32   5  13  13   4   8  12  28

After sorted:
  1   1   3   3   3   3   4   4   4   4
  5   5   6   6   6   6   7   7   7   8
  8   8   8   9   9   9  10  10  10  11
 11  11  11  12  12  12  12  12  13  13
 13  13  13  19  19  20  21  24  24  25
 25  26  26  27  27  27  27  28  28  28
 29  29  30  32  32  32  32  33  33  34
 34  34  35  36  36  37  37  38  38  39
 39  40  40  40  40  40  41  44  45  45
 45  45  45  45  46  47  48  49  49  49



 1: 2   2: 0   3: 4   4: 4   5: 2   6: 4   7: 3   8: 4   9: 3  10: 3
11: 4  12: 5  13: 5  14: 0  15: 0  16: 0  17: 0  18: 0  19: 2  20: 1
21: 1  22: 0  23: 0  24: 2  25: 2  26: 2  27: 4  28: 3  29: 2  30: 1
31: 0  32: 4  33: 2  34: 3  35: 1  36: 2  37: 2  38: 2  39: 2  40: 5
41: 1  42: 0  43: 0  44: 1  45: 6  46: 1  47: 1  48: 1  49: 3
```

5.

參考解答程式：exercise8-5.py

```
01  import random
02  import math
03
04  def creatNum():
05      numLst = []
06      for i in range(1, 101):
```

```
07            num = random.randint(1, 50)
08            numLst.append(num)
09        return numLst
10
11    def display(lst2):
12        for i in range(len(lst2)):
13            if (i+1) % 10 == 0:
14                print('%3d'%(lst2[i]))
15            else:
16                print('%3d'%(lst2[i]), end = ' ')
17
18    def mean(lst2):
19        total = 0
20        for i in range(len(lst2)):
21            total += lst2[i]
22        average = total / len(lst2)
23        return average
24
25    def variance(lst2, aver):
26        sum = 0
27        for i in range(len(lst2)):
28            sum += pow((lst2[i] - aver), 2)
29        var = math.sqrt(sum)
30        return var
31
32    def main():
33        lst = creatNum()
34        display(lst)
35        aver = mean(lst)
36        print('\nMean is %.2f'%(aver))
37        var = variance(lst, aver)
38        print('Variance is %.2f'%(var))
39
40    main()
```

輸出結果樣本

```
 26  37  27  24   9  13  16   8  16  36
 29  34  43  45  45  11  22   7  33  47
 32  15   9  47  29  39  38  50  43  21
 17  17  48   8  45  17   6  40  38   8
 35  19  28  28  24  47  44  31  27  25
 32  44  10  48  22  31   7   6   1  21
 48  19  45  43  22  44   4   1  45  43
 26  24  19   4   1  13  19  30   4  16
 30   8  30  29  45  31  12  14   1  38
 34  39  16  29   9  28  22  10   2  42

Mean is 25.64
Variance is 142.45
```

6.

參考解答程式：exercise8-6.py

```
01  import random
02  lst = []
03  for i in range(1, 11):
04      num = random.randint(1, 100)
05      lst.append(num)
06  
07  print('Original data:')
08  for x in lst:
09      print('%3d'%(x), end = ' ')
10  print('\n')
11  
12  #selection sort
13  print('sorting...')
14  for i in range(len(lst) - 1):
15      print('step = %d: '%(i+1))
16      min = lst[i]
17      minIndex = i
18      for j in range(i+1, len(lst)):
19          if lst[j] < min:
20              min = lst[j]
21              minIndex = j
22  
```

```
23        if minIndex != i:
24            lst[minIndex] = lst[i]
25            lst[i] = min
26        #print data
27        for x in lst:
28            print('%3d'%(x), end = ' ')
29        print('\n')
30    #-------------------------------
31
32    print('Sorted data:')
33    for x in lst:
34        print('%3d'%(x), end = ' ')
35    print()
```

輸出結果樣本

```
Original data:
 89  27  92  55  94  52  24   6  23  51

sorting...
step = 1:
  6  27  92  55  94  52  24  89  23  51

step = 2:
  6  23  92  55  94  52  24  89  27  51

step = 3:
  6  23  24  55  94  52  92  89  27  51

step = 4:
  6  23  24  27  94  52  92  89  55  51

step = 5:
  6  23  24  27  51  52  92  89  55  94

step = 6:
  6  23  24  27  51  52  92  89  55  94

step = 7:
  6  23  24  27  51  52  55  89  92  94

step = 8:
```

```
  6  23  24  27  51  52  55  89  92  94

step = 9:
  6  23  24  27  51  52  55  89  92  94

step = 10:
  6  23  24  27  51  52  55  89  92  94
```

此程式將選擇排序的運作過程一一的列出。其中的粗體字是與本章 8.7.1 節中所述選擇排序程式不同之處。

第 9 章　習題參考解答

1.

參考解答程式：exercise9-1.py

```
01  lst44 = [
02      [11,  2,  3, 14],
03      [5,  16,  7,  8],
04      [9,  10, 11, 12],
05      [3,   2,  5,  1]]
06
07  smallest = 999999
08  indexOfCol = -1
09  for col in range(0, len(lst44[0])):
10      total = 0
11      for row in range(len(lst44)):
12          total += lst44[row][col]
13      print('Total of %d columns = %d'%(col, total))
14
15      if total < smallest:
16          smallest = total
17          indexOfCol = col
18
19  print('The smallest value is %d, at column is %d'%(smallest, indexOfCol))
```

輸出結果樣本

```
Total of 0 columns = 28
Total of 1 columns = 30
Total of 2 columns = 26
Total of 3 columns = 35
The smallest value is 26, at column is 2
```

2.

參考解答程式：exercise9-2.py

```
01  import random
02  
03  def evenDouble(lst2):
04      for i in range(len(lst2)):
05          for j in range(len(lst2[i])):
06              if lst2[i][j] % 2 == 0 :
07                  lst2[i][j] *= 2
08      return lst2
09  
10  def display(lst3):
11      for row in lst3:
12          for value in row:
13              print('%5d'%(value), end = ' ')
14          print()
15  
16  def createList():
17      lst = []
18      rows = eval(input('How many rows: '))
19      columns = eval(input('How many columns: '))
20      for i in range(rows):
21          lst.append([])
22          for j in range(columns):
23              num = random.randint(1, 100)
24              lst[i].append(num)
25      return lst
26  
27  def main():
28      lst2 = createList()
```

```
29        print('Original list: ')
30        display(lst2)
31        print('After double even number')
32        lst3 = evenDouble(lst2)
33        display(lst3)
34
35    main()
```

輸出結果樣本

```
How many rows:  4
How many columns:  5
Original list:
   67    49    82    98    12
   98    97    38    35    53
   48     6    87    57    10
  100    68    28    84    72
After double even number
   67    49   164   196    24
  196    97    76    35    53
   96    12    87    57    20
  200   136    56   168   144
```

3.

參考解答程式：exercise9-3.py

```
01    import random
02    students = eval(input('How many students? '))
03    questions = eval(input('How many questions? '))
04
05    studentAns = []
06    for i in range(students):
07        studentAns.append([])
08        for j in range(questions):
09            ans = random.randint(65, 69)
10            studentAns[i].append(chr(ans))
11            print('%3c'%(studentAns[i][j]), end = '')
12        print()
13    standAns = []
14    print('correct answer: ')
15    for i in range(questions):
```

```
16        n = random.randint(65, 70)
17        standAns.append(chr(n))
18        print('%3c'%(standAns[i]), end = '')
19    print()
20
21    for i in range(len(studentAns)):
22        correctNum = 0
23        for j in range(len(studentAns[i])):
24            if (studentAns[i][j] == standAns[j]):
25                correctNum += 1
26        print('#%d: %d'%(i+1, correctNum))
```

輸出結果樣本

```
How many students?  5
How many questions?  10
  D  E  A  B  C  B  E  B  A  A
  C  E  C  D  C  D  C  A  E  D
  C  D  A  C  E  B  B  D  C  D
  D  E  A  C  C  E  D  E  C  C
  D  A  B  A  B  E  D  B  B  C
Correct answer:
  A  B  A  A  C  F  A  C  A  C
#1: 3
#2: 1
#3: 1
#4: 3
#5: 2
```

4.

參考解答程式：exercise9-4.py

```
01    import random
02    lst66 = []
03    for i in range(6):
04        lst66.append([])
05        for j in range(6):
06            randNum = random.randint(0, 1)
07            lst66[i].append(randNum)
08
09    for row in lst66:
```

```
10        for value in row:
11            print('%3d'%(value), end = '')
12        print()
13
14    print()
15    for row in range(len(lst66)):
16        count = sum(lst66[row])
17        if count != 0:
18            if count % 2 == 0:
19                print('%d row has even 1'%(row))
20
21    print()
22    for col in range(len(lst66[0])):
23        total = 0
24        for row in range(len(lst66)):
25            total += lst66[row][col]
26        if total % 2 == 0:
27            if total != 0:
28                print('%d column has even 1'%(col))
```

輸出結果樣本

```
  0  0  1  0  1  0
  0  0  0  1  1  0
  1  0  1  0  0  1
  0  0  1  1  0  0
  1  0  1  1  1  1
  0  0  0  1  0  1

0 row has even 1
1 row has even 1
3 row has even 1
5 row has even 1

0 column has even 1
2 column has even 1
3 column has even 1
```

5.

參考解答程式：exercise9-5.py

```
01  lst1 = [
02      [1, 2, 3],
03      [4, 5, 6],
04      [7, 8, 9]]
05
06  lst2 = [
07      [2, 3, 5],
08      [3, 1, 4],
09      [5, 2, 3]]
10
11  lst3 = []
12  for i in range(len(lst1)):
13      lst3.append([])
14      for j in range(len(lst1[i])):
15          num = 0
16          num = (lst1[i][0]*lst2[0][j])+(lst1[i][1]*lst2[1][j])+(lst1[i][2]
17              *lst2[2][j])
18          lst3[i].append(num)
19
20  for row in lst3:
21      for value in row:
22          print('%5d'%(value), end = '')
23      print()
```

輸出結果樣本

```
23    11    22
53    29    58
83    47    94
```

第 10 章　習題參考解答

1.

參考解答程式：exercise10-1.py

```
01  import pickle
02  def main():
03      outfile = open('list.dat', 'wb')
04      pickle.dump([x for x in range(1, 101)], outfile)
05      outfile.close()
06  
07      infile = open('list.dat', 'rb')
08      print(pickle.load(infile))
09      infile.close()
10  
11  main()
```

輸出結果樣本

```
[1, 2, 3, 4, 5, 6, 7, 8, 9, 10, 11, 12, 13, 14, 15, 16, 17, 18, 19, 20, 21, 22,
23, 24, 25, 26, 27, 28, 29, 30, 31, 32, 33, 34, 35, 36, 37, 38, 39, 40, 41, 42,
43, 44, 45, 46, 47, 48, 49, 50, 51, 52, 53, 54, 55, 56, 57, 58, 59, 60, 61, 62,
63, 64, 65, 66, 67, 68, 69, 70, 71, 72, 73, 74, 75, 76, 77, 78, 79, 80, 81, 82,
83, 84, 85, 86, 87, 88, 89, 90, 91, 92, 93, 94, 95, 96, 97, 98, 99, 100]
```

2.

參考解答程式：exercise10-2.py

```
01  def main():
02      # Prompt the user to enter filenames
03      f1 = input('Enter a filename: ').strip()
04  
05      # Open files for input
06      infile = open(f1, 'r')
07  
08      s = infile.read() # Read all from the file
09      print(s)
10  
11      replacedString = input('Enter a string to be replaced: ').strip()
12      newString = input('Enter a new string: ').strip()
```

```
13
14        finalString = s.replace(replacedString, newString)
15        print(finalString)
16
17        infile.close()  # Close the input file
18        outfile = open(f1, 'w')
19
20        outfile.write(newString)
21        outfile.close() # Close the output file
22
23    main()
```

輸出結果樣本

```
Enter a filename: test.txt
Welcome to Python.
Enter a string to be replaced: Python
Enter a new string: C
Welcome to C.
```

3.

參考解答程式：exercise10-3.py

```
01    def main():
02        # Prompt the user to enter filenames
03        f1 = input('Enter a filename: ').strip()
04
05        # Open files for input
06        infile = open(f1, 'r')
07
08        s = infile.read() # Read all from the file
09
10        scores = [eval(x) for x in s.split() ]
11        print(scores)
12
13        print('There are %d scores.'%(len(scores)))
14        print('The total is %d.'%(sum(scores)))
15        print('The average is %.2f'%(sum(scores) / len(scores)))
16
17        infile.close() # Close the output file
```

```
18
19  main()
```

輸出結果樣本

```
Enter a filename: scores.txt
[50, 60, 60, 70, 80, 90, 40, 20, 80, 70]
There are 10 scores.
The total is 620.
The average is 62.00
```

4.

參考解答程式：exercise10-4.py

```
01  def main():
02      f1 = input('Enter a source filename: ').strip()
03      f2 = input('Enter a target filename: ').strip()
04
05      # Open files for input
06      infile = open(f1, 'r')
07
08      s = infile.read() # Read all from the file
09      print('Original text is \'%s\''%(s))
10
11      newString = ''
12
13      for i in range(len(s)):
14          newString += chr(ord(s[i]) - 2)
15      print('After Encrypted text is \'%s\''%(newString))
16
17      infile.close()  # Close the input file
18      outfile = open(f2, 'w')
19      outfile.write(newString)
20      outfile.close() # Close the output file
21
22  main()
```

輸出結果樣本

```
Enter a source filename: test200.txt
Enter a target filename: test100.txt
Original text is Ygneqog"vq"R{vjqp0
Welcome to Python.
```

5.

參考解答程式：exercise10-5.py

```
01  def main():
02      try:
03          a, b, c = eval(input('Enter a, b, c: '))
04          if a + b > c and a + c > b and b + c > a:
05              print('Valid triangle')
06          else:
07              raise RuntimeError()
08      except RuntimeError:
09          print('Can\'t form a triangle.')
10
11  main()
```

輸出結果樣本(一)

```
Enter a, b, c: 1, 2, 1
Can't form a triangle.
```

輸出結果樣本(二)

```
Enter a, b, c: 2, 2, 1
Valid triangle
```

第 11 章　習題參考解答

1.

參考解答程式：exercise11-1.py

```
01  def main():
02      keywords = {'and', 'del', 'or', 'not', 'while',
03                  'for', 'with', 'break', 'True', 'False'
```

```
04                  'elif', 'else', 'if', 'break', 'except',
05                  'import', 'print', 'class', 'in'
06                  'continue', 'finally', 'is', 'return',
07                  'def', 'try'}
08
09      f1 = input('Enter a Python source code filename: ').strip()
10
11      # Open files for input
12      infile = open(f1, 'r')
13
14      text = infile.read().split()
15
16      dictionary = {}
17      count = 0
18      for word in text:
19          if word in keywords:
20              if word in dictionary:
21                  dictionary[word] += 1
22              else:
23                  dictionary[word] = 1
24
25      print(dictionary)
26
27  main()
```

輸出結果樣本

```
Enter a Python source code filename: gpa.py
{'def': 2, 'if': 1, 'is': 5, 'while': 1}
```

2.

參考解答程式：exercise11-2.py

```
01  def main():
02      # Prompt the user to enter filenames
03      f1 = input("Enter a filename: ").strip()
04
05      # Open files for input
06      infile = open(f1, "r")
```

```
07
08        s = infile.read() # Read all from the file
09        print('%s contains following words:\n%s'%(f1, s))
10        infile.close()
11
12        words = s.split()
13        nonduplicateWords = set(words)
14        words = list(nonduplicateWords)
15        words.sort()
16
17        print('After sorted...')
18        for word in words:
19            print(word, end = " ")
20
21    main()
```

輸出結果樣本

```
Enter a filename: test20.txt
test20.txt contains following words:
Hello Python Welcome to Python Learning Python now

After sorted...
Hello Learning Python Welcome now to
```

程式解析

由於要輸出沒有重複的單字，所以利用集合處理之。

3.

參考解答程式：exercise11-3.py

```
01    def main():
02        s = input("Enter the numbers: ").strip()
03        numbers = [eval(x) for x in s.split()]
04
05        dictionary = {} # Create an empty dictionary
06
07        for number in numbers:
08            if number in dictionary:
```

```
09                dictionary[number] += 1
10            else:
11                dictionary[number] = 1
12
13        maxCount = max(dictionary.values())
14
15        pairs = list(dictionary.items())
16        print(pairs)
17
18        print("The numbers with the most occurrence are ", end = "")
19        for (x, y) in pairs:
20            if y == maxCount:
21                print(x, end = " ")
22
23    main()
```

輸出結果樣本(一)

```
Enter the numbers: 1 2 3 2 3 4 3 4 5
[(1, 1), (2, 2), (3, 3), (4, 2), (5, 1)]
The numbers with the most occurrence are 3
```

輸出結果樣本(二)

```
Enter the numbers: 1 2 3 2 3 2 3
[(1, 1), (2, 3), (3, 3)]
The numbers with the most occurrence are 2 3
```

程式解析

程式先利用 strip() 方法將兩輸入資料的兩側空白去除，然後利用 split()方法將資料以空白做為界線，將資料置放於 numbers 的串列中。之後取一個詞典 dictionary，將串列中的資料及出現的次數置放於此詞典。利用 values()方法和 max 計算這些資料出現最多的次數，如下所示：

```
maxCount = max(dictionary.values())
```

並利用 items() 方法，將詞典的鍵/值置放於串列 pairs 中。如下所示：

```
pairs = list(dictionary.items())
```

程式中的迴圈主要是印出出現最多次數的數字，若有多個是同樣多時，也會印出。

4.

參考解答程式：exercise11-4.py

```
01  def main():
02      keywords = {'and', 'del', 'or', 'not', 'while',
03                  'for', 'with', 'break', 'True', 'False'
04                  'elif', 'else', 'if', 'break', 'except',
05                  'import', 'print', 'class', 'in'
06                  'continue', 'finally', 'is', 'return',
07                  'def', 'try'}
08
09      f1 = input('Enter a Python source code filename: ').strip()
10
11      # Open files for input
12      infile = open(f1, 'r')
13
14      text = infile.read().split()
15
16      dictionary = {}
17      count = 0
18      for word in text:
19          if word in keywords:
20              if word in dictionary:
21                  dictionary[word] += 1
22              else:
23                  dictionary[word] = 1
24
25      print(dictionary)
26
27      pairs = list(dictionary.items())
28      newPairs = [[y, x] for (x, y) in pairs] # Reverse pairs in the list
29      print(newPairs)
30
31  main()
```

輸出結果樣本

```
Enter a Python source code filename: gpa.py
{'def': 2, 'if': 1, 'is': 5, 'while': 1}
[[2, 'def'], [1, 'if'], [5, 'is'], [1, 'while']]
```

5.

參考解答程式：exercise11-5.py

```
01  import random
02  def menu():
03      print()
04      print('Dictionary menu:')
05      print('1. insert')
06      print('2. delete')
07      print('3. modify')
08      print('4. display')
09      print('5. exit')
10      n = eval(input('Enter your choice: '))
11      return n
12
13  def add(d2):
14      key = eval(input('Enter a key: '))
15      value = input('Enter a value(String): ')
16      print('generating ... {%d: %s}'%(key, value))
17      d2[key] = value
18
19  def delete(d2):
20      key = eval(input('Enter a key: '))
21      if key in d2:
22          del d2[key]
23      else:
24          print('There is not invalid key.')
25
26  def modify(d2):
27      key = eval(input('Enter a key: '))
28      print('%d: %s'%(key, d2[key]))
29      value = input('Enter a value(String): ')
30      if key in d2:
```

```
31            d2[key] = value
32        else:
33            print('There is not invalid key.')
34
35    def display(d2):
36        print(d2)
37
38    def main():
39        d = {}
40        while True:
41            choice = menu()
42
43            if choice == 1:
44                add(d)
45            elif choice == 2:
46                delete(d)
47            elif choice == 3:
48                modify(d)
49            elif choice == 4:
50                display(d)
51            elif choice == 5:
52                break
53            else:
54                print('Invalid choice')
55
56    main()
```

輸出結果樣本

```
Dictionary menu:
1. insert
2. delete
3. modify
4. display
5. exit
Enter your choice: 1
Enter a key: 101
Enter a value(String): Bright
generating ... {101: Bright}
```

```
Dictionary menu:
1. insert
2. delete
3. modify
4. display
5. exit
Enter your choice: 1
Enter a key: 102
Enter a value(String): Jennifer
generating ... {102: Jennifer}

Dictionary menu:
1. insert
2. delete
3. modify
4. display
5. exit
Enter your choice: 1
Enter a key: 103
Enter a value(String): Mary
generating ... {103: Mary}

Dictionary menu:
1. insert
2. delete
3. modify
4. display
5. exit
Enter your choice: 4
{101: 'Bright', 102: 'Jennifer', 103: 'Mary'}

Dictionary menu:
1. insert
2. delete
3. modify
4. display
5. exit
Enter your choice: 3
Enter a key: 103
103: Mary
Enter a value(String): Linda

Dictionary menu:
1. insert
```

```
2. delete
3. modify
4. display
5. exit
Enter your choice: 2
Enter a key: 102

Dictionary menu:
1. insert
2. delete
3. modify
4. display
5. exit
Enter your choice: 4
{101: 'Bright', 103: 'Linda'}

Dictionary menu:
1. insert
2. delete
3. modify
4. display
5. exit
Enter your choice: 5
```

第 12 章　習題參考解答

1.

參考解答程式：stackClass.py

```
01  class Stack:
02      def __init__(self):
03          self.__items = []
04
05      def isEmpty(self):
06          return len(self.__items) == 0
07
08      def push(self, value):
09          self.__items.append(value)
10          print('%d is added in stack.'%(value))
11
12      def pop(self):
13          if self.isEmpty():
```

```
14                return 'The stack is empty.'
15            else:
16                return self.__items.pop()
17
18        def getSize(self):
19            return len(self.__items)
```

參考解答程式：testStack.py

```
01    from stackClass import Stack
02
03    stackObj = Stack()
04    for i in range(1, 6):
05        stackObj.push(i)
06
07    while not stackObj.isEmpty():
08        print(stackObj.pop(), end = ' ')
```

輸出結果樣本

```
1 is added in stack.
2 is added in stack.
3 is added in stack.
4 is added in stack.
5 is added in stack.
5 4 3 2 1
```

2.

參考解答程式：triangleClass2.py

```
01    import math
02
03    class Shape:
04        def _ _init_ _(self, color = 'Red' ):
05            self._ _color = color
06
07        def getColor(self):
08            return self._ _color
09
10        def setColor(self, color):
11            self._ _color = color
```

```
12
13      def _ _str_ _(self):
14          return 'Color: ' + self._ _color
15
16  class Triangle(Shape):
17      def _ _init_ _(self, side1, side2, side3):
18          super()._ _init_ _()
19          self.__side1 = side1
20          self.__side2 = side2
21          self.__side3 = side3
22
23      def getSide1(self):
24          return self._ _side1
25
26      def getSide2(self):
27          return self._ _side2
28
29      def getSide3(self):
30          return self._ _side3
31
32      def getArea(self):
33          s = (self._ _side1 + self._ _side2 + self._ _side3) / 2
34          return math.sqrt(s * (s - self._ _side1) * (s - self._ _side2) * (s -
35                           self._ _side3))
36
37      def getPerimeter(self):
38          return self._ _side1 + self._ _side2 + self._ _side3
39
40      def _ _str_ _(self):
41          return super()._ _str_ _() + \
42                 '\nside1 = ' + str(self._ _side1) + \
43                  ' side2 = ' + str(self._ _side2) + \
44                  ' side3 = ' + str(self._ _side3)
45
46  def main():
47      side1, side2, side3 = eval(input('Enter three sides: '))
48      triangle1 = Triangle(side1, side2, side3);
49      print('Triangle 1:')
50      print(triangle1._ _str_ _())
```

```
51        print('The area is %.2f '%(triangle1.getArea()))
52        print('The perimeter is %d'%(triangle1.getPerimeter()))
53        print()
54
55        side1, side2, side3 = eval(input('Enter three sides: '))
56        triangle2 = Triangle(side1, side2, side3);
57        print('Triangle 2:')
58        triangle2.setColor('Blue')
59        print(triangle2._ _str_ _())
60        print('The area is %.2f '%(triangle2.getArea()))
61        print('The perimeter is %d'%(triangle2.getPerimeter()))
62
63
64    main()
```

輸出結果樣本

```
Enter three sides: 2, 3, 4
Triangle 1:
Color: Red
side1 = 2 side2 = 3 side3 = 4
The area is 2.90
The perimeter is 9

Enter three sides: 3, 4, 5
Triangle 2:
Color: Blue
side1 = 3 side2 = 4 side3 = 5
The area is 6.00
The perimeter is 12
```

3.

參考解答程式：triangleClass3.py

```
01    import math
02    class Shape:
03        def _ _init_ _(self, color = 'Red' ):
04            self._ _color = color
05
06        def getColor(self):
```

```
07            return self._ _color
08
09        def setColor(self, color):
10            self._ _color = color
11
12        def _ _str_ _(self):
13            return 'Color: ' + self._ _color
14
15    class Triangle(Shape):
16        def _ _init_ _(self, side1, side2, side3):
17            super()._ _init_ _()
18            self._ _side1 = side1
19            self._ _side2 = side2
20            self._ _side3 = side3
21
22        def getSide1(self):
23            return self._ _side1
24
25        def getSide2(self):
26            return self._ _side2
27
28        def getSide3(self):
29            return self._ _side3
30
31        def getArea(self):
32            s = (self._ _side1 + self._ _side2 + self._ _side3) / 2
33            return math.sqrt(s * (s - self._ _side1) * (s - self._ _side2) * (s -
34                             self._ _side3))
35
36        def getPerimeter(self):
37            return self._ _side1 + self._ _side2 + self._ _side3
38
39        def _ _str_ _(self):
40            return super()._ _str_ _() + \
41                   '\nside1 = ' + str(self._ _side1) + \
42                    ' side2 = ' + str(self._ _side2) + \
43                    ' side3 = ' + str(self._  _side3)
44
45    def main():
```

```
46        side1, side2, side3 = eval(input('Enter three sides: '))
47        print('Triangle 1:')
48        triangle1 = Triangle(side1, side2, side3)
49        print(triangle1._ _str_ _())
50        if side1+side2 > side3 and side1+side3 > side2 and side2+side3 > side1:
51            print('The area is %.2f '%(triangle1.getArea()))
52            print('The perimeter is %d'%(triangle1.getPerimeter()))
53        else:
54            print('Invalid sides')
55        print()
56
57        side1, side2, side3 = eval(input('Enter three sides: '))
58        print('Triangle 2:')
59        triangle2 = Triangle(side1, side2, side3);
60        print(triangle2._ _str_ _())
61        triangle2.setColor('Blue')
62        if side1+side2 > side3 and side1+side3 > side2 and side2+side3 > side1:
63            print('The area is %.2f '%(triangle2.getArea()))
64            print('The perimeter is %d'%(triangle2.getPerimeter()))
65        else:
66            print('Invalid sides')
67
68    main()
```

輸出結果樣本

```
Enter three sides: 2, 4, 6
Triangle 1:
Color: Red
side1 = 2 side2 = 4 side3 = 6
Invalid sides

Enter three sides: 3, 4, 5
Triangle 2:
Color: Red
side1 = 3 side2 = 4 side3 = 5
The area is 6.00
The perimeter is 12
```

4.

參考解答程式：triangleClass10.py

```
01  import math
02  class Shape:
03      def _ _init_ _(self, color = 'Red' ):
04          self._ _color = color
05
06      def getColor(self):
07          return self._ _color
08
09      def setColor(self, color):
10          self._ _color = color
11
12      def _ _str_ _(self):
13          return 'Color: ' + self._ _color
14
15  class Triangle(Shape):
16      def _ _init_ _(self, side1, side2, side3):
17          super()._ _init_ _()
18          self._ _side1 = side1
19          self._ _side2 = side2
20          self._ _side3 = side3
21
22      def getSide1(self):
23          return self._ _side1
24
25      def getSide2(self):
26          return self._ _side2
27
28      def getSide3(self):
29          return self._ _side3
30
31      def getArea(self):
32          a = self._ _side1+self._ _side2 > self._ _side3
33          b = self._ _side1+self.__side3 > self._ _side2
34          c = self._ _side2+self.__side3 > self._ _side1
35
36          if a and b and c:
```

```
37                s = (self._ _side1 + self._ _side2 + self._ _side3) / 2
38                return math.sqrt(s * (s - self._ _side1) * (s - self._ _side2) *
39                                (s - self._ _side3))
40            else:
41                raise RuntimeError()
42
43        def getPerimeter(self):
44            return self._ _side1 + self._ _side2 + self._ _side3
45
46        def _ _str_ _(self):
47            return super()._ _str_ _() + \
48                   '\nside1 = ' + str(self._ _side1) + \
49                    ' side2 = ' + str(self._ _side2) + \
50                    ' side3 = ' + str(self._ _side3)
51
52    def main():
53        for i in range(2):
54            print()
55            side1, side2, side3 = eval(input('Enter three sides: '))
56            triangle = Triangle(side1, side2, side3)
57            print('Triangle%d:'%(i+1))
58            print(triangle._ _str_ _())
59            try:
60                print('The area is %.2f '%(triangle.getArea()))
61                print('The perimeter is %d'%(triangle.getPerimeter()))
62            except RuntimeError:
63                print('Invalid sides')
64        print()
65
66    main()
```

輸出結果樣本

```
Enter three sides: 2, 4, 6
Triangle1:
Color: Red
side1 = 2 side2 = 4 side3 = 6
Invalid sides
```

```
Enter three sides: 3, 4, 5
Triangle2:
Color: Red
side1 = 3 side2 = 4 side3 = 5
The area is 6.00
The perimeter is 12
```

5.

參考解答程式：polymorphism2.py

```
01  from circleFromShape import Circle
02  from rectangleFromShape import Rectangle
03  from triangleFromShape import Triangle
04  
05  def main():
06      circle = Circle(5)
07      circle.__str__()
08      displayPerimeter(circle)
09      displayArea(circle)
10      print()
11  
12      rectangle= Rectangle(2, 6)
13      rectangle.__str__()
14      displayPerimeter(rectangle)
15      displayArea(rectangle)
16      print()
17  
18      triangle = Triangle(3, 0, 3, 4)
19      triangle.__str__()
20      displayPerimeter(triangle)
21      displayArea(triangle)
22  
23  def displayArea(obj):
24      print('Area: %.2f'%(obj.getArea()))
25  
26  def displayPerimeter(obj):
27      print('Permiter: %.2f'%(obj.getPerimeter()))
28  
29  main()
```

輸出結果樣本

```
xPoint = 0, yPoint = 0
radius: 5
Permiter: 31.42
Area: 78.54

xPoint = 0, yPoint = 0
width: 2
height: 6
Permiter: 16.00
Area: 12.00

xPoint = 0, yPoint = 0
(0, 0), (3, 0), (3, 4)
3.0 4.0 5.0
Permiter: 12.00
s1 = 3, s2 = 4, s3 = 5
Area: 6.00
```

程式解析

程式 polymorphism2.py 與 polymorphism.py 之差異請參閱程式中的粗體字。我們幾乎沒有修改原先的程式，只是加入一些敘述而已。

第 13 章　習題參考解答

1.

參考解答程式：exercise13-1.py

```
01  import numpy as np
02
03  #產生一個1到9的3x3矩陣
04  matrix1 = np.arange(1, 10).reshape(3,3)
05  print('Matrix 1:')
06  print(matrix1)
07  print()
08
09  #產生一個9到1的3x3矩陣
10  matrix2 = np.arange(9, 0, -1).reshape(3, 3)
11  print('Matrix 2:')
```

```
12  print(matrix2)
13  print()
14  
15  #將兩個矩陣相乘
16  matrix3 = np.dot(matrix1, matrix2)
17  print('Result:')
18  print(matrix3)
19  print()
```

輸出結果

```
Matrix 1:
[[1 2 3]
 [4 5 6]
 [7 8 9]]

Matrix 2:
[[9 8 7]
 [6 5 4]
 [3 2 1]]

Result:
[[ 30  24  18]
 [ 84  69  54]
 [138 114  90]]
```

2.

參考解答程式：exercise13-2.py

```
01  import numpy as np
02  
03  #建立一個 1 到 200 之間偶數的 10x10 矩陣
04  a = np.arange(2, 201, 2).reshape(10, 10)
05  print('a:')
06  print(a)
07  
08  #建立一個 1 到 200 之間奇數的 10x10 矩陣
09  b = np.arange(1, 200, 2).reshape(10, 10)
10  print('b:')
11  print(b)
```

```
12
13  print()
14
15  #將兩個矩陣相互交換
16  a[range(1, 10, 2)], b[range(1, 10, 2)] = b[range(1, 10, 2)], a[range(1, 10, 2)]
17  print('交換後：')
18  print('a:')
19  print(a)
20  print('b:')
21  print(b)
```

輸出結果

```
a:
[[  2   4   6   8  10  12  14  16  18  20]
 [ 22  24  26  28  30  32  34  36  38  40]
 [ 42  44  46  48  50  52  54  56  58  60]
 [ 62  64  66  68  70  72  74  76  78  80]
 [ 82  84  86  88  90  92  94  96  98 100]
 [102 104 106 108 110 112 114 116 118 120]
 [122 124 126 128 130 132 134 136 138 140]
 [142 144 146 148 150 152 154 156 158 160]
 [162 164 166 168 170 172 174 176 178 180]
 [182 184 186 188 190 192 194 196 198 200]]
b:
[[  1   3   5   7   9  11  13  15  17  19]
 [ 21  23  25  27  29  31  33  35  37  39]
 [ 41  43  45  47  49  51  53  55  57  59]
 [ 61  63  65  67  69  71  73  75  77  79]
 [ 81  83  85  87  89  91  93  95  97  99]
 [101 103 105 107 109 111 113 115 117 119]
 [121 123 125 127 129 131 133 135 137 139]
 [141 143 145 147 149 151 153 155 157 159]
 [161 163 165 167 169 171 173 175 177 179]
 [181 183 185 187 189 191 193 195 197 199]]

交換後：
a:
[[  1   3   5   7   9  11  13  15  17  19]
 [ 21  23  25  27  29  31  33  35  37  39]
 [ 41  43  45  47  49  51  53  55  57  59]
 [ 61  63  65  67  69  71  73  75  77  79]
 [ 81  83  85  87  89  91  93  95  97  99]
 [101 103 105 107 109 111 113 115 117 119]
 [121 123 125 127 129 131 133 135 137 139]
 [141 143 145 147 149 151 153 155 157 159]
 [161 163 165 167 169 171 173 175 177 179]
 [181 183 185 187 189 191 193 195 197 199]]
```

```
b:
[[  2   4   6   8  10  12  14  16  18  20]
 [ 22  24  26  28  30  32  34  36  38  40]
 [ 42  44  46  48  50  52  54  56  58  60]
 [ 62  64  66  68  70  72  74  76  78  80]
 [ 82  84  86  88  90  92  94  96  98 100]
 [102 104 106 108 110 112 114 116 118 120]
 [122 124 126 128 130 132 134 136 138 140]
 [142 144 146 148 150 152 154 156 158 160]
 [162 164 166 168 170 172 174 176 178 180]
 [182 184 186 188 190 192 194 196 198 200]]
```

3.

參考解答程式：exercise13-3.py

```
01  import pandas as pd
02  
03  #建立名單--學生名字
04  names = ['Nancy', 'Daisy', 'Bonnie', 'Vicky', 'John']
05  #建立名單--學生分數
06  scores = [84, 98, 92, 82, 78]
07  #建立字典
08  data = {'Name': names, 'score': scores}
09  
10  #建立pandas 的DataFrame 資料結構
11  df = pd.DataFrame(data)
12  print('原始資料：')
13  print(df)
14  print()
15  
16  #將資料根據名字從大到小排序
17  df = df.sort_values(by='Name', ascending=False)
18  print('將資料根據名字從大到小排序：')
19  print(df)
20  print()
21  
22  #將資料根據分數從小到大排序
23  df = df.sort_values(by='score')
24  print('將資料根據分數從小到大排序：')
25  print(df)
26  print()
```

```
27
28  #列出分數低於 90 分的學生
29  lower90 = df[df['score'] < 90]
30  print('列出分數低於 90 分的學生：')
31  print(lower90)
32  print()
```

輸出結果

```
原始資料：
     Name  score
0   Nancy     84
1   Daisy     98
2  Bonnie     92
3   Vicky     82
4    John     78

將資料根據名字從大到小排序：
     Name  score
3   Vicky     82
0   Nancy     84
4    John     78
1   Daisy     98
2  Bonnie     92

將資料根據分數從小到大排序：
     Name  score
4    John     78
3   Vicky     82
0   Nancy     84
2  Bonnie     92
1   Daisy     98

列出分數低於90分的學生：
    Name  score
4   John     78
3  Vicky     82
0  Nancy     84
```

4.

參考解答程式：exercise13-4.py

```
01  from pydataset import data
02  import pandas as pd
03
04  #使用pydataset 裡面的"Titanic"資料集
05  titanic = data('Titanic')
```

```
06  print('使用pydataset 裡面的"Titanic"資料集：')
07  print(titanic)
08  print()
09
10  #去掉Class 欄位和Freq 欄位
11  titanic = titanic[titanic.columns[1:4]]
12  print('去掉Class 欄位和Freq 欄位：')
13  print(titanic)
14  print()
15
16  #將"Sex"、"Age"和"Survived"分別改為"性別"、"年齡"和"是否存活"
17  columns = ['性別', '年齡', '是否存活']
18  titanic.columns = columns
19  print('將"Sex"、"Age"和"Survived"分別改為"性別"、"年齡"和"是否存活"：')
20  print(titanic)
21  print()
22
23  #列出存活的男性
24  male_yes = titanic[(titanic.性別=='Male') & (titanic.是否存活=='Yes')]
25  print('存活的男性：')
26  print(male_yes)
27  print()
```

輸出結果(僅摘錄部分的結果)

```
使用 pydataset 裡面的 "Titanic" 資料集：
   Class     Sex    Age Survived  Freq
1    1st    Male  Child       No     0
2    2nd    Male  Child       No     0
3    3rd    Male  Child       No    35
4   Crew    Male  Child       No     0
5    1st  Female  Child       No     0
6    2nd  Female  Child       No     0
7    3rd  Female  Child       No    17
8   Crew  Female  Child       No     0
9    1st    Male  Adult       No   118
10   2nd    Male  Adult       No   154
11   3rd    Male  Adult       No   387
12  Crew    Male  Adult       No   670
13   1st  Female  Adult       No     4
14   2nd  Female  Adult       No    13
15   3rd  Female  Adult       No    89
16  Crew  Female  Adult       No     3
17   1st    Male  Child      Yes     5
```

```
去掉Class欄位和Freq欄位：
       Sex    Age Survived
1     Male  Child       No
2     Male  Child       No
3     Male  Child       No
4     Male  Child       No
5   Female  Child       No
6   Female  Child       No
7   Female  Child       No
8   Female  Child       No
9     Male  Adult       No
10    Male  Adult       No
11    Male  Adult       No
12    Male  Adult       No
13  Female  Adult       No
14  Female  Adult       No
15  Female  Adult       No
16  Female  Adult       No
17    Male  Child      Yes
將"Sex"、"Age"和"Survived"分別改為"性別"、"年齡"和"是否存活"：
        性別     年齡 是否存活
1     Male  Child   No
2     Male  Child   No
3     Male  Child   No
4     Male  Child   No
5   Female  Child   No
6   Female  Child   No
7   Female  Child   No
8   Female  Child   No
9     Male  Adult   No
10    Male  Adult   No
11    Male  Adult   No
12    Male  Adult   No
13  Female  Adult   No
14  Female  Adult   No
15  Female  Adult   No
16  Female  Adult   No
17    Male  Child  Yes
存活的男性：
      性別     年齡 是否存活
17  Male  Child  Yes
18  Male  Child  Yes
19  Male  Child  Yes
20  Male  Child  Yes
25  Male  Adult  Yes
26  Male  Adult  Yes
27  Male  Adult  Yes
28  Male  Adult  Yes
```

若程式擷取不到 pydataset 時，則需以 pip install pydataset 將它安裝。

第 14 章　習題參考解答

1.

參考解答程式：exercise14-1.py

```
01  import numpy as np
02  from matplotlib import pyplot as plt
03  
04  #產生第一個座標 x 的資料陣列
05  x_data1 = np.array([x for x in range(1, 9)])
06  #print('x_data1:', x_data1)
07  
08  #產生第一個座標 y 的資料陣列
09  y_data1 = np.array([x for x in range(1, 9)])
10  #print('y_data1:', x_data1)
11  
12  #讓第二個坐標 x 的資料陣列跟第一個一樣
13  x_data2 = x_data1
14  
15  #讓第二個坐標 y 的資料陣列的每一個元素等於第一個中所對應的元素之平方
16  y_data2 = y_data1 ** 2
17  
18  #以'b'(藍色)和'-.'畫出第一條線，以'r'(紅色)和'-.'畫出第二條線
19  plt.plot(x_data1, y_data1, 'b-.', x_data2, y_data2, 'r-.', linewidth=1)
20  #設定 x 軸的範圍：從 0 到 8、間隔 1
21  plt.xticks(range(0, 9, 1))
22  #設定 y 軸的範圍：從 0 到 70、間隔 10
23  plt.yticks(range(0, 71, 10))
24  #設定 x 軸標籤名稱，字型大小為 16
25  plt.xlabel('x-Value', size=16)
26  #設定 y 軸標籤名稱，字型大小為 16
27  plt.ylabel('y-Value', size=16)
28  #設定圖的名稱，字型大小為 16
29  plt.title('Figure', size=24)
30  #顯示圖
31  plt.show()
```

輸出結果

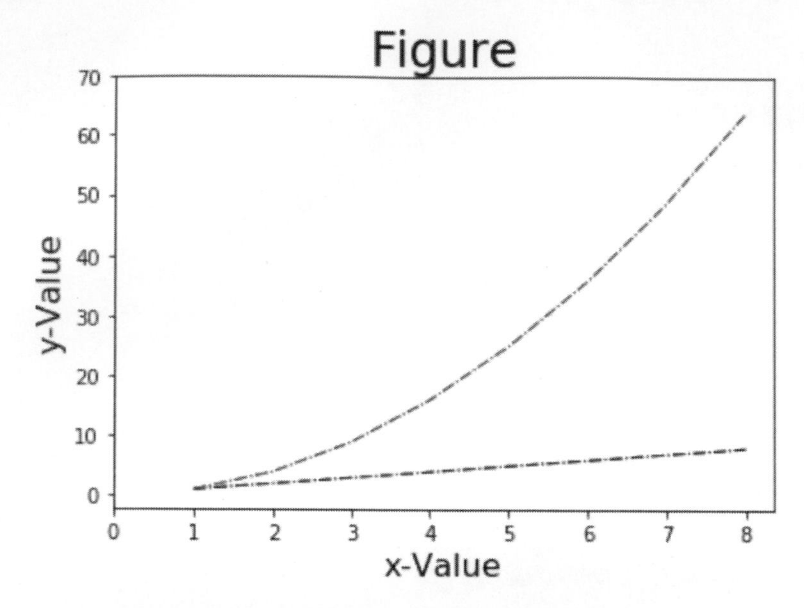

2.

參考解答程式：exercise14-2.py

```
01  from pydataset import data
02  from matplotlib import pyplot as plt
03  
04  #取得data 套件中的"HairEyeColor"資料集
05  HairEyeColor = data('HairEyeColor')
06  #print(HairEyeColor)
07  
08  #將資料集中的數據以Hair 欄位作加總計數
09  Hair_group = HairEyeColor.groupby('Hair').sum()
10  #print(Hair_group)
11  
12  #畫圖
13  fig, ax = plt.subplots()
14  #以長條圖呈現Hair 的不同顏色之頻率
15  ax.bar(Hair_group.index, Hair_group['Freq'])
16  #設定x 軸為"Hair Color"
17  ax.set_xlabel('Hair Color')
18  #設定y 軸為"Frequency"
```

```
19  ax.set_ylabel('Frequency')
20  #設定圖的標題為"Frequency of Hair Color"
21  ax.set_title('Frequency of Hair Color')
22
23  #將資料集中的數據以 Eye 欄位作加總計數
24  Eye_group = HairEyeColor.groupby('Eye').sum()
25  #print(Eye_group)
26
27  #畫圖
28  fig, ax = plt.subplots()
29  #以長條圖呈現 Eye 的不同顏色之頻率
30  ax.bar(Eye_group.index, Eye_group['Freq'])
31  #設定 x 軸為"Eye Color"
32  ax.set_xlabel('Eye Color')
33  #設定 y 軸為"Frequency"
34  ax.set_ylabel('Frequency')
35  #設定圖的標題為"Frequency of Eye Color"
36  ax.set_title('Frequency of Eye Color')
37
38  #顯示圖
39  plt.show()
```

輸出結果

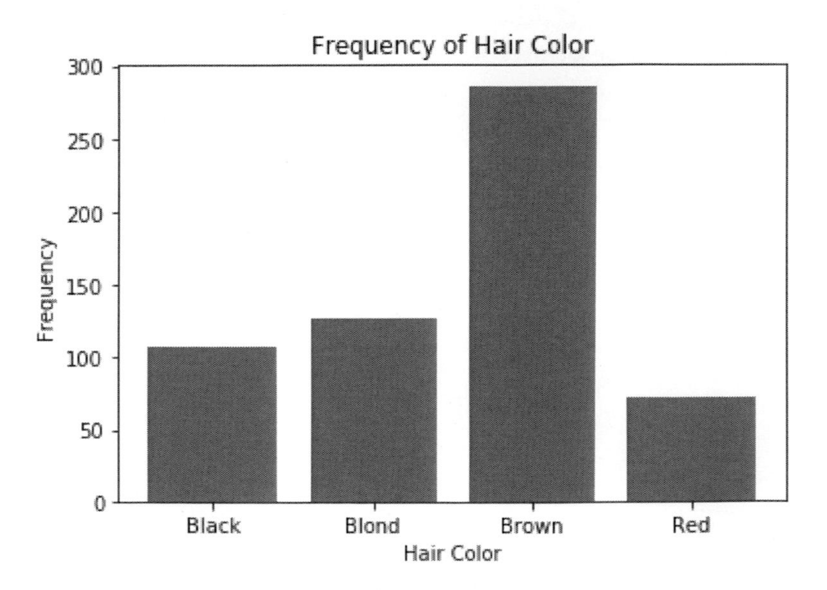

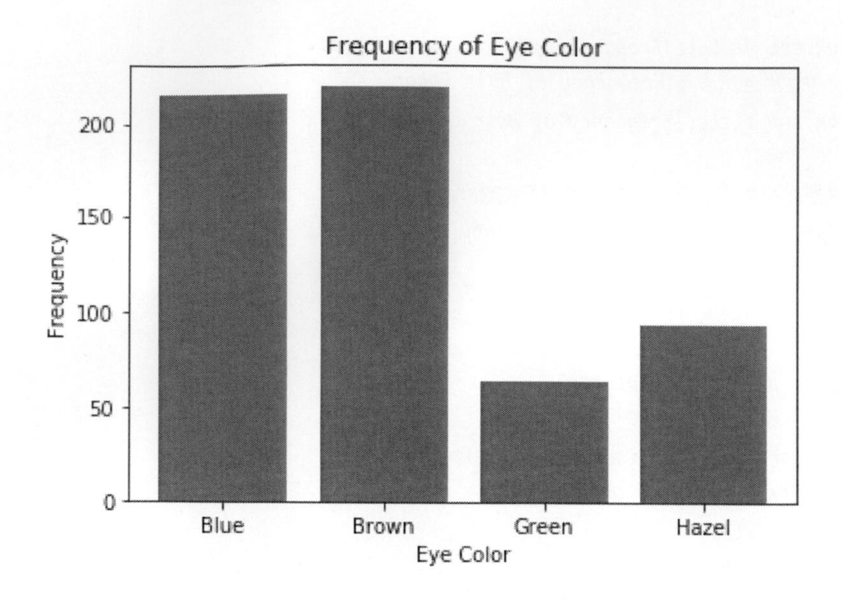

3.

參考解答程式：exercise14-3.py

```
01  from matplotlib import pyplot as plt
02  import numpy as np
03
04  #產生 1000 組標準常態分配隨機變數
05  #此常態分配平均值為 0，標準差為 1
06  data = np.random.normal(size = 1000)
07
08  #將常態分配的數據以直方圖繪製
09  plt.hist(data, color='yellow', edgecolor='blue')
10  plt.title('Normal Distribution')
11  plt.show()
```

輸出結果

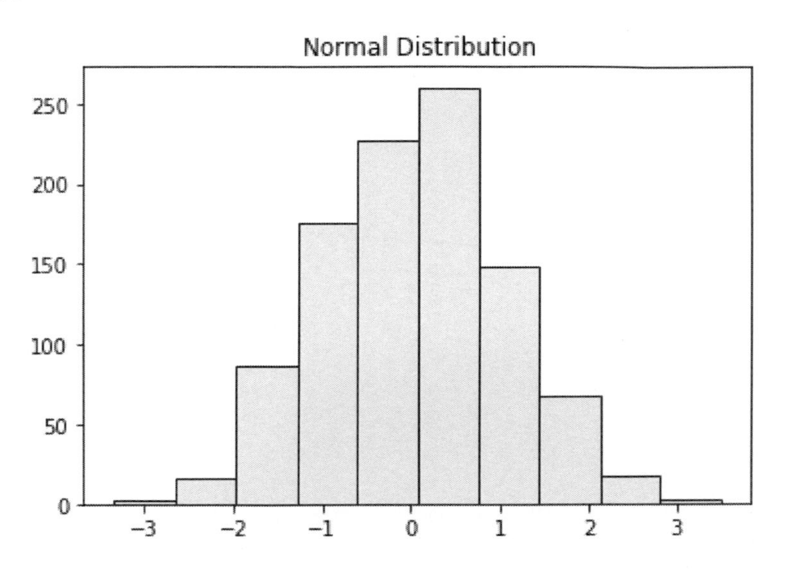

4.

參考解答程式：exercise14-4.py

```
01  from matplotlib import pyplot as plt
02  from pydataset import data
03  import numpy as np
04  cars = data('cars') #汽車的速度和停止距離
05  colors = np.random.rand(50) #產生一序列隨機顏色
06  #利用散佈圖將資料繪出，x 軸為速度，y 軸為剎車距離，顏色隨機分配，透明度為 0.5
07  plt.scatter(x=cars['speed'], y=cars['dist'], c=colors, alpha=0.5)
08  plt.title('Speed and Stopping Distances of Cars')
09  plt.xlabel('Speed')
10  plt.ylabel('Distance')
11  plt.show()
```

輸出結果

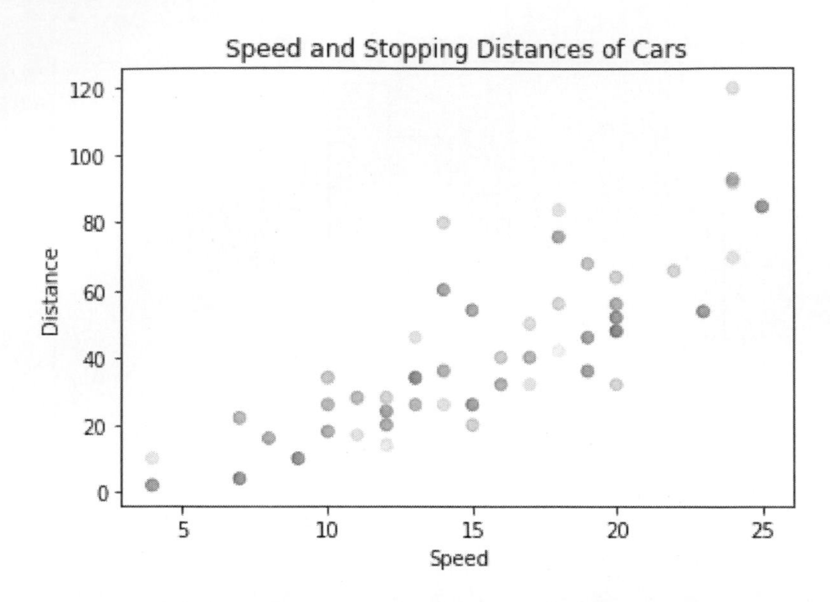

5.

參考解答程式：exercise14-5.py

```
01  from matplotlib import pyplot as plt
02
03  data = [1, 2.25, 3, 3.75]
04
05  colors = ['violet', 'yellow', 'skyblue', 'lightcoral'] #每一塊餅的顏色
06  explode = (0, 0, 0.1, 0) #突顯第三筆資料(30%)
07  autopct = '%.2f%%' #數據顯示格式
08
09  #將數據以圓形圖繪製
10  plt.pie(data, explode=explode, colors=colors, autopct=autopct)
11  plt.show()
```

輸出結果

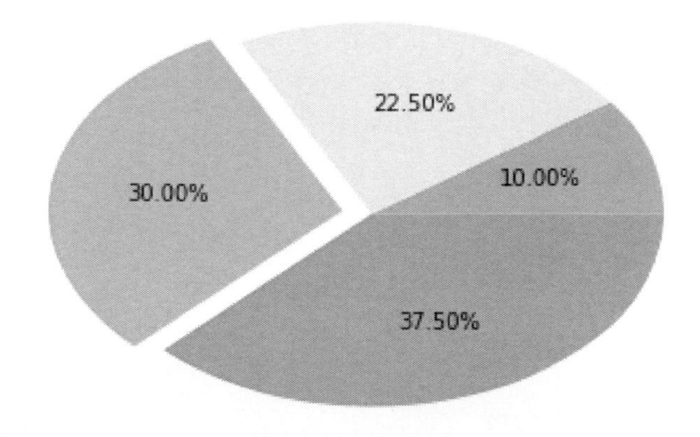

第 16 章 習題參考解答

1.

參考解答程式：exercise16-1.py

```
01  import requests as rq
02  from bs4 import BeautifulSoup as bs
03
04  #取得台灣彩卷首頁html 內容
05  url = 'http://www.taiwanlottery.com.tw'
06  html = rq.get(url)
07
08  #利用BeautifulSoup 解析html 內容
09  sp = bs(html.text, 'html.parser')
10
11  #找出當期開獎結果的區塊
12  sp = sp.findAll('div', {'class': 'contents_box02'})
13
14  #找出大樂透當期開獎結果的區塊
15  lotto = sp[2]
16  #print(lotto)
17
18  #開獎日期
19  date = lotto.find('span', {'class': 'font_black15'}).text.replace(u'\xa0',
20                    u' ').strip()
21  #print(date)
```

```
22
23  #開出順序：
24  #取得前六個黃球
25  notSorted = lotto.findAll('div', {'class': 'ball_tx ball_yellow'})[:6]
26  #print(notSorted)
27
28  #大小順序：
29  #取得後六個黃球
30  isSorted = lotto.findAll('div', {'class': 'ball_tx ball_yellow'})[6:]
31  #print(isSorted)
32
33  #特別號：
34  bonus = lotto.find('div', {'class': 'ball_red'})
35  #print(bonus)
36
37  #最後輸出：
38  print('開出順序：', end = ' ')
39  for div in notSorted:
40      print(div.text.strip(), end = ' ')
41  print()
42
43  print('大小順序：', end = ' ')
44  for div in isSorted:
45      print(div.text.strip(), end = ' ')
46  print()
47
48  print('特別號：', end = ' ')
49  print(bonus.text.strip())
```

輸出結果樣本

```
開出順序：  08 10 39 42 11 44
大小順序：  08 10 11 39 42 44
特別號：  27
```

2.

參考解答程式：exercise16-2.py

```
01  from bs4 import BeautifulSoup as bs
02  from selenium import webdriver
03  from selenium.webdriver.support.ui import Select
04  from matplotlib import pyplot as plt
05  import numpy as np
06  import pandas as pd
07
08  #用以儲存所爬到的大樂透號碼
09  lotto6_list = []
10
11  driver = webdriver.Chrome('C:\\Users\\Apple\\Desktop\\chromedriver.exe')
12  driver.get('http://www.taiwanlottery.com.tw/lotto/Lotto649/history.aspx')
13
14  #勾選要以年月查詢的選項
15  driver.find_element_by_id('Lotto649Control_history_radYM').click()
16
17  #找出選擇年份的標籤
18  select_year = Select(driver.find_element_by_id('Lotto649Control_history_
19                       dropYear'))
20  select_year.select_by_value('106')
21
22  for i in range(12):
23      #找出選擇月份的標籤
24      select_month = \
25      Select(driver.find_element_by_id('Lotto649Control_history_dropMonth'))
26      select_month.select_by_value(str(i+1))
27
28      #點擊"查詢"按鈕
29      driver.find_element_by_id('Lotto649Control_history_btnSubmit').click()
30
31      #抓取網頁內容
32      html = driver.page_source
33      soup = bs(html, 'html.parser')
34
35      #數網頁中有多少個table
36      table_count = len(soup.findAll('table', {'class': 'td_hm'}))
```

```
37
38        #針對每一個table 抓取樂透號碼並加入串列
39        for i in range(table_count):
40            for j in range(1, 7):
41                temp = soup.find('span', {'id':
42                  'Lotto649Control_history_dlQuery_No' + str(j) + '_' + str(i)})
43                lotto6_list.append(int(temp.text))
44
45    #顯示所有抓取到的樂透號碼
46    #print(lotto6_list)
47
48    #用以計算出現次數的計數器
49    lotto6_freq = [0] * 50
50
51    #計算每個樂透號碼出現的次數
52    for i in lotto6_list:
53        lotto6_freq[i] += 1
54
55    #顯示計數器的內容
56    #print(lotto6_freq)
57
58    #取得計數器中從第一個元素到最後一個元素並加入字典data_set
59    data_set = {'Frequency': lotto6_freq[1:]}
60    #將樂透號碼及出現次數包裝成DataFrame
61    df = pd.DataFrame(data = data_set, index = list(range(1, 50)))
62
63    #畫出樂透號碼及出現次數的長條圖，圖的大小為[15, 10]
64    ax = df.plot(kind='bar', figsize=[15, 10])
65    #設定y 軸的值：從1 到49
66    ax.set_yticks(np.arange(1, max(lotto6_freq)+1))
66    #設定x 軸標籤為Numbers
67    ax.set_xlabel('Numbers', size=22)
68    #設定y 軸標籤為Frequency
69    ax.set_ylabel('Frequency', size=22)
70    #顯示圖
71    plt.show()
```

輸出結果

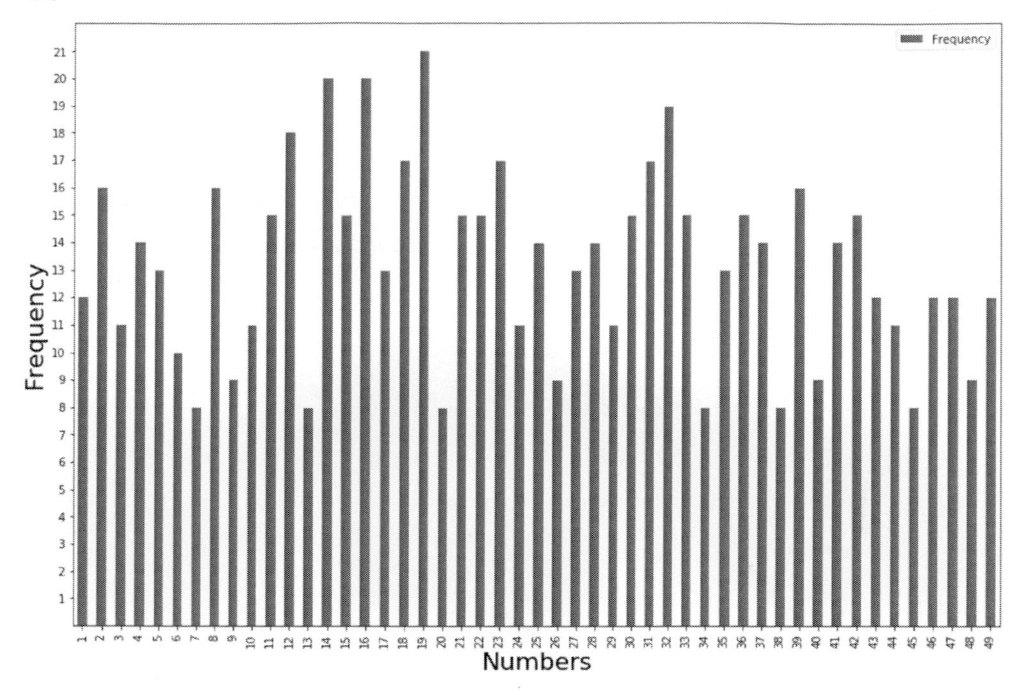

- （若未有 selenium 套件）請安裝 selenium 套件：pip install selenium
- （若未安裝 chromedriver）請安裝 chromedriver（或其他瀏覽器 driver）以供 Selenium 模擬網頁操作：
  https://sites.google.com/a/chromium.org/chromedriver/

ChromeDriver - WebDriver for Chrome

Search this site

CHROMEDRIVER
CAPABILITIES & CHROMEOPTIONS
CHROME EXTENSIONS
CHROMEDRIVER CANARY
CONTRIBUTING
DOWNLOADS
GETTING STARTED
ANDROID
CHROMEOS
LOGGING
PERFORMANCE LOG
MOBILE EMULATION
NEED HELP?
CHROME DOESN'T START OR CRASHES IMMEDIATELY
CHROMEDRIVER CRASHES
CLICKING ISSUES
DEVTOOLS WINDOW KEEPS CLOSING
OPERATION NOT SUPPORTED WHEN USING REMOTE DEBUGGING

ChromeDriver

WebDriver is an open source tool for automated testing of webapps across many browsers. It provides capabilities for navigating to web pages, user input, JavaScript execution, and more. ChromeDriver is a standalone server which implements WebDriver's wire protocol for Chromium.
We are in the process of implementing and moving to the W3C standard. ChromeDriver is available for Chrome on Android and Chrome on Desktop (Mac, Linux, Windows and ChromeOS).

You can view the current implementation status of the WebDriver standard here.

Latest Release: ChromeDriver 2.41

- All versions available in Downloads

ChromeDriver Documentation

- Getting started with ChromeDriver on Desktop (Windows, Mac, Linux)
  - ChromeDriver with Android
  - ChromeDriver with ChromeOS
- ChromeOptions, the capabilities of ChromeDriver
- Mobile emulation

在此以 ChromeDriver 2.41 為範例，點擊上圖的"ChromeDriver 2.41"前往下載頁面：

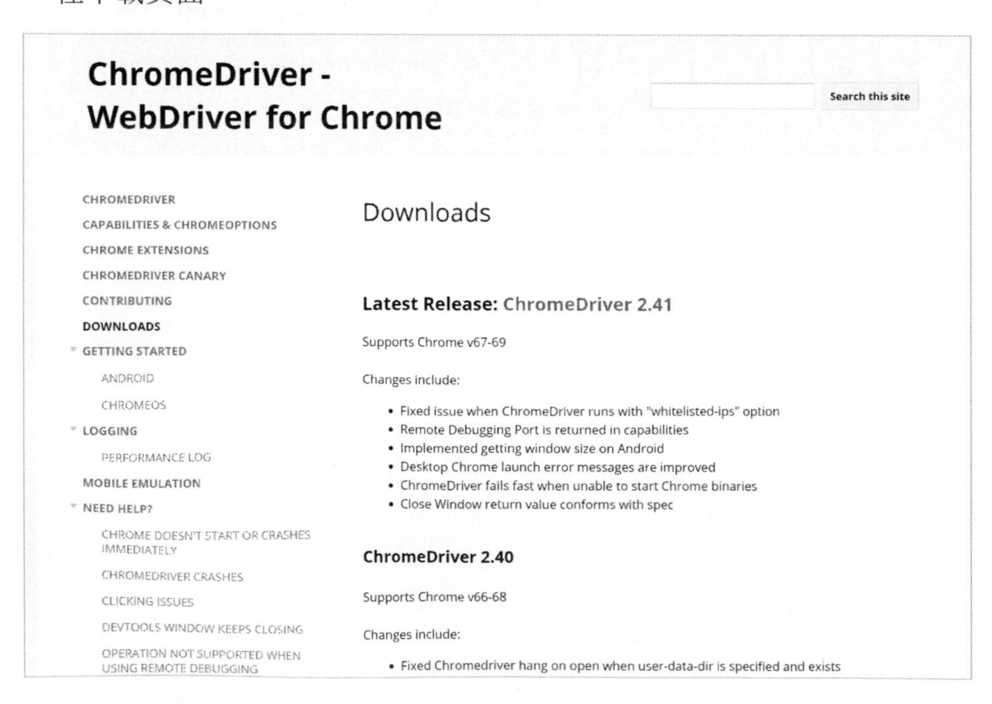

點擊上圖畫面“ChromeDriver 2.41”前往下一個頁面：

Index of /2.41/

	Name	Last modified	Size	ETag
	Parent Directory		-	
	chromedriver_linux64.zip	2018-07-27 19:25:01	3.76MB	fbd8b9561575054e0e7e9cc53b680a70
	chromedriver_mac64.zip	2018-07-27 20:45:35	5.49MB	4c86429625373392bd9773c9d0a1c6a4
	chromedriver_win32.zip	2018-07-27 21:44:20	3.39MB	ab047aa361aeb863e58514a9f46bcdb7
	notes.txt	2018-07-27 21:58:29	0.02MB	0b595efd8eec0ed4352c69bba64e0d7c

選擇下載符合您設備的版本，在此以 Windows 版本為例，下載 chromedriver_win32.zip 並解壓縮。（此範例將 chromedriver.exe 其放置於桌面）

3.

參考解答程式：exercise16-3.py

```
01  import requests
02  import json
03
04  #開放資料Json 格式連結
05  url = 'http://opendata2.epa.gov.tw/AQI.json'
06  #發出Get 請求
07  response = requests.get(url)
08  #回傳內容長度
09  print('Content-Length:', response.headers['Content-Length'])
10  #將取得的回傳內容轉換成Json 格式
11  response = json.loads(response.text)
12
13  print()
14
15  #顯示新北市每一個地區的PM2.5 相關資料
16  print('新北市PM2.5 相關資料：')
17  for record in response:
18      #判斷每一筆的County 欄位，若為'新北市'則將相關訊息印出
19      if record['County'] == '新北市':
```

```
20            #地區名稱
21            print('%s：' % record['SiteName'])
22            #AQI 指數
23            print('\tAQI：%s' % record['AQI'])
24            #PM2.5 指數
25            print('\tPM2.5：%s' % record['PM2.5'])
26            #PM10 指數
27            print('\tPM10：%s' % record['PM10'])
28            #資料更新時間
29            print('\t 資料更新時間：%s' % record['PublishTime'])
```

輸出結果

```
Content-Length: 27421

新北市PM2.5相關資料：
汐止：
        AQI：24
        PM2.5：8
        PM10：20
        資料更新時間：2018-08-17 11:00
萬里：
        AQI：33
        PM2.5：13
        PM10：24
        資料更新時間：2018-08-17 11:00
新店：
        AQI：34
        PM2.5：17
        PM10：38
        資料更新時間：2018-08-17 11:00
土城：
        AQI：42
        PM2.5：17
        PM10：28
        資料更新時間：2018-08-17 11:00
板橋：
        AQI：39
        PM2.5：16
        PM10：
        資料更新時間：2018-08-17 11:00
新莊：
        AQI：37
        PM2.5：8
        PM10：23
        資料更新時間：2018-08-17 11:00
```

```
菜寮：
        AQI：37
        PM2.5：10
        PM10：22
        資料更新時間：2018-08-17 11:00
林口：
        AQI：27
        PM2.5：8
        PM10：39
        資料更新時間：2018-08-17 11:00
淡水：
        AQI：42
        PM2.5：21
        PM10：64
        資料更新時間：2018-08-17 11:00
三重：
        AQI：36
        PM2.5：10
        PM10：44
        資料更新時間：2018-08-17 11:00
永和：
        AQI：37
        PM2.5：13
        PM10：30
        資料更新時間：2018-08-17 11:00
富貴角：
        AQI：29
        PM2.5：8
        PM10：39
        資料更新時間：2018-08-17 11:00
```

4.

參考解答程式：exercise16-4.py

```
01  import requests
02  import json
03  
04  #開放資料連結
05  url = 'https://data.ntpc.gov.tw/api/datasets/
06  6DCFF24A-838C-40FB-A9DF-F1160AFAFE84/json'
07  #發出HTTP GET 請求
08  res = requests.get(url)
09  
10  #將回傳結果轉換成標準JSON 格式
11  data = json.loads(res.text)
12  
13  #輸出新北市大專院校名單
```

```
14  print('新北市大專院校名單：\n')
15  for record in data:
16      if record['地標類型'] == '大專院校':
17          print('名稱:%s' % record['地標名稱'])
18          print('地址:%s' % record['地址'])
19          print('聯絡電話:%s' % record['電話'])
20          print('網站:%s' % record['網址'])
21          print('資料更新時間:%s' % record['更新日期'])
22          print()
```

輸出結果樣本

```
新北市大專院校名單：

名稱：私立馬偕醫學院
地址：新北市三芝區中正路三段 46 號
聯絡電話：02-26360303
網站：www.mmc.edu.tw
資料更新時間：2018-05-11 06:00:00.43

名稱：私立馬偕醫護管理專科學校三芝校區
地址：新北市三芝區中正路三段 42 號
聯絡電話：02-26366799
網站：www.mkc.edu.tw
資料更新時間：2018-05-11 06:00:00.43

名稱：私立法鼓大學
地址：新北市金山區
聯絡電話：
網站：www.ddc.edu.tw/zh-tw
資料更新時間：2018-05-11 06:00:00.43

名稱：私立台北海洋技術學院淡水校區
地址：新北市淡水區濱海路三段 150 號
聯絡電話：02-28102292
網站：www.tcmt.edu.tw
資料更新時間：2018-05-11 06:00:00.43

名稱：私立真理大學台北校區
地址：新北市淡水區真理街 32 號
聯絡電話：02-26212121
```

```
網站：www.au.edu.tw
資料更新時間：2018-05-11 06:00:00.43

名稱：私立淡江大學淡水校園
地址：新北市淡水區英專路 151 號
聯絡電話：02-26215656
網站：www.tku.edu.tw
資料更新時間：2018-05-11 06:00:00.43

名稱：私立聖約翰科技大學
地址：新北市淡水區淡金路四段 499 號
聯絡電話：02-28013131
網站：www.sju.edu.tw
資料更新時間：2018-05-11 06:00:00.43

名稱：私立醒吾科技大學
地址：新北市林口區粉寮路一段 101 號
聯絡電話：02-26015310
網站：www.hwu.edu.tw
資料更新時間：2018-05-11 06:00:00.43

名稱：國立臺灣師範大學林口校區
地址：新北市林口區仁愛路一段 2 號
聯絡電話：02-77148888
網站：www.ntnu.edu.tw
資料更新時間：2018-05-11 06:00:00.43

名稱：國立空中大學
地址：新北市蘆洲區中正路 172 號
聯絡電話：02-22829355
網站：www.nou.edu.tw
資料更新時間：2018-05-11 06:00:00.43

名稱：國立空中大學北二中心
地址：新北市蘆洲區中正路 172 號
聯絡電話：02-22829355#3151
網站：www.nou.edu.tw/~nou13
資料更新時間：2018-05-11 06:00:00.43

名稱：私立明志科技大學
地址：新北市泰山區貴子里工專路 84 號
聯絡電話：02-29089899
網站：www.mit.edu.tw
資料更新時間：2018-05-11 06:00:00.43
```

```
名稱：私立黎明技術學院
地址：新北市泰山區黎明里泰林路三段 22 號
聯絡電話：02-29097811
網站：www.lit.edu.tw
資料更新時間：2018-05-11 06:00:00.43

名稱：私立天主教輔仁大學
地址：新北市新莊區中正路 510 號
聯絡電話：02-29052000
網站：www.fju.edu.tw
資料更新時間：2018-05-11 06:00:00.43

名稱：私立華梵大學
地址：新北市石碇區豐田里華梵路 1 號
聯絡電話：02-26632102
網站：www.hfu.edu.tw
資料更新時間：2018-05-11 06:00:00.43

名稱：私立亞東技術學院
地址：新北市板橋區四川路二段 58 號
聯絡電話：02-77380145
網站：w3.oit.edu.tw
資料更新時間：2018-05-11 06:00:00.43

名稱：私立致理科技大學
地址：新北市板橋區文化路一段 313 號
聯絡電話：02-22576167
網站：www.chihlee.edu.tw
資料更新時間：2018-05-11 06:00:00.43

名稱：國立臺灣藝術大學
地址：新北市板橋區大觀路一段 59 號
聯絡電話：02-22722181
網站：www.ntua.edu.tw
資料更新時間：2018-05-11 06:00:00.43

名稱：私立東南科技大學
地址：新北市深坑區北深路三段 152 號
聯絡電話：02-86625900
網站：www.tnu.edu.tw
資料更新時間：2018-05-11 06:00:00.43

名稱：私立華夏科技大學
```

```
地址：新北市中和區工專路 111 號
聯絡電話：02-89415100
網站：www.hwh.edu.tw
資料更新時間：2018-05-11 06:00:00.43

名稱：私立宏國德霖科技大學
地址：新北市土城區青雲路 380 巷 1 號
聯絡電話：02-22733567
網站：w3.dlit.edu.tw
資料更新時間：2018-05-11 06:00:00.43

名稱：私立耕莘健康管理專科學校新店校區
地址：新北市新店區民族路 112 號
聯絡電話：02-22191131
網站：www.ctcn.edu.tw
資料更新時間：2018-05-11 06:00:00.43

名稱：私立景文科技大學
地址：新北市新店區安忠路 99 號
聯絡電話：02-82122000
網站：www.just.edu.tw
資料更新時間：2018-05-11 06:00:00.43

名稱：國立臺北大學三峽校區
地址：新北市三峽區大學路 151 號
聯絡電話：02-26748189
網站：www.ntpu.edu.tw
資料更新時間：2018-05-11 06:00:00.43
```

5.

參考解答程式：exercise16-5.py

```
01  import urllib3
02  import json
03  #空氣品質監測網資料接洽連結
04  url = 'https://data.epa.gov.tw/api/v1/aqx_p_432?format=json&limit=5&api_key=9be7b239-
05  557b-4c10-9775-78cadfc555e9'
06  #建立連線池
07  pool = urllib3.PoolManager()
08  #發出Get 請求
09  response = pool.request('GET', url)
10  #將回傳訊息轉換成Json 格式
11  response = json.loads(response.data)
```

```
12
13  #獲取資料集
14  data = response['records']
15
16  #接收輸入
17  siteName = input('輸入測站名稱：')
18  notFound = True
19  for record in data:
20      #當找到使用者需要的名稱，則輸出相關訊息
21      if record['SiteName'] == siteName:
22          print('測站編號:%s' % record['SiteId'])
23          print('CO：%s' % record['CO'])
24          print('NO2：%s' % record['NO2'])
25          print('O3：%s' % record['O3'])
26          print('SO2：%s' % record['SO2'])
27          print('PM10：%s' % record['PM10'])
28          print('PM25：%s' % record['PM25'])
29          print('AQI：%s' % record['AQI'])
30          print('資料更新時間:%s' % record['PublishTime'])
31          notFound = False
32
33  if notFound:
34      print('查無此資料')
```

範例輸入輸出 1

```
輸入測站名稱：萬里
測站地址：新北市萬里區瑪鋉路 221 號
CO：0.22
NO2：7
O3：58
SO2：3.5
PM10：24
PM25：13
AQI：33
資料更新時間：2018-08-17  11:00:00
```

範例輸入輸出 2

```
輸入測站名稱：九份
查無此資料：
```

範例輸入輸出 3

```
輸入測站名稱：士林
測站地址：臺北市北投區文林北路 155 號
CO：0.28
NO2：11
O3：58
SO2：1.7
PM10：21
PM25：13
AQI：37
資料更新時間：2018-08-17  11:00:00
```

6.

參考解答程式：exercise16-6.py

```
01  import urllib3
02  import json
03  from datetime import date
04  
05  #警廣即時路況資訊資源連結
06  url = 'https://od.moi.gov.tw/data/api/pbs'
07  #建立連線池
08  pool = urllib3.PoolManager()
09  #發出Get 請求
10  response = pool.request('GET', url)
11  #將回傳訊息轉換成Json 格式
12  response = json.loads(response.data)
13  
14  #擷出資料
15  data = response['result']
16  
17  #輸出路況為"阻塞"、方向為"南下"、發生日期為今日
18  #的路況描述、發生時間以及資料來源
19  for record in data:
20      if record['roadtype'] == '阻塞'  \
21      and record['direction'] == '南下' \
22      and record['happendate'] == date.today().strftime("%Y-%m-%d"):
23          print('路況描述：%s' % record['comment'])
24          print('發生時間：%s' % record['modDttm'])
```

```
25            print('資料來源：%s' % record['srcdetail'])
26            print()
```

範例輸入輸出

```
路況描述：南下王田--彰化系統    車多
發生時間：2018-08-17 10:58:29.483
資料來源：公路警察局二隊

路況描述：南下湖口--竹北   車多
發生時間：2018-08-17 10:57:06.5
資料來源：公路警察局二隊

路況描述：南下.南港系統至石碇車多
發生時間：2018-08-17 10:52:28.793
資料來源：新北市政府交通局交控中心

路況描述：南下.南港入口.回堵至南港聯絡道
發生時間：2018-08-17 10:45:23.69
資料來源：熱心聽眾

路況描述：南下.南港系統出口.回堵1K
發生時間：2018-08-17 10:18:18.687
資料來源：熱心聽眾

路況描述：南下在198公里到207公里之間彰化---埔鹽    車多
發生時間：2018-08-17 10:17:41.92
資料來源：熱心聽眾

路況描述：南下.接國3方向車多
發生時間：2018-08-17 08:48:22.08
資料來源：新北市政府交通局交控中心

路況描述：南下.林口二出口.回堵.多插隊
發生時間：2018-08-17 08:09:57.057
資料來源：熱心聽眾

路況描述：南下在360.8公里過楠梓交流道後   車多
發生時間：2018-08-17 08:07:54.42
資料來源：
```

7.

參考解答程式：exercise16-7.py

```
01  from bs4 import BeautifulSoup as bs
02  from selenium import webdriver
03  from webdriver_manager.chrome import ChromeDriverManager
04  import time
05  import numpy as np
```

```
06  import pandas as pd
07  import urllib
08
09  #開啟Chrome瀏覽器
10  driver = webdriver.Chrome(ChromeDriverManager().install())
11  #前往Yahoo電子商城
12  driver.get('https://tw.buy.yahoo.com/')
13
14  #尋找輸入搜尋文字的標籤
15  inputElement = driver.find_element_by_xpath("//input[@type='search']")
16  #在該輸入方塊輸入"耳機"
17  inputElement.send_keys('耳機')
18  #點擊搜尋按鈕
19  driver.find_element_by_xpath("//a[@href='https://tw.buy.yahoo.com/search/
20  product?p=" + urllib.parse.quote_plus('耳機') + "']").click()
21
22  #等待前往搜尋結果頁面
23  time.sleep(2)
24
25  #抓取網頁內容
26  html = driver.page_source
27  #以BeautifulSoup解析網頁內容
28  soup = bs(html, 'html.parser')
29
30  #尋找所有商品名稱
31  productName = soup.find_all('span', {'class': 'BaseGridItem__title___2HWui'})
32  #尋找所有商品價格
33  productPrice = soup.find_all(['em', 'span'],
34   {'class': 'BaseGridItem__price___31jkj'})
35  #針對每一筆商品進行下列動作
36  for i in range(len(productName)):
37      #將商品名稱加入productName串列
38      productName[i] = str(productName[i].text.strip())
39      #截取該筆商品價格
40      price = productPrice[i].text.strip()
41      #若該筆商品價格出現超過一個'$'(代表該筆商品價格有原價和折價後價格)
42      #則僅取折價後價格，否則保留原來價格
43      if price.count('$') == 2:
44          productPrice[i]= int(price[:price.rindex('$')].replace('$', '').
```

```
45                replace(',', ''))
46        else:
47            productPrice[i] = price
48        #將該筆商品價格轉換成整數型態（去掉'$'和','）
49        productPrice[i] = int(productPrice[i].replace('$', '').replace(',', ''))
50
51    #建立product 字典
52    product = {'商品名稱': productName, '商品價格': productPrice}
53    #以product 字典建立 Pandas DataFrame 資料集，並設定索引值為從1 開始
54    df = pd.DataFrame(product, index=np.arange(1, len(productName)+1))
55    #截取商品價格小於1000 的商品
56    result = df[df['商品價格'] < 1000]
57    #將結果根據商品價格作由小到大排序
58    result = result.sort_values(by='商品價格')
59    #輸出商品價格小於1000 的商品名稱和價格
60    print(result[['商品名稱', '商品價格']].to_string(index=False))
```

輸出結果

```
商品名稱                                           商品價格
SONY 多彩耳塞式耳機 MDR-E9LP                          299
鐵三角 ATH-CKL220 輕巧型耳塞式耳機-附捲線器             398
PHILIPS 飛利浦 耳塞式藍芽耳機 SHB1200                 399
鐵三角 ATH-EQ300M 輕量薄型耳掛式耳機                   460
鐵三角 ATH-C505 低音域耳塞式耳機【附捲線器】            560
X-SHARK 重低音頭戴式電腦遊戲耳麥/耳機(KX101)            598
鐵三角 ATH-CKL220iS NEON 智慧型手機用耳塞式耳機         680
SONY 智慧型手機專用耳機 MDR-EX250 AP                  690
鐵三角 ATH-EQ500 輕量薄型軟質耳掛式耳機【附捲線器】      700
鐵三角 ATH-CK330M 密閉型耳塞式耳機【附捲線器】          700
INTOPIC-藍牙摺疊耳機麥克風 JAZZ-BT960                 720
ES-BC900 骨傳導後掛式運動耳機麥克風                    729
鐵三角 ATH-S100 街頭 DJ 風格可折疊式頭戴耳機            760
鐵三角 ATH-AVC200 密閉式動圈型耳機                     780
SONY 原廠立體聲線控入耳式耳機 MDR-EX250AP(盒裝)        790
SONY 多彩耳罩式耳機 MDR-ZX110                         790
SONY 立體聲耳罩式耳機 MDR-XD150                       890
SONY 立體聲防水耳機 STH32                             890
鐵三角 ATH-CK330iS 智慧型手機用耳塞式耳機【附捲線器】    950
鐵三角 ATH-S100iS 智慧型手機用 DJ 風格可折疊式頭戴耳機    950
鐵三角 ATH-CKF77 GLAMORCY 重低音耳塞式耳機              98
鐵三角 ATH-CK330i iPhone/iPad/iPod 專用耳塞式耳機       1000
```

8.

參考解答程式：exercise16-8.py

```
01 from bs4 import BeautifulSoup as bs
02 from urllib.parse import urljoin
03 from selenium import webdriver
04 import time
05 from webdriver_manager.chrome import ChromeDriverManager
06 
07 #開啟 Chrome 瀏覽器
08 driver = webdriver.Chrome(ChromeDriverManager().install())
09 #Dcard 網站連結
10 url = 'https://www.dcard.tw/f'
11 #前往 Dcard 網站
12 driver.get(url)
13 
14 #尋找輸入搜尋文字的標籤
15 inputElement = driver.find_element_by_name('query')
16 #在該輸入方塊輸入"耳機"
17 inputElement.send_keys('Python')
18 #點擊搜尋按鈕
19 driver.find_element_by_xpath("//button[@title='搜尋']").click()
20 
21 #等待前往搜尋結果頁面
22 time.sleep(5)
23 
24 #抓取網頁內容
25 html = driver.page_source
26 #以 BeautifulSoup 解析網頁內容
27 soup = bs(html, 'html.parser')
28 
29 #截取文章分類
30 categories = [x.text.strip() for x in soup.find_all('div', {'class':'
31              euk31c-3 ebZiNx'})]
32 # 刪除所有奇數項目
33 del categories[1::2]
34 #截取文章標題
35 titles = [x.text for x in soup.find_all(['a', 'span', 'em'], {'class':
36          'tgn9uw-3 bJQtxM'})]
```

```
37  #截取文章按讚次數
38  likes = [eval(x.text) for x in soup.find_all('div', {'class': 'cgoejl-3
39          iVJAZc'})]
40  #截取文章連結相對路徑
41  hrefs = [x['href'] for x in soup.find_all('a', {'class': 'tgn9uw-3 bJQtxM'})
42          if x.text]
43  #建立文章連結絕對路徑
44  links = [urljoin(url, href) for href in hrefs]
45
46  #輸出文章分類為"軟體工程師"的文章標題、按讚次數以及文章連接絕對路徑
47  for i in range(len(titles)):
48      if categories[i] =='軟體工程師':
49          print('文章標題：%s' % titles[i])
50          print('按讚次數：%d' % likes[i])
51          print('文章連結：%s' % links[i])
52          print()
```

輸出結果

```
文章標題：Double Linked-List (python)
按讚次數：0
文章連結：https://www.dcard.tw/f/whysoserious/p/228860402-Double-Linked-List-
（python）

文章標題：昨晚看 python 程式
按讚次數：2
文章連結：https://www.dcard.tw/f/whysoserious/p/228741585-昨晚看 python 程式

文章標題：Python 寫到
按讚次數：2
文章連結：https://www.dcard.tw/f/whysoserious/p/228680374-Python 寫到

文章標題：python 求救(列印質數)
按讚次數：2
文章連結：https://www.dcard.tw/f/whysoserious/p/228658643-python 求救（列印質數）

文章標題：會寫 python 的人來救我
按讚次數：4
文章連結：https://www.dcard.tw/f/whysoserious/p/228638828-會寫 python 的人來救我
```

```
文章標題：python django
按讚次數：0
文章連結：https://www.dcard.tw/f/whysoserious/p/228553251-python-django

文章標題：明天上 python 和演算法
按讚次數：0
文章連結：https://www.dcard.tw/f/whysoserious/p/228524469-明天上 python 和演算法

文章標題：用 Python 寫遞迴
按讚次數：3
文章連結：https://www.dcard.tw/f/whysoserious/p/228512885-用 Python 寫遞迴

文章標題：python
按讚次數：0
文章連結：https://www.dcard.tw/f/whysoserious/p/228503642-python

文章標題：台灣一堆學校教 python
按讚次數：3
文章連結：https://www.dcard.tw/f/whysoserious/p/228490838-台灣一堆學校教 python

文章標題：來寫 python
按讚次數：0
文章連結：https://www.dcard.tw/f/whysoserious/p/228483429-來寫 python

文章標題：為什麼 python 連 error 都不給我了.....
按讚次數：4
文章連結：https://www.dcard.tw/f/whysoserious/p/228462711-為什麼 python 連 error 都不
給我了.....

文章標題：python 又害我當機了==
按讚次數：0
文章連結：https://www.dcard.tw/f/whysoserious/p/228459368-python 又害我當機了==
```

Python 程式設計｜大數據資料分析

作　　者：蔡明志
企劃編輯：蔡彤孟
文字編輯：王雅雯
設計裝幀：張寶莉
發 行 人：廖文良

發 行 所：碁峰資訊股份有限公司
地　　址：台北市南港區三重路 66 號 7 樓之 6
電　　話：(02)2788-2408
傳　　真：(02)8192-4433
網　　站：www.gotop.com.tw
書　　號：ACL054700
版　　次：2018 年 11 月初版
　　　　　2024 年 02 月初版十刷
建議售價：NT$450

國家圖書館出版品預行編目資料

Python 程式設計：大數據資料分析 / 蔡明志著. -- 初版. -- 臺北市：碁峰資訊, 2018.11
面； 公分
ISBN 978-986-476-957-5(平裝)
1.Python(電腦程式語言)
312.32P97　　107018409